土建类高职高专创新型规划教材

建筑工程测量

（第3版）

主编 王宏俊 董丽君

参编 （以拼音为序）

杜成仁 冯 林 贺凯旋

马天晓 王 琳 张红萍

U0242655

东南大学出版社

·南京·

内 容 提 要

　　本书是土建类高职高专创新型规划教材,是编者总结多年高职教学改革成功经验的成果。全书共 10章,主要介绍了测量的基础知识、测量的三项基本工作、地形图的测绘与应用、建筑施工测量、路桥工程测量等,对现代测量仪器和计算工具的操作使用也进行了穿插讲解。为了学生实训的方便,本书末尾还附加了测量实训的内容和相应的实训记录表格。同时,本书的配套课件,也为各高校教师备课及学习者提供了便利。

　　本书内容的组织参照了国家《测量放线工职业技能岗位标准》的要求及我国职教特点进行编写,重基础,重实用,简理论,有利于学生参加测量员、测量放线工考证。本书可作为高等职业院校、成人高校及民办高校土建类专业教材,也可供相关的工程技术人员参考。

图书在版编目(CIP)数据

　　建筑工程测量／王宏俊,董丽君主编. —3 版. —南京:
东南大学出版社,2019.1(2023.1 重印)
　　ISBN　978 - 7 - 5641 - 8213 - 7

　　Ⅰ.①建⋯　Ⅱ.①王⋯ ②董⋯　Ⅲ.①建筑测量—高
等职业教育—教材　Ⅳ.TU198

　　中国版本图书馆 CIP 数据核字(2018)第 294086 号

建筑工程测量(第 3 版)

出版发行:东南大学出版社
社　　址:南京市四牌楼 2 号　　邮编:210096
出 版 人:江建中
责任编辑:史建农　　戴坚敏
网　　址:http://www.seupress.com
电子邮箱:press@seupress.com
经　　销:全国各地新华书店
印　　刷:南京京新印刷有限公司
开　　本:787mm × 1092mm　1/16
印　　张:16.50
字　　数:419 千字
版　　次:2019 年 1 月第 3 版
印　　次:2023 年 1 月第 3 次印刷
书　　号:ISBN　978 - 7 - 5641 - 8213 - 7
印　　数:3001—4000 册
定　　价:46.00 元

高职高专土建系列规划教材编审委员会

序

东南大学出版社以国家 2010 年要制定、颁布和启动实施教育规划纲要为契机,联合国内部分高职高专院校于 2009 年 5 月在东南大学召开了高职高专土建类系列规划教材编写会议,并推荐产生教材编写委员会成员。会上,大家达成共识,认为高职高专教育最核心的使命是提高人才培养质量,而提高人才培养质量要从教师的质量和教材的质量两个角度着手。在教材建设上,大会认为高职高专的教材要与实际相结合,要把实践做好,把握好过程,不能通用性太强,专业性不够;要对人才的培养有清晰的认识;要弄清高职院校服务经济社会发展的特色类型与标准。这是我们这次会议讨论教材建设的逻辑起点。同时,对于高职高专院校而言,教材建设的目标定位就是要凸显技能,摒弃纯理论化,使高职高专培养的学生更加符合社会的需要。紧接着在 10 月份,编写委员会召开第二次会议,并规划出第一套突出实践性和技能性的实用型优质教材;在这次会议上大家对要编写的高职高专教材的要求达成了如下共识:

一、教材编写应突出"高职、高专"特色

高职高专培养的学生是应用型人才,因而教材的编写一定要注重培养学生的实践能力,对基础理论贯彻"实用为主,必需和够用为度"的教学原则,对基本知识采用广而不深、点到为止的教学方法,将基本技能贯穿教学的始终。在教材的编写中,文字叙述要力求简明扼要、通俗易懂,形式和文字等方面要符合高职教育教和学的需要。要针对高职高专学生抽象思维能力弱的特点,突出表现形式上的直观性和多样性,做到图文并茂,以激发学生的学习兴趣。

二、教材应具有前瞻性

教材中要以介绍成熟稳定的、在实践中广泛应用的技术和以国家标准为主,同时介绍新技术、新设备,并适当介绍科技发展的趋势,使学生能够适应未来技术进步的需要。要经常与对口企业保持联系,了解生产一线的第一手资料,随时更新教材中已经过时的内容,增加市场迫切需求的新知识,使学生在毕业时能够适合企业的要求。坚决防止出现脱离实际和知识陈旧的问题。在内容安排上,要考虑高职教育的特点。理论的阐述要限于学生掌握技能的需要,不要囿于理论上的推导,要运用形象化的语言使抽象的理论易于为学生认识和掌握。对于实践性内容,要突出操作步骤,要满足学生自学和参考的需要。在内容的选择上,要注意反映生产与社会实践中的实际问题,做到有前瞻性、针对性和科学性。

三、理论讲解要简单实用

将理论讲解简单化,注重讲解理论的来源、出处以及用处,以最通俗的语言告诉学生所学的理论从哪里来用到哪里去,而不是采用烦琐的推导。参与教材编写的人员都具有丰富的课堂教学经验和一定的现场实践经验,能够开展广泛的社会调查,能够做到理论联系实

际,并且强化案例教学。

四、教材重视实践与职业挂钩

教材的编写紧密结合职业要求,且站在专业的最前沿,紧密地与生产实际相连,与相关专业的市场接轨,同时,渗透职业素质的培养。在内容上注意与专业理论课衔接和照应,把握两者之间的内在联系,突出各自的侧重点。学完理论课后,辅助一定的实习实训,训练学生实践技能,并且教材的编写内容与职业技能证书考试所要求的有关知识配套,与劳动部门颁发的技能鉴定标准衔接。这样,在学校通过课程教学的同时,可以通过职业技能考试拿到相应专业的技能证书,为就业做准备,使学生的课程学习与技能证书的获得紧密相连,相互融合,学习更具目的性。

在教材编写过程中,由于编著者的水平和知识局限,可能存在一些缺陷,恳请各位读者给予批评斧正,以便我们教材编写委员会重新审定,再版的时候进一步提升教材质量。

本套教材适用于高职高专院校土建类专业,以及各院校成人教育和网络教育,也可作为行业自学的系列教材及相关专业用书。

高职高专土建系列规划教材编审委员会

前　言

本书是高职高专院校土建类教材,是编者在总结多年的高职教学改革成功经验的基础上,结合我国建筑工程测量的基本情况,按照土木建筑工程相关专业高职人才培养的特点编写的。

本书共分 10 章,主要介绍了测量的三项基本工作以及测量仪器的使用、地形图的测绘与应用、建筑施工测量、路桥施工测量,书的末尾还附加了测量实训指导,以方便教学实训。

本书遵循以“实用为准,够用为度”的原则,在内容和形式上力求浅显易懂,教材与教法在“将知识如何转变为能力”方面有新的突破。在组织教学素材时,站在学生的角度,以学生为中心,抓住学生的学习心理,激发学生的学习热情,使得学生由被动学习变为主动学习。因此,本书结合了大量的图片,重基础,重实用,简理论,力求主线清晰,便于理解、记忆和查阅。

本书由王宏俊、董丽君主编,由王宏俊拟定大纲并统稿。在编写过程中,编者参阅了大量参考文献,在此对原作者表示感谢。由于编者水平所限,书中难免有不足之处,敬请读者批评指正。

编者
2018 年 12 月

目　　录

第一篇　测量基础知识

1　概论 ……………………………………………………………………… (1)

　　1.1　建筑工程测量的任务 ……………………………………………… (1)

　　1.2　地面点位的确定及其表示方法 …………………………………… (2)

　　1.3　测量的基本工作及基本原则 ……………………………………… (9)

2　水准测量 ………………………………………………………………… (11)

　　2.1　水准测量原理 ……………………………………………………… (11)

　　2.2　DS3 水准仪和水准测量工具 ……………………………………… (13)

　　2.3　水准测量的施测方法 ……………………………………………… (18)

　　2.4　水准测量的成果计算 ……………………………………………… (23)

　　2.5　水准仪的检验与校正 ……………………………………………… (26)

　　2.6　水准测量的误差及注意事项 ……………………………………… (29)

　　2.7　自动安平水准仪、精密水准仪和电子水准仪 …………………… (31)

3　角度测量 ………………………………………………………………… (37)

　　3.1　角度测量的原理 …………………………………………………… (37)

　　3.2　DJ6 级光学经纬仪 ………………………………………………… (38)

　　3.3　DJ6 光学经纬仪的使用 …………………………………………… (40)

　　3.4　水平角的观测 ……………………………………………………… (41)

　　3.5　竖直角的观测 ……………………………………………………… (44)

　　3.6　经纬仪的检验与校正 ……………………………………………… (48)

　　3.7　角度测量的误差分析 ……………………………………………… (51)

　　3.8　其他经纬仪简介 …………………………………………………… (54)

4　距离测量 ………………………………………………………………… (58)

　　4.1　钢尺量距的一般方法 ……………………………………………… (58)

　　4.2　钢尺量距的精密方法 ……………………………………………… (61)

　　4.3　视距量距 …………………………………………………………… (65)

　　4.4　光电测距 …………………………………………………………… (68)

　　4.5　全站仪简介 ………………………………………………………… (70)

　　4.6　直线定向 …………………………………………………………… (76)

　　4.7　坐标正、反算 ……………………………………………………… (77)

5　测量误差基本知识 ……………………………………………………… (82)

　　5.1　测量误差概述 ……………………………………………………… (82)

　　5.2　偶然误差的特性 …………………………………………………… (84)

5.3 衡量精度的标准 ………………………………………………… (85)

5.4 算术平均值及中误差 …………………………………………… (87)

5.5 误差传播的定律及其应用 ……………………………………… (90)

第二篇 普通测量知识

6 小地区控制测量 ……………………………………………………… (94)

6.1 控制测量概述 …………………………………………………… (94)

6.2 导线测量的外业工作 …………………………………………… (96)

6.3 导线测量的内业计算 …………………………………………… (99)

6.4 交会测量 ………………………………………………………… (107)

6.5 高程控制测量 …………………………………………………… (110)

6.6 GPS控制测量简介 ……………………………………………… (115)

7 地形图测绘与应用 …………………………………………………… (118)

7.1 地形图的基本知识 ……………………………………………… (118)

7.2 测图前的准备工作 ……………………………………………… (134)

7.3 测量和选择碎部点的基本方法 ………………………………… (135)

7.4 碎部测量 ………………………………………………………… (139)

7.5 地形图的拼接、整饰、检查和验收 …………………………… (143)

7.6 地形图识读与分析 ……………………………………………… (145)

7.7 地形图应用的基本内容 ………………………………………… (147)

7.8 地形图在工程设计中的应用 …………………………………… (151)

7.9 平整场地中的土石方估算 ……………………………………… (153)

7.10 数字地形图的应用 ……………………………………………… (158)

第三篇 施工测量实务

8 施工测量的基本工作 ………………………………………………… (161)

8.1 施工测量概述 …………………………………………………… (161)

8.2 水平距离、水平角和高程的测设 ……………………………… (161)

8.3 平面点位的测设 ………………………………………………… (163)

8.4 坡度线的测设 …………………………………………………… (166)

9 建筑施工测量 ………………………………………………………… (168)

9.1 建筑场地上的控制测量 ………………………………………… (168)

9.2 民用多层建筑施工测量 ………………………………………… (169)

9.3 高层建筑施工测量 ……………………………………………… (174)

9.4 工业建筑施工测量 ……………………………………………… (176)

9.5 建筑物变形观测 ………………………………………………… (178)

9.6 竣工总平面图的编绘 …………………………………………… (181)

9.7 某住宅小区施工测量实例 ……………………………………… (183)

10 路桥工程测量 ·· (187)

　　10.1 道路工程测量概述 ·· (187)

　　10.2 道路中线测量 ·· (187)

　　10.3 圆曲线的测设 ·· (192)

　　10.4 线路纵、横断面的测量 ··· (198)

　　10.5 道路施工测量 ·· (203)

　　10.6 桥梁施工测量 ·· (209)

附录 A　测量放线工职业技能标准 ·· (212)

附录 B　建筑工程测量试验与实习 ·· (215)

　　实训一　水准仪的安置与读数 ·· (217)

　　实训二　等外闭合水准路线测量 ·· (218)

　　实训三　水准仪的检验与校正 ·· (220)

　　实训四　经纬仪的安置与读数 ·· (221)

　　实训五　经纬仪角度测量 ··· (222)

　　实训六　经纬仪的检验与校正 ·· (225)

　　实训七　钢尺一般量距 ··· (227)

　　实训八　闭合导线外业测量 ·· (228)

　　实训九　四等水准测量 ··· (230)

　　实训十　直角坐标法、极坐标法测设点位 ··································· (232)

　　综合实训 ·· (233)

参考文献 ·· (249)

第一篇　测量基础知识

1　概　　论

重点提示：通过本章的学习，要明确测量的定义和建筑工程测量的主要任务，了解地球形状和大小的概念，弄懂确定地面点位的测量原理和方法，并对测量工作的基本内容和基本原则有初步的认识。

1.1　建筑工程测量的任务

1.1.1　测量学的定义

测量学是研究地球的形状、大小和地表（包括地面上各种物体）的几何形状及其空间位置的科学。

测量学的内容包括测定和测设两个部分。测定是指使用测量仪器和工具，按照测量的有关原理和方法，将地球表面的地物和地貌绘制成地形图，为经济建设、国防建设和科学研究等服务。测设是指使用测量仪器和工具，按照测量的有关原理和方法，将图纸上规划设计好的建（构）筑物的平面位置和高程在实地标定出来，作为施工的依据。

1.1.2　测量学科的组成

（1）大地测量学：以地球表面上较大的区域甚至整个地球作为研究对象。

（2）普通测量学：研究地球表面较小区域范围，可以不顾及地球曲率的影响，把该小区域投影球面直接当作平面看待。

（3）摄影测量学：研究如何利用摄影像片来测定地物的形状、大小、位置并获取其他信息的学科。

（4）工程测量学：研究测量学理论、技术和方法在各类工程中的应用。例如：城市建设以及资源开发各个阶段进行地形和有关信息的采集、施工放样、变形监测等是为工程建设提供测绘保障。

1.1.3　建筑工程测量的任务

建筑工程测量是测量学的一个组成部分。它是研究建筑工程在勘测设计、施工建设和运营管理阶段所进行的各种测量工作的理论、技术和方法的学科，主要任务如下。

1）测绘大比例尺地形图

在勘测设计阶段，为了对建筑物的规划设计提供具体的地形资料，需要依照规定的符号和比例尺，把工程建设区域内一些具有代表性的地面特征点和特征线、建筑地区的形状和大小、地面的起伏形态（地貌）和固定性物体（地物）缩小绘制成相似的图形。这种既能表示地物的平面位置,又能表示地貌变化的平面图,称为地形图。此外,与建筑工程有关的土地划分、用地边界和产界的测定等,需测绘地物平面图。这种只表示地物的平面尺寸和位置,不表示地貌的平面图,称为地物图。对于公路、铁路、管线和特殊构造物的设计,除需提供带状地形图外,还需测绘沿某方向表示地面起伏变化的纵断面图和横断面图。

2)建筑物的施工测量

在工程建设施工阶段,将拟建建筑物的位置和大小按设计图纸的要求,将其平面位置和高程标定到施工的作业面上作为施工放样的依据,并按施工要求开展各种测量工作,进行竣工测量,为工程验收、日后工程的改扩建和维修管理提供资料。

3)建筑物的变形观测

对于一些重要的建(构)筑物,为了监测它在各种应力作用下的安全性和稳定性,在施工和运营管理期间需要定期对其进行变形观测。这种观测是在建筑物上设置若干观测点,按照测量的观测程序和周期,测定建筑物及其基础在自身荷载和外力作用下随着时间的推移各观测点产生的位移。变形观测包括沉降观测、水平位移观测和倾斜观测。

1.2 地面点位的确定及其表示方法

1.2.1 地球的形状和大小

1)水准面和水平面

测量工作是在地球表面进行的,而地球自然表面很不规则,有高山、丘陵、平原和海洋。其中最高的珠穆朗玛峰高出海水面达 8 844.43 m,最低的马里亚纳海沟低于海平面达 11 034 m。但是这样的高低起伏,相对于地球半径 6 371 km 来说还是很小的。海洋约占整个地球表面的 71%,因此,我们可以设想以一个静止不动的海平面延伸穿越陆地,形成一个闭合的曲面包围了整个地球,这个闭合曲面称为水准面。水准面是受地球重力影响而形成的,是一个处处与重力方向垂直的连续曲面,任何自由静止的水面都是水准面。水准面的特点是水准面上任意一点的铅垂线都垂直于该点的曲面。

与水准面相切的平面,称为水平面。

2)大地水准面

水准面可高可低,因此符合上述特点的水准面有无数个,其中与平均海水面吻合并向大陆、岛屿内延伸而形成的闭合曲面,称为大地水准面。大地水准面是测量工作的基准面。

3)铅垂线

由于地球的自转运动,地球上任一点都要受到离心力和地球引力的双重作用,这两个力的合力称为重力,重力的方向线称铅垂线。铅垂线是测量工作的基准线。在测量工作中,取得铅垂线的方法可用悬挂垂球的细线方向来表示,细线延长线通过垂球 G 尖端(如图 1-1 所示)。

4)地球椭球体

由大地水准面所包围的形体,称为大地体。用大地体表示地球体

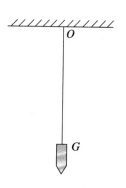

图 1-1 铅垂线

形是恰当的,但由于地球内部质量分布不均匀,引起铅垂线的方向产生不规则的变化,致使大地水准面成为一个有微小起伏的复杂曲面,如图1-2(a)所示,无法在这曲面上进行测量数据处理。为了使用方便,通常用一个非常接近于大地水准面,并可用数学式表示的几何形体(即地球椭球体)来代替地球的形状作为测量计算工作的基准面,称为参考椭球面。地球椭球体是由椭圆 NWSE 绕其短轴 NS 旋转而成的,又称旋转椭球体,如图1-2(b)所示。

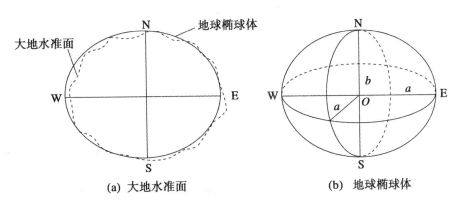

(a) 大地水准面   (b) 地球椭球体

图1-2 大地水准面与地球椭球体

决定地球椭球体形状和大小的参数为椭圆的长半径 a,短半径 b,扁率 α,其关系式为

$$\alpha = \frac{a-b}{a} \tag{1-1}$$

我国目前采用的地球椭球体的参数值为

$$a = 6\ 378\ 137\ \text{m}, \quad b = 6\ 356\ 752\ \text{m}, \quad \alpha = 1 : 298.257$$

由于地球椭球体的扁率 α 很小,当测量的区域不大时,可将地球看作半径为 6 371 km 的圆球。在小范围内进行测量工作时,可以用水平面代替大地水准面。

1.2.2 确定地面点位的方法

地面点的空间位置须由三个参数来确定,即该点在大地水准面上的投影位置(X,Y 坐标)和该点的高程。

地面点位的确定就是将地球表面的点沿铅垂线投影到基准面上,然后在基准面上建立坐标系,确定此点在坐标系中的位置及此点到基准面的铅垂距离(如图1-3所示)。

1)地面点的高程
地面点的高程有绝对高程和相对高程之分。

(1)绝对高程
地面点到大地水准面的铅垂距离,称为该点的绝对高程,简称高程,用 H 表示。地面点 A,B 的高程分别为 H_A, H_B。目前,我国采用的是

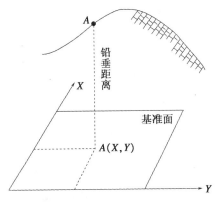

图1-3 地面点位确定示意图

"1985 国家高程基准",在青岛建立了国家水准原点,其高程为 72.260 m。

（2）相对高程

由于"1985 国家高程基准"采用的是青岛验潮站 1953 年至 1979 年验潮资料确定的黄海平均海水面为基准确定的大地水准面,对于局部地区采用这个高程基准会有困难。这时,我们假定一个水准面作为高程起算面,地面点到假定水准面的铅垂距离称为该点的相对高程,用 H' 表示。如图 1-4 所示,地面点 A,B 的相对高程分别为 H'_A,H'_B。

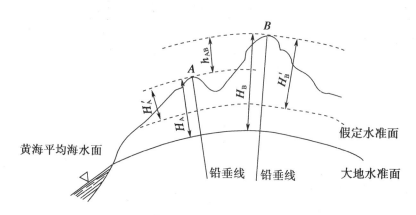

图 1-4　地面点的高程

（3）高差

高差是指地面上两点之间的高程差,用 h 表示。高差有方向和正负之分。

如图 1-4 所示,A,B 两点的高差为 h_{AB}:

$$h_{AB} = H_B - H_A = H'_B - H'_A \qquad (1-2)$$

当 h_{AB} 为正时,B 点高于 A 点;当 h_{AB} 为负时,B 点低于 A 点。

B,A 两点的高差为 h_{BA}:

$$h_{BA} = H_A - H_B = H'_A - H'_B \qquad (1-3)$$

A,B 两点的高差与 B,A 两点的高差绝对值相等,符号相反,即

$$h_{AB} = -h_{BA} \qquad (1-4)$$

2）地面点的坐标

地面点的坐标分为地理坐标、平面直角坐标和高斯平面直角坐标。

（1）地理坐标——用经度 λ 和纬度 φ 来表示

地理坐标是地面点在地球椭球面上所建立的坐标系中的位置,地面点在球面上的位置常用经度 λ 和纬度 φ 来表示。如图 1-5 所示,NS 为椭球旋转轴,N 表示北极,S 表示南极。通过椭球旋转轴的平面称为子午面,子午面与地球的交线称为子午线。通过英国伦敦原格林治天文台的子午面称为起始子午面。图 1-5 中,P 点的经度就是通过该点的子午面与起始子午面的夹角,用 λ 表示。从起始子午面算起,向东 0°～

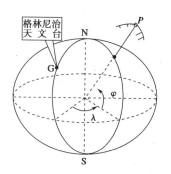

图 1-5　地面点的地理坐标

$180°$称为东经,向西$0°\sim180°$称为西经。通过地心且垂直于地轴的平面称为赤道面。图1-5中,P点的纬度就是过P点的铅垂线与赤道面的夹角,用φ表示。由赤道向北$0°\sim90°$称为北纬,向南$0°\sim90°$称为南纬。

我国位于地球的东半球和北半球,所以各地的地理坐标都是东经和北纬,例如北京的地理坐标为东经$116°28'$,北纬$39°54'$。

(2) 独立平面直角坐标——用坐标(x,y)来表示

在小地区的工程测量中,可将这个小区域(一般半径不大于 10 km 的范围内)的水准面近似看作水平面,并在该面上建立独立平面直角坐标系,用平面直角坐标来表示地面点大地水准面的投影位置的平面位置。

在独立平面直角坐标系中,规定南北方向为纵坐标轴,记作x轴,x轴向北为正,向南为负;以东西方向为横坐标轴,记作y轴,y轴向东为正,向西为负;坐标原点O一般选在测区的西南角,使测区内各点的x,y坐标均为正值;坐标象限按顺时针方向编号(如图1-6所示),其目的是便于将数学中的公式直接应用到测量计算中,而不需作任何变更。

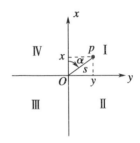

图 1-6　独立平面直角坐标

(3) 高斯平面直角坐标

当测区范围较大,若将曲面当作平面来看待,则把地球椭球面上的图形展绘到平面上来必然产生变形。为减小变形,必须采用适当的方法来解决。测量上常采用的方法是高斯投影方法。高斯平面直角坐标系可将球面上的图形用平面表示出来,使测量计算和绘图变得容易。

高斯投影方法是将地球划分成若干带(见图1-7),然后将每带投影到平面上,具体步骤如下。

第一步,高斯分带,即将地球每隔$3°$或者$6°$分成若干带,见图1-8所示。

$6°$带的划分:为限制高斯投影离中央子午线越远长度变形越大的缺点,从经度$0°$开始,将整个地球分成 60 个带,$6°$为一带。带号从首子午线起自西向东编,$0°\sim6°$为第 1 号带,$6°\sim12°$为第 2 号带,…。位于各带中央的子午线,称为中央子午线。第 1 号带中央子午线的经度为$3°$,任意号带中央子午线的经度λ_0可按式(1-5)计算:

图 1-7　高斯投影分带示意图

$$\lambda_0 = 6°N - 3° \tag{1-5}$$

式中:N——$6°$带的带号。

$3°$带的划分:从东经$1°30'$开始将整个地球分成 120 个带,$3°$为一带。带号从首子午线起自西向东编,$1°30'\sim4°30'$为第 1 号带,$4°30'\sim7°30'$为第 2 号带,…。位于各带中央的子午线,称为中央子午线。第 1 号带中央子午线的经度为$3°$,任意号带中央子午线的经度λ_0可按式(1-6)计算:

$$\lambda_0 = 3°N \tag{1-6}$$

式中:N——$3°$带的带号。

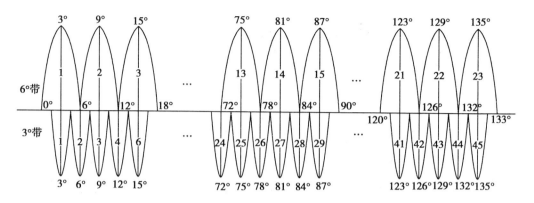

图1－8　6°带、3°带中央子午线及带号

第二步，高斯投影，即整带投影至椭圆柱面上，然后展开得到高斯投影平面。

我们把地球看作圆球，并设想把投影面卷成圆柱面套在地球上（如图1－9所示），使圆柱的轴心通过圆球的中心，并与某6°带的中央子午线相切。将该6°带上的图形投影到圆柱面上，然后将圆柱面沿过南、北极的母线 KK'，LL' 剪开，并展开成平面，这个平面称为高斯投影平面。中央子午线和赤道的投影是两条互相垂直的直线。

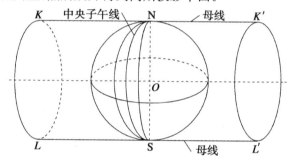

图1－9　高斯平面直角坐标的投影

第三步，建立高斯平面直角坐标。

在高斯投影平面上以赤道为 y 轴，自西向东为正，以中央子午线为 x 轴，自南向北为正，两坐标轴的交点为坐标原点 O，由此可以建立高斯平面直角坐标系（如图1－10(a)所示）。地面点的平面位置，就可用高斯平面直角坐标 x，y 来表示了。由于我国位于北半球，x 坐标均为正值，y 坐标则有正有负，为了避免 y 坐标出现负值，将每带的坐标原点向左（西）移500 km（如图1－10(b)所示），这样就可以得到 y 坐标之前加上带号的高斯平面直角坐标系。

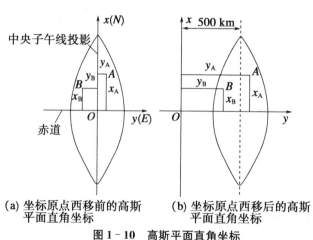

(a) 坐标原点西移前的高斯
平面直角坐标

(b) 坐标原点西移后的高斯
平面直角坐标

图1－10　高斯平面直角坐标

我国高斯平面直角坐标的表示方法是先将自然值的横坐标 y 加上 $500\ 000$ m,再在新的横坐标 y 之前标以两位数的带号。例如国家高斯平面点 $P(4\ 042\ 384,21\ 548\ 237)$,表示 P 点位于第 21 个 6° 带上,点 P 至赤道的距离为 $x=4\ 042\ 384$ m,距中央子午线的距离为 $y=548\ 237-500\ 000=48\ 237$ m。结果为正,表示该点在中央子午线东侧;若结果为负,表示该点在中央子午线西侧。

1.2.3 用水平面代替水准面的限度

当测区范围较小时,可以把水准面看作水平面。下面探讨用水平面代替水准面对距离、角度和高差的影响,以便给出限制水平面代替水准面的限度。

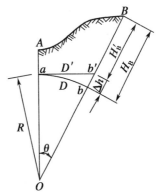

图 1-11 用水平面代替水准面对距离和高程的影响

1) 对距离的影响

如图 1-11 所示,地面上 A,B 两点在大地水准面上的投影点是 a,b,用过 a 点的水平面代替大地水准面,则 B 点在水平面上的投影为 b'。设 ab 的弧长为 D,ab' 的长度为 D',球面半径为 R,D 所对圆心角为 θ,则以水平长度 D' 代替弧长 D 所产生的误差 ΔD 为

$$\Delta D=D'-D=R\tan\theta-R\theta=R(\tan\theta-\theta) \qquad (1-7)$$

将 $\tan\theta$ 用级数展开为

$$\tan\theta=\theta+\frac{1}{3}\theta^3+\frac{5}{12}\theta^5+\cdots$$

因为 θ 角很小,所以只取前两项代入式(1-7),得

$$\Delta D=R\left(\theta+\frac{1}{3}\theta^3-\theta\right)=\frac{1}{3}R\theta^3 \qquad (1-8)$$

又因 $\theta=\dfrac{D}{R}$,代入上式得到

$$\Delta D=\frac{D^3}{3R^2} \qquad (1-9)$$

则有

$$\frac{\Delta D}{D}=\frac{D^2}{3R^2} \qquad (1-10)$$

取地球半径 $R=6\ 371$ km,并以不同的距离 D 值代入式(1-9)和式(1-10),则可求出距离误差 ΔD 和相对误差 $\Delta D/D$,如表 1-1 所示。

表 1-1 水平面代替水准面的距离误差和相对误差

距离 D(km)	距离误差 ΔD(mm)	相对误差 $\Delta D(D)$	距离 D(km)	距离误差 ΔD(mm)	相对误差 $\Delta D(D)$
10	8	1 : 1 220 000	50	1 026	1 : 49 000
20	128	1 : 200 000	100	8 212	1 : 12 000

当两点相距 10 km 时,用水平面代替大地水准面产生的误差为 8 mm,相对误差为 1:1 220 000,相当于精密测距精度的 1/1 000 000。所以在半径为 10 km 的范围内,进行距离测量时,可以用水平面代替水准面,而不必考虑地球曲率对距离的影响。

2)对水平角的影响

从球面三角学可知,同一空间多边形在球面上投影的各内角和比在平面上投影的各内角和大一个球面角超值 ε:

$$\varepsilon = \rho \frac{P}{R^2} \qquad (1-11)$$

式中:ε——球面角超值('');

P——球面多边形的面积(km^2);

R——地球半径(km);

ρ——1 弧度的秒值,$\rho = 206\ 265''$。

以不同的面积 P 代入式(1-11),可求出球面角超值,如表 1-2 所示。

表 1-2　水平面代替水准面的水平角误差

球面多边形面积 $P(km^2)$	球面角超值 $\varepsilon('')$	球面多边形面积 $P(km^2)$	球面角超值 $\varepsilon('')$
10	0.05	100	0.51
50	0.25	300	1.52

当面积 P 为 100 km^2,进行水平角测量时产生的球面超值 ε 为 0.51'',所以在 100 km^2 的面积内,可以用水平面代替水准面,而不必考虑地球曲率对距离的影响。

3)对高程的影响

如图 1-11 所示,地面点 B 的绝对高程为 H_B,用水平面代替水准面后,B 点的高程为 H'_B,H_B 与 H'_B 的差值即为水平面代替水准面产生的高程误差,用 Δh 表示,则

$$(R+\Delta h)^2 = R^2 + D'^2$$

$$\Delta h = \frac{D'^2}{2R+\Delta h}$$

D 与 D' 相差很少,可以用 D 代替 D';Δh 相对于 $2R$ 很小,可略去不计。则

$$\Delta h = \frac{D^2}{2R} \qquad (1-12)$$

以不同的距离 D 值代入式(1-12),可求出相应的高程误差 Δh,如表 1-3 所示。

表 1-3　水平面代替水准面的高程误差

距离 D(km)	0.1	0.2	0.3	0.4	0.5	1	2	5	10
Δh(mm)	0.8	3	7	13	20	78	314	1 962	7 848

可见,用水平面代替水准面,对高程的影响是很大的。因此,在进行高程测量时,即使距离很短,也应顾及地球曲率对高程的影响。

1.3 测量的基本工作及基本原则

1.3.1 测量的基本工作

测量工作的主要目的是确定点的坐标和高程。在实际工作中,常常不是直接测量待测点的坐标和高程,而是通过测量待测点和已知点的几何关系,计算出待测点的坐标和高程。

如图1-12所示,设A,B为已知坐标和高程点,P为待测点。利用A,B两点的坐标和高程测量P点的坐标和高程时可按以下步骤进行。

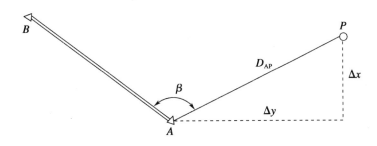

图1-12 平面直角坐标的测定

1) 平面直角坐标的测定

首先测出水平角β,再测量出水平距离D_{AP},根据A,B的坐标和测出的水平角及水平距离即可推算出P点的坐标:

$$\begin{cases} X_P = X_A + \Delta x \\ Y_P = Y_A + \Delta y \end{cases}$$

$\Delta x, \Delta y$与距离D_{AP}和角度β有关,可见测定地面点的坐标主要是测量水平距离和水平角。

2) 高程的测定

如图1-13所示,A为已知高程点,P为待定点。根据式(1-2)得

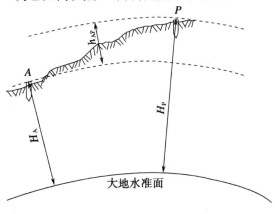

图1-13 高程的测定

$$H_P = H_A + h_{AP} \tag{1-13}$$

只要测量出 A,P 两点之间的高差 h_{AP}，利用式(1-13)，即可算出 P 点的高程。所以测定地面点的高程主要工作是测量高差。

所以，测量工作的基本内容是高差测量、角度测量、距离测量。

测量工作一般分外业和内业两种。外业工作主要是使用测量仪器和工具在测区内所进行的各种测定和测设工作；内业工作主要是将外业测量的结果进行整理、计算、绘图等工作。

1.3.2　测量工作的基本原则

进行测量工作时，坚持"质量第一"的观点，要有严肃认真的工作态度，保持测量成果的真实、客观和原始性，同时要爱护测量仪器与工具。

根据地球表面复杂多样的形态，可分为地物和地貌两大类。不论地物或地貌，它们的形状和大小都是由一些特征点的位置所决定的。这些特征点也称碎部点。在进行测量工作时，主要就是测定这些碎部点面位置和高程。如果从一个特征点到下一个特征点逐一进行测量，会导致前一点的测量误差传递到下一点，而测量工作中测量误差是不可避免的，这样就会造成测量结果误差累积，达不到相应的精度要求。因此，在测量工程中要遵循一定的原则进行。

"从整体到局部"、"先控制后碎部"是进行测量工作应遵循的基本原则之一。也就是先在测区选择一些精度较高的控制点，把它们的坐标和高程精确地测定出来，然后再以这些控制点为基础，测定出周围的碎部点的坐标和高程。这样，不仅可以减少误差的累积，还可以提高测量工作的效率。

"前一步测量工作未作检核，不进行下一步测量工作"是进行测量工作应遵循的又一个原则。进行测量工作，出现错误是难免的，所以每一步测量工作都有相应的检核方式，特别是控制测量，如果出现错误，就会给后续工作带来无法估量的损失。为了避免错误的出现，在进行测量工作时必须严格进行检核工作，按照这种边工作边检核的测量原则进行测量，可以防止错漏发生，保证测量成果的正确性。

思考与练习

1. 测量学的定义是什么？建筑工程测量的任务是什么？

2. 测定与测设有什么区别？

3. 何谓铅垂线？何谓大地水准面？各有什么作用？

4. 如何确定点的位置？

5. 如何理解绝对高程和相对高程的概念？已知 $H_A = 39.235$ m，$H_B = 35.486$ m，求 h_{AB} 和 h_{BA}。

6. 测量工作的基本内容是什么？测量工作的基本原则是什么？

2　水　准　测　量

重点提示：通过本章的学习，应了解水准测量原理和水准仪基本构造；掌握 DS3 水准仪的使用方法、水准测量的施测方法和内业计算；能够进行 DS3 水准仪的基本检验和校正；了解水准测量的误差影响和其他水准仪的基本特点。

2.1　水准测量原理

测量地面上各点高程的工作，称为高程测量。高程测量根据所使用的仪器和施测方法的不同，分为水准测量、三角高程测量、气压高程测量、GPS 测高，其中水准测量是高程测量的主要方法。

1）基本原理

利用水准仪提供的水平视线，通过读取立在前后水准点上水准尺的读数，可以测定两点间高差，从而由已知点高程推算出未知点高程。

2）计算待定点高程的方法

如图 2-1 所示，A 点高程为已知，欲测定 B 点高程，可以在 A，B 两点间适当位置安置水准仪，在 A，B 两点上分别立水准尺，利用水准仪提供的水平视线可分别读出 A，B 两点上水准尺的读数 a，b，则 A，B 两点间高差为

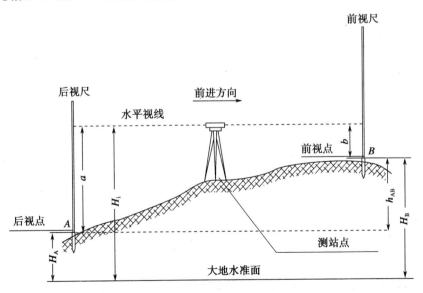

图 2-1　水准测量原理

a—后视读数；A—后视点；b—前视读数；B—前视点

$$h_{AB} = H_B - H_A = a - b \qquad (2-1)$$

测得两点间高差 h_{AB} 后,若已知 A 点高程 H_A,则可得 B 点的高程 H_B 为

$$H_B = H_A + h_{AB} \qquad (2-2)$$

这种利用两点间高差计算待定点高程的方法称为高差法。

水准测量的前进方向通常是由已知点 A 到待测点 B 进行的,此时,已知点 A 为后视点,待测点 B 为前视点,后视点上水准尺的读数 a 为后视读数,前视点上水准尺的读数 b 为前视读数。若读数 $a>b$,则 $h_{AB}>0$,说明 B 点高,A 点低;若读数 $a<b$,则 $h_{AB}<0$,说明 B 点低,A 点高。

当需要通过一个已知点测多个待测点高程时,可用视线高法。根据水准测量原理,如图 2-1 所示,有

$$H_i = H_A + a = H_B + b$$

所以可得

$$H_B = H_i - b$$

根据每个待测点上水准尺的读数可以求得每个点的高程,这种利用两点间视线高程相等,用视线高程计算待定点高程的方法称为视线高法。在施工测量中,有时安置一次仪器,需测定多个地面点的高程,采用视线高法就比较方便。

3）转点和测站

在实际水准测量中,如果 A,B 两点间高差较大或相距较远(如图 2-2),安置一次水准仪不能直接测定出两点之间的高差,必须沿两点间加设若干个临时立尺点作为传递高程的过渡点,称为转点(TP)。这些转点将测量线路分成若干个测段,根据水准测量的原理依次连续地在两个立尺点中间安置水准仪来测定相邻各点间高差,求和得到 A,B 两点间的高差值:

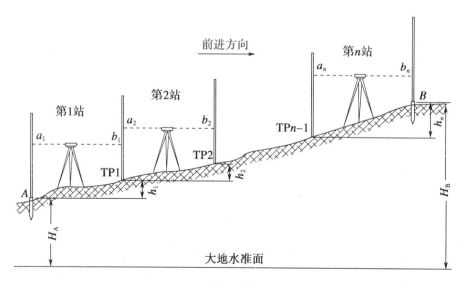

图 2-2 转点测站示意图

$$h_1 = a_1 - b_1$$
$$h_2 = a_2 - b_2$$
$$\vdots$$
$$h_n = a_n - b_n$$

则 $h_{AB} = h_1 + h_2 + \cdots + h_n = \sum a - \sum b$，待测点 B 的高程为

$$H_B = H_A + h_{AB} = H_A + \sum a - \sum b$$

2.2　DS3 水准仪和水准测量工具

　　水准仪是进行水准测量的主要仪器，它可以提供水准测量所必需的水平视线。我国生产的水准仪按其精度可分为 DS 0.5，DS 1，DS 3，DS 10，DS 20 五个等级。D 和 S 分别为"大地测量"和"水准仪"的汉语拼音的第一个字母，后面的数字 0.5，1，3，10，20 表示该类仪器的精度，即每千米往返测量测得高差的中误差，以"mm"为单位，数字越小，表示仪器的精度越高。一般工程测量中，常用 DS3 型微倾式水准仪（见图 2-3）和自动安平水准仪。使用该仪器进行水准测量，每千米可达±3 mm 的精度。因此，本章着重介绍这类仪器。

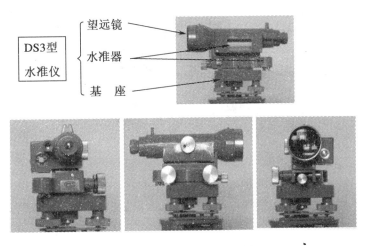

图 2-3　DS3 微倾式水准仪

2.2.1　DS3 水准仪的构造

　　根据水准测量的原理，水准仪的主要作用是提供一条水平视线，并能照准水准尺进行读数。因此，水准仪构成主要有望远镜、水准器及基座三部分，其构造见图 2-4 所示。

　　1) 望远镜

　　望远镜是水准仪的重要部件，用来精确瞄准水准尺并对水准尺进行读数。它主要由物镜、目镜、调焦透镜、十字丝分划板及调焦螺旋组成，如图 2-5 所示。

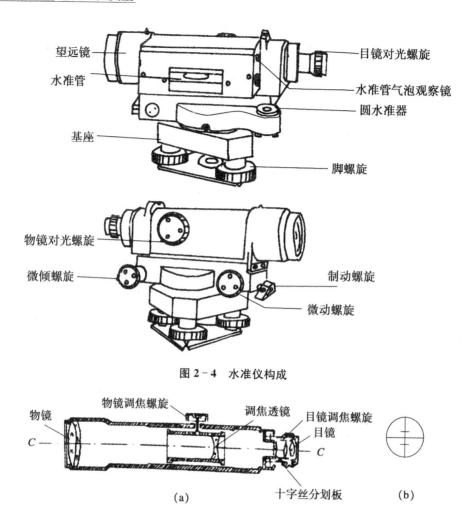

图 2-4 水准仪构成

图 2-5 望远镜

物镜和目镜多采用复合透镜组,物镜与调焦透镜一起使远处的目标在十字丝平面上形成缩小的实像,目镜可以将物镜所形成的实像连同十字丝一起放大成虚像。转动物镜调焦螺旋,可使不同距离目标的成像清晰地落在十字丝分划板上,称为调焦或物镜对光。转动目镜调焦螺旋,可使十字丝影像清晰,称目镜对光。

十字丝分划板是由平板玻璃圆片制成的,平板玻璃片装在分划板座上,分划板座固定在望远镜筒上。十字丝分划板上面刻有两条互相垂直的十字丝,竖直的一条称为纵丝,水平的一条称为横丝或中丝,是为了瞄准目标和读数用的。在中丝的上下还对称地刻有两条与中丝平行的短横线,是用来测定距离的,称为视距丝。其中上面一条短丝称为上丝,下面一条短丝称为下丝。水准测量时,用横丝和竖丝的交叉点瞄准目标并读数。

十字丝交点与物镜光心的连线,称为视准轴或视线。水准测量是在视准轴水平时,用十字丝的中丝截取水准尺上的读数。调焦透镜可使不同距离的目标均能成像在十字丝平面上。再通过目镜,便可看清同时放大了的十字丝和目标影像。从望远镜内所看到的目标影像的视角与肉眼直接观察该目标的视角之比,称为望远镜的放大率。DS3 级水准仪望远镜的放大率一般为 28 倍左右。

2）水准器

水准器是用来指示视准轴是否水平或仪器竖轴是否竖直的装置。普通水准器通常有圆水准器和管水准器两种，见图2-6和图2-7所示。圆水准器用来指示竖轴是否竖直；管水准器用来指示视准轴是否水平。

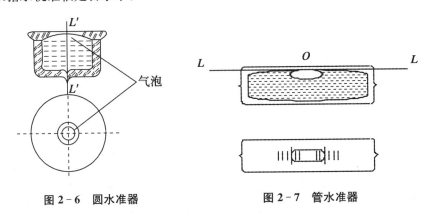

图2-6　圆水准器　　　　　　　图2-7　管水准器

（1）圆水准器

圆水准器安装在水准仪基座上，用于粗略整平仪器。圆水准器外形如图2-6所示，顶面的玻璃内表面研磨成球面，球面的正中刻有圆圈，其圆心称为圆水准器的零点。过零点的球面法线 $L'L'$，称为圆水准器轴。当圆水准器气泡居中时，该轴线处于竖直位置；当气泡不居中时，气泡中心偏移零点，轴线呈倾斜状态。气泡中心偏离零点2 mm轴线所倾斜的角值，称为圆水准器的分划值。DS3型水准仪圆水准器分划值一般为 $8'\sim10'$，精度较低。

（2）管水准器

管水准器又称水准管（见图2-7），是一纵向内壁磨成圆弧形的玻璃管，管内装酒精和乙醚的混合液，加热融封冷却后留有一个气泡。由于气泡较轻，故恒处于管内最高位置。水准管上一般刻有间隔为2 mm的分划线，分划线的中点 O 称为水准管零点。通过零点作水准管圆弧的切线，称为水准管轴。当水准管的气泡中点与水准管零点重合时称为气泡居中，这时水准管轴处于水平位置。水准管圆弧2 mm所对的圆心角称为水准管分划值。

微倾式水准仪在水准管的上方安装一组符合棱镜，通过符合棱镜的反射作用，使气泡两端的像反映在望远镜旁的符合气泡观察窗中。若气泡两端的半像吻合时，就表示气泡居中；若气泡的半像错开，则表示气泡不居中，这时应转动微倾螺旋，使气泡的半像吻合。

3）基座

基座的作用是支承仪器的上部，并通过连接螺旋与三脚架连接。它主要由轴座、脚螺旋、底板和三脚压板构成。转动脚螺旋，可使圆水准气泡居中。

除上述三部分外，水准仪上还装有制动螺旋、微动螺旋和微倾螺旋（见图2-4）。制动螺旋主要用来固定仪器；制动螺旋拧紧状态下，微动螺旋可使望远镜在水平方向上做微小转动，用来精确瞄准目标；微倾螺旋可以使望远镜在竖直方向微动。

2.2.2　水准尺和尺垫

1）水准尺

水准尺是进行水准测量时与水准仪配合使用的标尺（见图2-8）。常用的水准尺有塔尺和双面尺两种。

（1）塔尺

塔尺是一种逐节缩小的组合尺，其长度为 2~5 m，有两节或三节连接在一起，尺的底部为零点，尺面上黑白格相间，每格宽度为 1 cm，有的为 0.5 cm，在米和分米处有数字注记。

（2）双面水准尺

双面水准尺尺长为 3 m，两根尺为一对。尺的双面均有刻画，一面为黑白相间，称为黑面尺（也称主尺）；另一面为红白相间，称为红面尺（也称辅尺）。两面的刻画均为 1 cm，在分米处注有数字。两根尺的黑面尺尺底均从零开始；而红面尺尺底，一根从 4.687 m 开始，另一根从 4.787 m 开始。在视线高度不变的情况下，同一根水准尺的红面和黑面读数之差应等于常数 4.687 m 或 4.787 m，这个常数称为尺常数，用 K 来表示，以此可以检核读数是否正确。

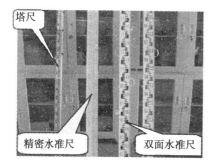
图 2-8　水准尺

图 2-9　尺垫

2）尺垫

尺垫如图 2-9 所示，一般是由生铁铸成。尺垫为三角形板座，中间有一个突起的半球体，下方有三个尖脚，使用时将三个尖脚踏入土中踩实，并将水准尺立于半球顶面。尺垫用于转点处，是为防止观测过程中水准尺下沉。

2.2.3　水准仪的使用

微倾式水准仪使用的主要内容按程序分为安置仪器、粗略整平、瞄准水准尺、精确整平和读数。

1）安置仪器

打开三脚架并调节好架腿的长度，使其高度适中，并使架头大致水平，检查脚架腿是否安置稳固，脚架伸缩螺旋是否拧紧，然后打开仪器箱取出水准仪，置于三脚架头上，用连接螺旋将仪器牢固地连接在三脚架头上。当地面松软时，应将三脚架腿踩入土中，在踩脚架时应尽量使圆水准器气泡靠近中心。

2）粗略整平

通过调节脚螺旋使圆水准器气泡居中，以达到仪器竖轴垂直、视准轴粗略水平的目的。具体操作步骤是用两手按箭头所指的相对方向转动脚螺旋 1 和 2，使气泡沿着 1,2 连线方向由 a 移至 b；再用左手按箭头所指方向转动脚螺旋 3，使气泡由 b 移至中心。在整平的过程中，气泡的移动方向与左手大拇指运动的方向一致（如图 2-10 所示）。

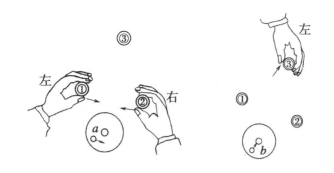

图 2-10 圆水准器整平

3）瞄准水准尺

（1）初步瞄准：松开制动螺旋，转动望远镜，通过望远镜筒上方的照门和准星连线瞄准水准尺，旋紧制动螺旋。

（2）目镜调焦：松开制动螺旋，将望远镜转向明亮的背景，转动目镜调焦螺旋，使十字丝成像清晰。

（3）物镜调焦：转动物镜对光螺旋，使水准尺的成像清晰。

（4）精确瞄准：转动微动螺旋，使十字丝的竖丝瞄准水准尺边缘或中央，如图 2-11 所示。

（5）消除视差：眼睛在目镜端上下移动，有时可看见十字丝的中丝与水准尺影像之间相对移动，这种现象叫视差。

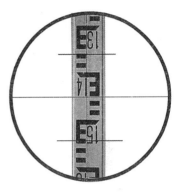

图 2-11 精确瞄准

产生视差的原因是水准尺的尺像与十字丝平面不重合，如图 2-12（a）所示。视差的存在将影响读数的正确性，应予消除。消除视差的方法是仔细地进行物镜调焦和目镜调焦，直至尺像与十字丝平面重合，如图 2-12（b）所示。

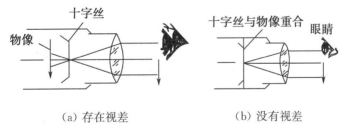

（a）存在视差　　　　　　（b）没有视差

图 2-12 视差现象

4）精确整平

精确整平简称精平。在瞄准目标后准备读数之前，用眼睛观察水准气泡观察窗内的气泡影像是否符合，如果没有完全符合（如图 2-13（a）和（b）所示），用右手缓慢地转动微倾螺旋，使气泡两端的影像严密吻合（如图 2-13（c）所示）。此时视线即为水平视线。需要注意的是，没有精平前竖轴不是严格垂直的，当望远镜由一个目标（后视）转到另一个目标（前视）时，气泡不一定符合，所以在每次读数之前都应进行精平操作。精平时微倾螺旋的转动方向与左侧半气泡影像的移动方向一致（如图 2-13（a）和（b）所示）。

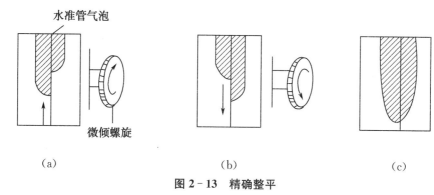

图 2 - 13　精确整平

5）读数

气泡符合后,应立即用十字丝中丝在水准尺上读数。读数时应从小数向大数读,直接读取米、分米和厘米,并估读出毫米,共四位数。如果从望远镜中看到的水准尺影像是倒像,在尺上应从上往下读取。如图 2-11 所示,读数是 1.451 m。精平和读数应作为一个整体,即精平后立即读数,读数后再检查符合水准器气泡是否居中。若不居中,应再次精平,重新读数。只有这样,才能保证水准测量的精度。

2.3　水准测量的施测方法

2.3.1　水准点

用水准测量的方法测定的高程达到一定精度的高程控制点,称为水准点,记为 BM。水准点有永久性水准点和临时性水准点两种。

永久性水准点如图 2-14 所示。永久性水准点的标石一般用混凝土预制而成,顶面嵌入半球形的金属标志表示水准点的点位。有些永久性水准点的金属标志也可镶嵌在稳定的墙角上,称为墙上水准点,如图 2-15 所示。建筑工地上的永久性水准点,其形式如图 2-16(a)所示。

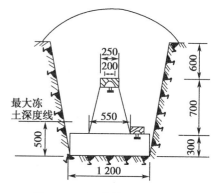

图 2 - 14　国家等级水准点

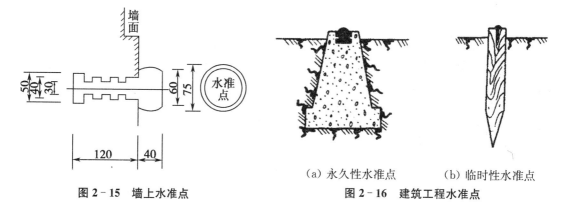

图 2 - 15　墙上水准点

（a）永久性水准点　　（b）临时性水准点

图 2 - 16　建筑工程水准点

临时性的水准点可在地面上突出的坚硬岩石或房屋勒脚、台阶上用红漆做标记,也可用大木桩打入地下,桩顶钉以半球状铁钉作为水准点的标志,如图2-16(b)所示。为方便以后的寻找和使用,水准点埋设好后应绘制能标记水准点位置的平面图,称之为点之记,图上要注明水准点的编号、与周围地物的位置关系。

2.3.2 水准路线

在水准点间进行水准测量所经过的路线,称为水准路线。相邻两水准点间的路线称为测段。在一般的工程测量中,水准路线布设形式主要有以下三种形式(见图2-17)。

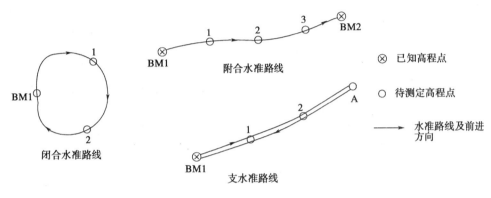

图 2-17 水准路线

1)附合水准路线

如图2-18所示,BMA,BMB为已知高程的水准点,1,2,3为待定高程点,从已知高程的水准点 BMA 出发,沿待定高程的水准点1,2,3进行水准测量,最后附合到另一已知高程的水准点 BMB 所构成的水准路线,称为附合水准路线。

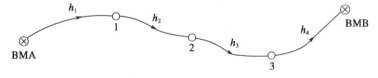

图 2-18 附合水准路线

2)闭合水准路线

如图2-19所示,当测区只有一个已知高程的水准点 BMA 时,欲求待定点1,2,3,4的高程,可以从水准点 BMA 出发,沿各待定高程的水准点1,2,3,4进行水准测量,最后又回到原出发点 BMA,形成一个闭合的环形路线,称为闭合水准路线。

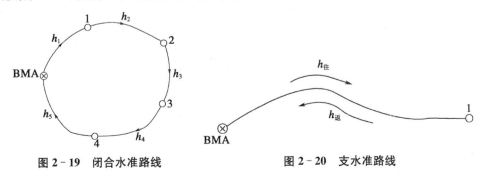

图 2-19 闭合水准路线 　　　　图 2-20 支水准路线

3）支水准路线

如图 2-20 所示，从已知高程的水准点 BMA 出发，沿待定高程的水准点 1 进行水准测量，这种既不自行闭合又不附合到其他已知的水准点上的水准路线，称为支水准路线。支水准路线要进行往返测量，以便于进行检核。

2.3.3　水准测量的施测方法

在进行水准测量时，待测点与已知水准点间距离较远或地势起伏较大时，不可能通过安置一次仪器来测定两点间的高差，必须在两点间设置若干个转点，将测量路线分成若干个测段，依次测出各分段间的高差进而求出两点间的高差，从而计算出待定的高程。

例如图 2-21 所示，已知水准点 BMA 的高程 $H_A = 48.145$ m，现欲测定 B 点的高程 H_B，由于 A,B 两点相距较远（或地势起伏较大），需分段设转点进行测量，具体施测步骤如下。

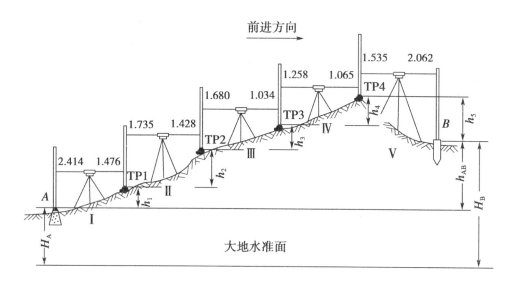

图 2-21　水准测量施测图

1）先在 A,B 之间选择若干个转点和测站点

如图 2-2 所示，选择转点和测站点时注意两点间要通视，测站点距前后视两点间距离要相等，且距离不超过 100 m，注意转点上立尺时需要用尺垫。

在已知点 A 和转点 TP1 上立水准尺，在测站Ⅰ上安置仪器，粗略整平后，瞄准后视点 A 的水准尺，精确整平，读数为 2.414 m，记入观测手簿后视栏内；转动水准仪瞄准前视点 TP1 上的水准尺，精确整平，读数为 1.476 m，记入观测手簿前视栏内。后视读数减去前视读数得到 A,TP1 两点间的高差 $h_1 = 0.938$ m，填入表 2-1 中相应位置。

表 2-1 水准测量记录手簿

日期_____ 仪器_____ 观测_____
天气_____ 地点_____ 记录_____

测站	测点	水准尺读数(m)		高差(m)		高程(m)	备　注
		后视读数(a)	前视读数(b)	＋	－		
1	2	3	4	5	6	7	8
1	BMA	2.414		0.938		48.145	(已知)
	TP1		1.476				转点
2		1.735		0.307			
	TP2		1.428				转点
3		1.680		0.646			
	TP3		1.034				转点
4		1.258		0.193			
	TP4		1.065				转点
5		1.535			0.527		
	B		2.062			49.702	(待定)
计算校核	∑	8.622	7.065	2.084	0.527		
	$\sum a - \sum b = 8.622 - 7.065 = +1.557$			$\sum h = +1.557$		$H_B - H_A = +1.557$	
	$H_B - H_A = \sum h = \sum a - \sum b$						

在 1 测站点测完后,将水准仪搬至 2 测站点,A 点上水准尺移至 TP2 上立尺,TP1 上水准尺原地不动,只需翻转即可;在 2 站上重复 1 站操作步骤,读取后、前视尺上读数,并记录手册,计算高差;依次在每个测站上重复上述过程,测至终点 B。

每个测站上安置一次仪器,就可以测得一个高差,根据高差计算公式可得

$$h_1 = a_1 - b_1$$
$$h_2 = a_2 - b_2$$
$$\vdots$$
$$h_5 = a_5 - b_5$$

将上述各式相加,得

$$h_{AB} = \sum a - \sum b$$

则 B 点高程为

$$H_B = H_A + h_{AB} = H_A + \sum h$$

表 2-1 是水准测量的记录手簿和有关计算,通过计算可得 B 点高程为

$$H_B = 48.145 \text{ m} + 1.557 \text{ m} = 49.702 \text{ m}$$

为了保证观测的精度和计算的准确性,在水准测量过程中必须进行检核,主要是进行测站检核和计算检核。

2) 水准测量的测站检核

(1) 变动仪器高法

是在同一个测站上用两次不同的仪器高度测得两次高差进行检核。要求:改变仪器高度应大于 10 cm,两次所测高差之差不超过容许值(例如等外水准测量容许值为±6 mm),取其平均值作为该测站最后结果,否则需重测。

(2) 双面尺法

分别对双面水准尺的黑面和红面进行观测。利用前、后视的黑面和红面读数分别算出两个高差,如果不符值不超过规定的限差(例如四等水准测量容许值为±5 mm),取其平均值作为该测站最后结果,否则必须重测。

3) 水准测量的计算检核

为了保证记录表中数据的正确,应对后视读数总和减前视读数总和、高差总和、B 点高程与 A 点高程之差进行检核,这三个数字应相等。即应满足

$$H_B - H_A = \sum h = \sum a - \sum b$$

如果不能满足,说明计算有错误,应重新计算。在上例中:

$$\sum a - \sum b = 8.622 \text{ m} - 7.065 \text{ m} = +1.557 \text{ m}$$

$$\sum h = +1.557 \text{ m}$$

$$H_B - H_A = 49.702 \text{ m} - 48.145 \text{ m} = +1.557 \text{ m}$$

满足校核条件,说明计算正确。

4) 成果检核

在水准测量的实施过程中,测站检核只能检核一个测站上是否存在错误,计算检核只能检核每页计算是否有错误。要想检核一条水准路线在测量过程中精度是否符合要求,还需进行成果检核。

水准路线中实测高差与理论高差的差值称为高差闭合差,用 f_h 表示。

(1) 闭合水准路线成果检核

根据闭合水准线路的特点,理论上闭合水准路线的高差总和应等于零,也就是应满足

$$\sum h_{理} = 0$$

但实际测量的结果往往闭合差不等于零,则根据高差闭合差计算式:

$$f_h = \sum h_{测} - \sum h_{理}$$

可得闭合水准路线高差闭合差为

$$f_h = \sum h_{测} \qquad\qquad (2-3)$$

(2) 附合水准路线成果检核

根据附合水准路线的特点,理论上附合水准路线的高差总和应等于终点高程减去起始

点高程,也就是应满足

$$\sum h_{理} = H_{终} - H_{始}$$

则可得附合水准路线高差闭合差为

$$f_{\mathrm{h}} = \sum h_{测} - (H_{终} - H_{始}) \qquad (2-4)$$

(3) 支水准路线成果检核

根据支水准路线的特点,理论上支水准路线往测高差与返测高差的代数和应等于零,也就是应满足

$$\sum h_{理} = 0, \sum h_{测} = \sum h_{往} + \sum h_{返}$$

则可得支水准路线高差闭合差为

$$f_{\mathrm{h}} = \sum h_{往} + \sum h_{返} \qquad (2-5)$$

从以上可以看出,f_{h} 的大小反映水准测量成果的精度,所以要求 f_{h} 有一定限度。因此,测量规范规定等外水准测量高差闭合差的允许值如下:

对于平坦地区:$f_{h允} = \pm 40\sqrt{L}$,其中 L 为水准路线总长,以"km"为单位;

对于山区和丘陵地区:$f_{h允} = \pm 12\sqrt{n}$,其中 n 为水准路线总测站数。

2.4　水准测量的成果计算

室外测得的水准测量数据经检验无误后,就可以进行内业计算了。计算步骤如下。

1) 计算高差闭合差及与允许值比较

(1) 闭合水准路线:$f_{\mathrm{h}} = \sum h_{测}$;

(2) 附合水准路线:$f_{\mathrm{h}} = \sum h_{测} - (H_{终} - H_{始})$;

(3) 支水准路线:$f_{\mathrm{h}} = \sum h_{往} + \sum h_{返}$。

如果 $f_{\mathrm{h}} < f_{h允}$,则进行下一步计算;否则,必须找出超差原因,乃至于重新测量。

2) 闭合差的调整

高差闭合差在允许范围之内时即可进行高差闭合差的调整,即进行高差闭合差的改正计算。计算按以下原则:

按与测站数或测段长度成正比例的原则,将高差闭合差反号分配到各相应测段的高差上,得改正后高差。即

$$v_i = -\frac{f_{\mathrm{h}}}{\sum n}n_i \quad 或 \quad v_i = -\frac{f_{\mathrm{h}}}{\sum L}L_i \qquad (2-6)$$

式中:v_i——第 i 测段的高差改正数;

$\sum n$——水准路线总测站数;

$\sum L$——水准路线总长度;

n_i,L_i——第 i 测段的测站数与测段长度。

高差改正数的总和与高差闭合差大小相等,符号相反。即

$$\sum v_i = -f_h \tag{2-7}$$

3)计算改正后的高差

各测段改正后高差等于各测段观测高差加上相应的改正数,即

$$h_{改} = h_{测} + v_i \tag{2-8}$$

式中：$h_{改}$——第 i 段的改正后高差(m)。

4)计算各点的高程

由起点高程逐一推算出各点高程。

【例 2-1】 附合水准路线的计算

图 2-22 是一附合水准路线等外水准测量示意图,A,B 为已知高程的水准点,$H_A = 72.536$ m,$H_B = 75.750$ m,1,2,3 为待定高程的水准点。

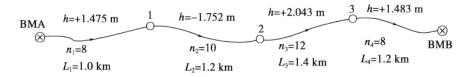

图 2-22 附合水准路线计算示意图

【解】 (1)建立计算表格如表 2-2 所示,并把测得的数据按要求填在表格 1～5 项中

表 2-2 符合水准线路测量成果计算表

测段号	点 名	距 离 (km)	测站数	实测高差 (m)	改正数 (m)	改正后高差 (m)	高 程 (m)	备 注
1	2	3	4	5	6	7	8	9
1	BMA	1.0	8	1.475	−0.007	1.468	72.536	
2	1	1.2	10	−1.752	−0.009	−1.761	74.004	
3	2	1.4	12	2.043	−0.010	2.033	72.243	
4	3	1.2	8	1.483	−0.009	1.474	74.276	
$\sum$	BMB	4.8	38	3.249			75.750	

辅助 计算	$f_h = 3.249$ m $-(75.750 - 72.536)$ m $= 0.035$ m $= 35$ mm,$L = 4.8$ km $f_{h允} = \pm 40\sqrt{4.8}$ mm $= \pm 88$ mm,$|f_h| < |f_{h容}|$,所以成果合格

（2）计算高差闭合差及其允许值

$$f_h = \sum h_{实测} - (H_{终} - H_{始}) = 3.249 \text{ m} - (75.750 - 72.536) \text{ m} = 0.035 \text{ m}$$

$$f_{h允} = \pm 40 \sqrt{L} = \pm 40 \sqrt{4.8} \text{ mm} \approx \pm 88 \text{ mm}$$

因为 $|f_h| < |f_{h容}|$，所以成果合格。

（3）计算高差闭合差改正数，填入表格 6 项中

计算公式：$v_i = -\dfrac{f_h}{\sum L} l_i$

$$v_1 = -\frac{0.035}{4.8} \text{ m} \times 1.0 = -0.007 \text{ m}$$

$$v_2 = -\frac{0.035}{4.8} \text{ m} \times 1.2 = -0.009 \text{ m}$$

$$v_3 = -\frac{0.035}{4.8} \text{ m} \times 1.4 = -0.010 \text{ m}$$

$$v_4 = -\frac{0.035}{4.8} \text{ m} \times 1.2 = -0.009 \text{ m}$$

计算校核：$\sum v_i = -f_h$

$$\sum v_i = -(0.007 + 0.009 + 0.010 + 0.009) \text{ m} = -0.035 \text{ m} = -f_h$$

（4）计算改正后的高差，填入表格 7 项中

计算公式：改正高差 $h_{i改} = $ 实测高差 $h_i + $ 改正数 v_i

$$h_{1改} = h_1 + v_1 = 1.475 \text{ m} - 0.007 \text{ m} = 1.468 \text{ m}$$
$$h_{2改} = h_2 + v_2 = -1.752 \text{ m} - 0.009 \text{ m} = -1.761 \text{ m}$$
$$h_{3改} = h_3 + v_3 = 2.043 \text{ m} - 0.010 \text{ m} = 2.033 \text{ m}$$
$$h_{4改} = h_4 + v_4 = 1.483 \text{ m} - 0.009 \text{ m} = 1.474 \text{ m}$$

校核：$\sum h_{改} = 1.468 \text{ m} - 1.761 \text{ m} + 2.033 \text{ m} + 1.474 \text{ m} = 3.214 \text{ m} = H_B - H_A = 3.214 \text{ m}$

（5）高程计算，填入表格 8 项中

$$H_1 = H_A + h_{1改} = 72.536 \text{ m} + 1.468 \text{ m} = 74.004 \text{ m}$$
$$H_2 = H_1 + h_{2改} = 74.004 \text{ m} - 1.761 \text{ m} = 72.243 \text{ m}$$
$$H_3 = H_2 + h_{2改} = 72.234 \text{ m} + 2.033 \text{ m} = 74.276 \text{ m}$$
$$H_B = H_3 + h_{3改} = 74.276 \text{ m} + 1.474 \text{ m} = 75.750 \text{ m}$$

【例 2 - 2】 闭合水准路线的计算

闭合水准线路的计算步骤与附合线路相同，只不过在计算闭合差时用公式 $f_h = \sum h_{测}$。

【例 2 - 3】 支水准路线的计算

支水准路线计算时取其往、返测量高差的平均值作为高差值，符号与往测相同。

如图 2-23 所示，A 为已知高程的水准点，其高程 H_A 为 75.562 m，B 点为待定高程的水准点，$h_{往}$ 和 $h_{返}$ 为往返测量的观测高差。往、返测的测站数共 18 站，计算 B 点的高程。

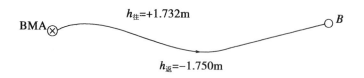

$h_{往}=+1.732m$

BMA⊗

$h_{返}=-1.750m$

○ B

图 2－23　支水准路线计算示意图

【解】（1）计算高差闭合

$$f_h = h_{往} + h_{返} = 1.732\ m + (-1.750)m = -0.018\ m = -18\ mm$$

（2）计算高差容许闭合差

测站数：

$$n = \frac{1}{2}(n_{往} + n_{返}) = \frac{1}{2} \times 18\ 站 = 9\ 站$$

$$f_{允} = \pm 12\sqrt{n}\ mm = \pm 12\sqrt{9}\ mm = \pm 36\ mm$$

因 $|f_h| < |f_{允}|$，故精确度符合要求。

（3）计算改正后高差

取往测和返测的高差绝对值的平均值作为 A 和 B 两点间的高差，其符号和往测高差符号相同，即

$$h_{AB} = \frac{|\ 1.732\ | + |-1.750\ |}{2}m = +1.741\ m$$

（4）计算待定点高程

$$H_B = H_A + h_{AB} = 75.562\ m + 1.741\ m = 77.303\ m$$

2.5　水准仪的检验与校正

2.5.1　水准仪应满足的几何条件

如图 2－24 所示，水准仪的主要轴线有水准管轴 LL_1、视准轴 CC_1、仪器竖轴 VV_1、圆水准器轴 $L'L'_1$。根据水准测量原理，水准仪必须能提供一条水平的视线才能正确地测出两点间的高差。为此，水准仪在结构上应满足如下几何条件。

（1）圆水准器轴 $L'L'_1$ 应平行于仪器的竖轴 VV_1。当条件满足时，圆水准器气泡居中，仪器的竖轴处于垂直位置，这样仪器转动到任何位置，圆水准器气泡都居中。

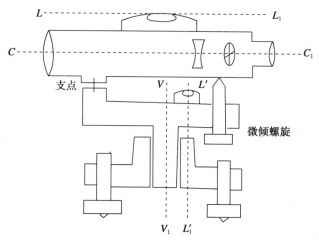

图 2－24　水准仪的轴线

（2）十字丝的中丝应垂直于仪器的竖轴VV_1，也就是十字丝横丝水平。这样，在对水准尺进行读数时，可用十字丝的任何部位读数。

（3）水准管轴LL_1应平行于视准轴CC_1，这样当水准管气泡居中时，水准管轴水平，视准轴处于水平位置。

为了保证水准测量的精度，在水准测量之前应对水准仪进行认真的检验与校正，保证上述条件的满足。

2.5.2 水准仪的检验与校正

1）圆水准器轴$L'L_1'$应平行于仪器的竖轴VV_1的检验与校正

（1）检验方法

旋转脚螺旋使圆水准器气泡居中，然后将仪器绕竖轴旋转$180°$，如果气泡仍居中，则表示该几何条件满足；如果气泡偏出分划圈外，则需要校正。

（2）校正方法

校正时，先调整脚螺旋，使气泡向零点方向移动偏离值的一半，此时竖轴处于铅垂位置。

然后，稍旋松圆水准器底部的固定螺钉，用校正针拨动三个校正螺钉，使气泡居中，这时圆水准器轴平行于仪器竖轴且处于铅垂位置。

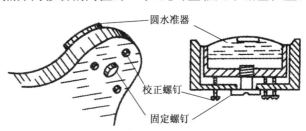

图 2-25　圆水准器校正螺钉

圆水准器校正螺钉的结构如图2-25所示。此项校正需反复进行，直至仪器旋转到任何位置时圆水准器气泡皆居中为止，最后旋紧固定螺钉。

2）十字丝中丝垂直于仪器的竖轴VV_1的检验与校正

（1）检验方法

安置水准仪，使圆水准器的气泡严格居中后，在望远镜中用十字丝中心瞄准某一明显的点状目标M（如图2-26(a)所示），然后拧紧制动螺旋，转动微动螺旋。微动时，如果目标点M始终在中丝上移动（如图2-26(b)所示），则表示中丝水平，即十字丝中丝垂直于仪器的竖轴VV_1，不需要校正；如果目标点M离开中丝（如图2-26(c)所示），则需要校正。

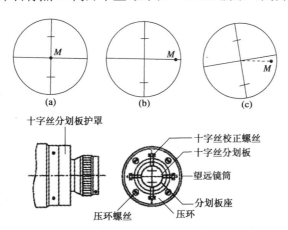

图 2-26　十字丝中丝垂直于仪器的竖轴的检验

（2）校正方法

松开十字丝分划板座上的固定螺钉，按十字丝倾斜方向的反方向微微转动十字丝分划板座，直至点 M 的移动轨迹与中丝重合，再将固定螺钉拧紧。此项校正也需反复进行。

3）水准管轴 LL_1 应平行于视准轴 CC_1 的检验与校正

（1）检验方法

① 如图 2-27(a) 所示，在较平坦的地面上选择相距约 80 m 的 A，B 两点打下木桩或放置尺垫，在 A，B 的中点 C 处安置水准仪，用变动仪器高法连续两次测出 A，B 两点的高差，若两次测出的高差之差不超过 3 mm，则取两次高差的平均值 h_{AB} 作为最后结果。由于水准仪距 A，B 两点间的距离相等，视准轴与水准管轴不平行所产生的前、后视读数误差 Δ 相等，根据 $h_{AB} = (a_1 - \Delta_1) - (b_1 - \Delta_1) = a_1 - b_1$，所以当仪器安置于 A，B 两点的中间时，测出的高差 h_{AB} 不受视准轴误差的影响。所以在测量过程中要求前、后视距差相等，可以消除水准管轴不平行于视准轴时带来的误差。

② 如图 2-27(b) 所示，在离 B 点大约 3 m 的 D 点处安置水准仪，精确整平后读得 B 点尺上的读数为 b_2。因水准仪离 B 点很近，两轴不平行引起的读数误差可忽略不计，即 $b_2' = b_2$。

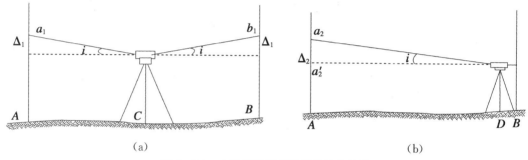

（a）　　　　　　　　　　　　　　　　　　（b）

图 2-27　水准管轴平行于视准轴的检验

根据 b_2 和上一步计算的高差 h_{AB} 可算出 A 点水准尺上视线水平时的读数应为

$$a_2' = b_2 + h_{AB}$$

然后，瞄准 A 点水准尺，精确整平后读出中丝读数 a_2。如果 a_2' 与 a_2 相等，表示两轴平行。否则存在 i 角，其角值为

$$i = \frac{a_2' - a_2}{D_{AB}} \rho \qquad (2-9)$$

式中：D_{AB}——A，B 两点间的水平距离（m）；

$\quad\quad i$—— 视准轴与水准管轴的夹角（″）；

$\quad\quad \rho$——1 弧度的秒值，$\rho = 206\,265''$。

对于 DS3 型水准仪来说，i 角值不得大于 $20''$，如果超限则需要校正。

（2）校正方法

仪器在原位置不动，转动微倾螺旋，使十字丝的中丝在 A 点尺上读数从 a_2' 移动到 a_2，此时视准轴处于水平位置，而水准管气泡不居中。用校正针先拨松水准管一端左、右校正螺钉，再拨动上、下两个校正螺钉，使偏离的气泡重新居中，最后将校正螺钉旋紧（见图 2-28(a)、(b) 所示）。此项校正工作需反复进行，直到仪器在 B 端观测并计算出的 i 角值符合要求为止。

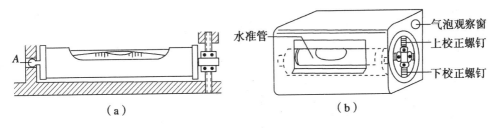

图 2-28　水准管的校正

2.6　水准测量的误差及注意事项

水准测量是由测量工作人员使用水准仪在室外进行的一系列测量工作,所以水准测量的误差主要来源于三个方面:仪器本身结构不完善(仪器误差);观测者感觉器官的鉴别能力有限(观测误差);外界自然条件的影响(外界条件误差)。这些误差是可以通过一定的方式消除或减弱的,测量工作人员应根据误差产生的原因采取相应的措施,尽量减少或消除各种误差对测量工作带来的影响。

2.6.1　仪器误差

1)水准管轴与视准轴不平行误差

水准仪在使用前虽然要经过严格的检验校正,但是水准管轴与视准轴不平行的误差经过检验校正后仍然可能会存在少量的残余误差。这种误差的影响与距离成正比,只要观测时注意使前、后视距离相等,便可消除此项误差对测量结果的影响。

2)水准尺误差

水准尺在生产过程中有时产生水准尺刻画不准确,使用过程中受天气影响会有尺长变化、尺身弯曲等现象,这些现象都会影响水准测量的精度。因此,水准尺要经过检核才能使用,不合格的水准尺不能用于测量作业。此外,水准尺在使用过程中可能造成底端磨损或粘上泥土,这些相当于改变了水准尺零点的位置,也会给测量精度带来影响。消除此项误差的方法,是把两支水准尺交替作为前、后视尺使用,并使每一测段的测站数为偶数。

2.6.2　观测误差

1)水准管气泡的居中误差

存在水准管气泡居中误差会使视线偏离水平位置,从而带来读数误差。为减小此误差的影响,每次读数时都要使水准管气泡严格居中,并在气泡居中时立即读数。

2)视差的影响误差

当有视差存在时,十字丝平面与水准尺影像不重合,眼睛在不同的位置便会读出不同的读数,从而给观测结果带来较大的误差。因此,观测时要仔细地进行物镜调焦和目镜调焦,严格消除视差。

3)读数时的估读误差

在读数时,最后一位毫米数是估读出来的,水准尺上估读毫米数的误差大小与望远镜的放大倍率以及视线长度有关。在测量作业中，应遵循不同等级的水准测量对望远镜放大倍率和最大视线长度的规定，以保证估读精度，减少此项误差的影响。

4）水准尺倾斜的影响

水准尺无论是向前还是向后倾斜都将使读数增大，从而带来误差，而误差大小与在尺上的视线高度及尺子的倾斜程度有关。为了减少这种误差的影响，立尺员必须认真扶尺，保证水准尺垂直；有的水准尺上装有圆水准器，立尺时应使气泡居中。

2.6.3 外界条件的影响误差

1）水准仪下沉误差

当仪器安置于松软的地面且测量的时间较长时，仪器会产生下沉现象，当读完后视读数转读前视读数时，视线已经降低，使前视读数偏小，从而引起高差误差。为了减少此项误差的影响，应将测站选在坚实的地面上，并将脚架踩实。在测量时，采用"后、前、前、后"的观测程序，提高读数效率，而减少每个测站的观测时间也可减弱其影响。

2）尺垫下沉误差

如果在转点发生尺垫下沉，将使下一站的后视读数增加，也将引起高差的误差。采用往返观测的方法，取成果的中数，可减弱其影响。为了防止尺垫下沉，转点应选在土质坚实处，并踩实三脚架和尺垫，使其稳定。

3）地球曲率及大气折光的影响

如图 2-29 所示，A,B 为地面上两点，大地水准面是一个曲面，如果水准仪的视线 $a'b'$ 平行于大地水准面，则 A,B 两点的正确高差为

$$h_{AB} = a' - b'$$

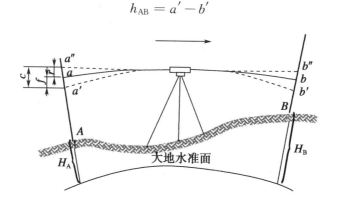

图 2-29　地球曲率及大气折光的影响

但是，水平视线在水准尺上的读数分别为 a'',b''。a',a'' 之差与 b',b'' 之差就是地球曲率对读数的影响，用 c 表示。由式（1-12）知

$$c = \frac{D^2}{2R} \tag{2-10}$$

式中：D——水准仪到水准尺的距离（km）；

　　　R——地球的平均半径，$R = 6\,371$ km。

由于大气折光的影响，视线是一条曲线，在水准尺上的读数分别为 a,b。a,a'' 之差与 $b,$

b'' 之差就是大气折光对读数的影响,用 r 表示。在稳定的气象条件下,r 约为 c 的 $1/7$,即

$$r = \frac{1}{7}c = 0.07\frac{D^2}{R} \qquad (2-11)$$

地球曲率和大气折光的共同影响为

$$f = c - r = 0.43\frac{D^2}{R} \qquad (2-12)$$

地球曲率和大气折光的影响,可采用使前、后视距离相等的方法来消除。

4) 温度的影响误差

温度的变化不仅会引起大气折光的变化,而且当烈日照射水准管时,由于水准管本身和管内液体温度的升高,气泡向着温度高的方向移动,从而影响了水准管轴的水平,产生了气泡居中误差。所以,测量中应随时注意为仪器打伞遮阳。另外,大风可使水准尺竖立不稳,水准仪难以置平,因此在大风天气应尽量避免进行测量作业。

2.7 自动安平水准仪、精密水准仪和电子水准仪

2.7.1 自动安平水准仪简介

随着测量技术的发展,自动安平水准仪的应用越来越广泛。自动安平水准仪与微倾式水准仪的基本结构是相同的,也是由望远镜、水准器和基座组成(见图2-30),它们的区别主要在于自动安平水准仪没有水准管和微倾螺旋,而是在望远镜的光学系统中装置了补偿器。观测时只需用圆水准器进行粗平,照准目标后按一下补偿按钮就可以借助于补偿器自动地把视准轴置平,然后就可以进行读数。由于无需精平,这样不仅可以缩短水准测量的观测时间,而且对于施工场地地面的微小震动、松软土地的仪器下沉以及大风吹刮等原因引起的视线微小倾斜,能迅速自动地安平仪器,从而提高了水准测量的工作效率。

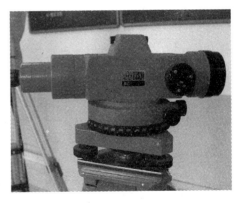

图 2-30 DSZ3-1 自动安平水准仪

1) 视线自动安平的原理

如图2-31所示,自动安平水位仪的补偿器安装在物镜和十字丝分划板之间,当圆水准器气泡居中后,视准轴仍存在一个微小倾角 α。由于在望远镜的光路上安置了一个补偿器,使通过物镜光心的水平光线经过补偿器后偏转一个 β 角仍能通过十字丝交点,这

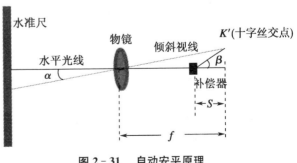

图 2-31 自动安平原理

样十字丝交点上读出的水准尺读数即为视线水平时应该读出的水准尺读数。

2）自动安平水准仪的使用

使用自动安平水准仪时,操作程序为粗略整平—照准目标—按补偿按钮—读数。其操作步骤比普通微倾式水准仪简化,省去了调符合气泡的程序,大大提高了工作效率。自动安平水准仪的下方一般具有水平度盘,主要用于读取不同方向的水平方位。应当注意,自动安平水准仪的补偿范围是有限的,当视线倾斜较大时,补偿器会失灵。因此,在使用前应对仪器的圆水准器进行校准,在使用、携带和搬运过程中严禁剧烈振动,以防止补偿器失灵。

2.7.2 精密水准仪简介

1）精密水准仪

精密水准仪的结构精密,性能稳定,测量精度高,基本结构也是由望远镜、水准器和基座三部分组成(见图2-32)。与一般水准仪相比,精密水准仪能够提供精密的水平视线和精确地读取读数。为此,在结构上其有如下特点。

(1)水准器具有较高的灵敏度。如DS1水准仪的管水准器 τ 值为 $10''/2\ mm$,比DS3型水准仪的水准管分划值提高1倍。

(2)望远镜具有良好的光学性能。如DS1水准仪望远镜的放大倍数为38倍,望远镜的有效孔径为47 mm,视场亮度较高,十字丝的中丝刻成楔形,能较精确地瞄准水准尺的分划。

图2-32 DS1精密水准仪

(3)具有光学测微器装置。可直接读取水准尺一个分格(1 cm或0.5 cm)的1/100单位(0.1 mm或0.05 mm),大大提高读数精度。

(4)视准轴与水准轴之间的联系相对稳定。精密水准仪均采用钢构件,并且密封起来,受温度变化影响小。

(5)配有专用的精密水准尺。

2）精密水准尺

精密水准仪必须配有精密水准尺,这种尺一般全长3 m,尺面平直并附有足够精度的圆水准器。在木质尺身中间有一尺槽,槽内安有一根铟瓦合金带。带上标有刻画,分划值为5 mm,有左右两排分划,每排分划之间的间隔是10 mm,但两排分划相互错开5 mm,数字注在木尺上,尺身一侧注记米数,另一侧注记分米数。尺身标有大、小三角形,小三角形表示半分米处,大三角形表示分米的起始线。这种水准尺上的注记数字比实际长度增大了1倍,即5 cm注记为1 dm。因此使用这种水准尺进行测量时,要将所测得的高差值除以2才是实际高差值。精密水准尺须与精密水准仪配套使用。

3）精密水准仪的操作方法

精密水准仪的操作方法与一般水准仪基本相同,只是读数方法有些差异。在水准仪精平后,十字丝中丝往往不恰好对准水准尺上某一整分划线,这时就要转动测微轮,使十字丝的楔形丝正好夹住一个整分划线,被夹住的分划线读数的米、分米、厘米可直接在标尺上读出,厘米以下的部分在测微分划尺上读取,估读到 0.01 mm。图 2-33 的读数为1.971 50 m,其中在标尺上的读数为 1.97 m,测微器上读取1.50 mm,两者相加得 1.971 50 m。此时实际读数应除以 2,得到实际读数为 0.985 75 m。

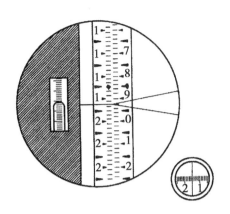

图 2-33 精密水准仪读数窗

图 2-34 DiNi12 电子水准仪及配套条码水准尺

2.7.3 电子水准仪简介

1) DiNi12 电子水准仪原理

DiNi12 电子水准仪是利用仪器里的十字丝瞄准的电子图像感应器(CCD),当按下测量键时,仪器就会对瞄准并调好焦的水准尺上的条码图片拍一个快照,然后把它和仪器内存中同样的尺子条码图片进行比较和计算(见图 2-34)。这样,水准尺上的读数就可以计算出来并且保存在内存中。

2) DiNi12 电子水准仪特点

(1) 读数客观。数字化的读数和记录数据,消除了人为误差,大大增强了数据的完善性;先进的感光读数系统只要感应到可见光下的水准尺即可测量,测量需读取条码尺 30 cm 范围。

(2) 精度高。它是目前世界上精度最高的电子水准仪之一,每千米往返测中误差为 0.3 mm,最小显示为 0.01mm。

(3) 速度快。最短能够在 3 s 内就记录下测量值,并可避免人为的读数出错。

(4) 效率高。只需调焦和按键就可以自动读数,减轻了劳动强度,并且节约了一个记录人员,也提高了经济效益。多种水准路线测量模式兼具平差功能,可实现内外业一体化。

3) DiNi12 电子水准仪的使用

(1) 仪器参数设置

使用仪器前需对仪器参数进行设置,主要是如下几项(以下各值为按一等水准测量等级设定)。

① Height Unit 设定测量的高程单位和记录到内存的单位,通常设定为"m"。

② Display Resolution 最小读数显示单位,0.000 01 m。

③ Max Dist 输入最大测量距离,当测量的距离超过此距离时会警告用户,30 m。

④ Min Sight 输入最小视线高度,0.30 m。

⑤ Max Diff　输入在线路测量中的一测站最大偏差,0.000 30 m。

（2）仪器操作步骤

① 建立新项目　按屏幕右侧 EDIT 键,然后按 PRJ,选择 NEW PROJECT,输入项目名称。

② 开始路线测量　按下在线路测量 Line 屏幕下箭头所指的按键,按下新建路线（New Line）,输入路线号,选择测量模式（BFFB）,输入后视点高程、点号、代码后就可以开始测量。

③ 中断和结束测量　当前视观测结束后就可以换站了,可以把水准仪关闭后再换站。打开仪器后就可以直接进入刚才所在的地方,并且可以继续进行水准路线测量。当观测结束并且已经观测了最后的闭合点,可以按下测段结束键（END）结束测量,同时输入结束点高程、点号、代码,此时仪器将显示出起始点和终点的高程之差以及前后视距之和等信息。

4）数据的下载与处理

DiNi12 电子水准仪有两种数据下载方式,即从 PCMCIA 卡中下载数据和从 RS232 串口下载数据。第一次从 PCMCIA 卡中下载数据时需先安装 IA 卡的驱动程序,然后就可以直接从 PCMCIA 卡复制文件到计算机中;从 RS232 串口下载数据时需先进行通讯设置,使仪器与计算机中通讯参数设置一致。

5）需注意的几个问题

DiNi12 电子水准仪是精密的电子仪器,在运输和使用过程中要注意安全,避免强烈振动,同时需注意以下几点:

（1）水准尺要保护好,条码面保持清洁,损坏或太脏都会引起测量数据的错误。

（2）照准标尺应调焦,使标尺成像清晰。

（3）当仪器处光线比标尺亮时,应用物体对仪器进行遮挡,否则无法测量。

（4）仪器扫描范围内的条码尺亮度要一致,不能半明半暗。

思考与练习

1. 水准测量的原理是什么? 求两点间高差有哪几种方法?

2. 设 A 为后视点, B 为前视点, A 点高程为 44.580 m,当后视读数为 2.057 m、前视读数为1.874 m时, A, B 两点之间的高差是多少? B 点比 A 点高还是低? B 点的高程是多少? 请绘图说明。

3. DS3 水准仪的基本结构是由哪几部分组成的? 水准仪上的圆水准器和管水准器各有什么作用?

4. 何谓视差? 怎样判断有没有视差存在? 如何消除视差?

5. 何谓水准点? 两水准点间高差相差较大时如何进行水准测量?

6. 根据表 2-3 中数据,计算高差和待测点高程,并进行校核。

表2-3 水准测量记录手簿

测站	测点	水准尺读数(m)		高差(m)		高程(m)	备注
		后视读数(a)	前视读数(b)	+	−		
1	2	3	4	5		6	7
1	A	2.536				42.332	(已知)
	TP1		1.458				
2		1.752					
	TP2		1.430				
3		1.580					
	TP3		1.734				
4		1.358					
	TP4		1.165				
5		1.435					
	B		2.062				
计算检核	Σ						

7. 在水准测量中共需要进行哪几项检核？各有什么作用？

8. 图2-35是一闭合水准路线等外水准测量示意图，A 为已知高程的水准点，$H_A=$ 53.726 m，1，2，3为待定高程的水准点，求1，2，3点的高程并填写表2-4中有关空栏。

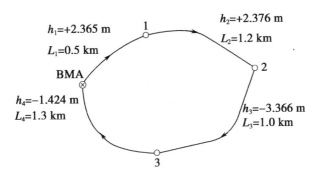

图2-35 闭合水准路线水准测量

表 2-4 水准测量高程计算表

测段号	点 名	距 离 (km)	测站数	实测高差 (m)	改正数 (m)	改正后高差 (m)	高 程 (m)	备 注
1	2	3	4	5	6	7	8	9
1	BMA							
	1							
2								
	2							
3								
	3							
4								
Σ	BMB							
辅助 计算								

9. 试述水准仪共需做哪几项检验与校正。

10. 设 A，B 两点间距为 80 m，先在两点中间安置仪器，测得 A 点水准尺上的读数 $a_1 =$ 1.532 m，B 点水准尺上的读数 $b_1 = 1.218$ m；然后把仪器搬至 B 点附近，测得 B 点水准尺上的读数 $b_2 = 1.564$ m，A 点水准尺上的读数 $a_2 = 1.796$ m。问：仪器的视准轴与水准管轴是否平行？如果不平行，应如何校正？

3 角 度 测 量

重点提示：角度测量是测量的三项基本工作之一，它包括水平角测量和竖直角测量。本章要掌握的主要内容有：角度测量基本原理；光学经纬仪的构造及使用；水平角与竖直角测量；经纬仪的检验与校正；角度测量误差及注意事项。

3.1 角度测量的原理

角度测量是工程测量三大基本工作之一，常用测角仪器是经纬仪，主要包括水平角与竖直角的观测。

3.1.1 水平角测量原理

定义：地面上一点到两目标点的方向线垂直投影到水平面上的夹角，称为水平角（或两方向线的夹角在水平面上的投影）。

如图 3-1 所示，A,B,C 为地面上任意三点，其中 B 为测站点，A,C 为目标点，则从 B 点观测 A,C 的水平角是 BA,BC 两方向线垂直投影 B_1A_1,B_1C_1 在水平面上所成的 $\angle A_1B_1C_1$，设为 β。

为了测定水平角 β，可设想在过角顶 B 点上方安置一个水平度盘，水平度盘上面带有顺时针刻画、注记。我们可以在 BA 方向读一个数 a，在 BC 方向读一个数 c，那么水平角 β 就等于 c 减 a，用公式表示为

$$\beta = 右目标读数 c - 左目标读数 a$$

水平角值的范围为 $0°\sim360°$。

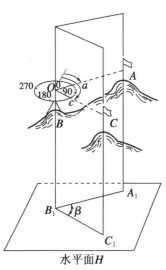

图 3-1 水平角测量原理

3.1.2 竖直角测量原理

定义：同一竖直面内，倾斜视线与水平线之间的夹角称为竖直角，用 α 表示。其值从水平线算起，向上为正，称为仰角，范围是 $0°\sim90°$；向下为负，称为俯角，范围为 $0°\sim-90°$（如图 3-2 所示）。

为了测定竖直角，同测水平角类似，在过 A 点铅垂面内安置一个竖直度盘，同样是带有刻画和注记。这个竖直度盘随着望

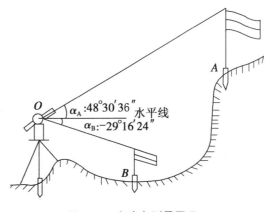

图 3-2 竖直角测量原理

远镜上下转动,瞄准目标后则有一个读数。竖直角与水平角一样,其角值为度盘上两个方向的读数之差,所不同的是,竖直角两个方向中的一个必是水平方向,对任一经纬仪来说,视线水平时的竖盘读数应为 $0°,90°,180°,270°$ 四个数值中的一个。所以,测量竖直角时,只要瞄准目标,读出竖盘读数,即可计算出竖直角。要注意的是,在过 A 点的铅垂线上不同的位置安置竖直度盘时,每个位置观察计算得到的竖直角是不同的。

3.2 DJ6 级光学经纬仪

目前,经纬仪的种类很多,但按其结构不同可分为光学经纬仪和电子经纬仪两类。经纬仪若按其精度可划分为 DJ1,DJ2,DJ6 等级别。其中 D,J 分别为"大地测量"和"经纬仪"的汉语拼音的第一个字母,1,2,6 分别为该经纬仪一测回方向观测中误差,即表示该仪器所能达到的精度指标。

3.2.1 DJ6 光学经纬仪的基本构造

各种等级和型号的光学经纬仪,其外形和各螺旋的形状、位置有所不同,因不同的厂家生产而有所差异,但是它们的作用是基本相同的。

DJ6 光学经纬仪主要由基座、度盘和照准部三部分组成(如图 3-3 所示)。

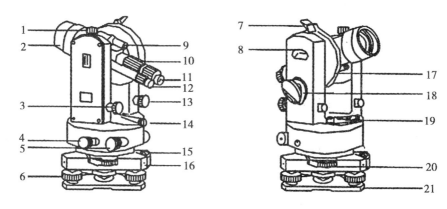

图 3-3　DJ6 级光学经纬仪

1—望远镜制动螺旋;2—望远镜物镜;3—望远镜微动螺旋;4—水平制动螺旋;5—水平微动螺旋;
6—脚螺旋;7—竖盘水准观察镜;8—竖盘水准管;9—瞄准器;10—物镜调焦环;11—望远镜目镜;
12—度盘读数镜;13—竖盘水准管微动螺旋;14—光学对中器;15—圆水准器;16—基座;
17—竖直度盘;18—度盘照明镜;19—平盘水准管;20—水平度盘位置变换轮;21—基座底板

1)基座

基座用来支承整个仪器,并借助中心螺旋使经纬仪与三脚架相连接,其上有三个脚螺旋用来整平仪器。轴座连接螺旋拧紧后,可将仪器上部固定在基座上。使用仪器时,切勿松动该螺旋,以免照准部与基座分离而坠地。另外,有的经纬仪基座上还装有圆水准器,用来粗略整平仪器。

2)水平度盘

光学经纬仪的度盘包括水平度盘和竖直度盘,它们都是用光学玻璃制成的圆环,周边刻有间隔相等的度数分划,用于测量角度。水平度盘的刻画从 $0°\sim360°$ 按顺时针方向注记,测角时,水平度盘不动;若需要其转动时,可通过度盘变换手轮或复测器(复测钮或复测扳手)实现。为了避免作业时碰动此手轮,特设一护盖,调配好度盘读数时应及时盖好护盖。

3)照准部

照准部是基座和水平度盘以上能转动部分的总称,主要部件有旋转轴、望远镜、横轴、竖盘、支架、照准部水准管及光学设备等。照准部旋转轴的几何中心线就是仪器的竖轴。望远镜、横轴、支架三者相连,望远镜可绕横轴翻转,由望远镜制动螺旋和微动螺旋控制。读数设备包括读数显微镜以及光路中一系列光学棱镜和透镜,主要作用是将水平度盘、竖直度盘反映到读数显微镜。在横轴的一端装有竖盘,横轴中心穿过竖盘中心。竖盘随望远镜一起转动。支架上有竖盘指标水准管,借助其上的微动螺旋可以使竖盘指标水准管气泡居中,用以使竖盘指标位于正确位置。仪器的竖轴处于管状轴套内,可以使照准部绕仪器竖轴水平转动。照准部制动与微动螺旋用于控制照准部水平方向转动。水准管用于精确整平仪器。光学对中器用于调节仪器,使水平度盘中心与地面点位于同一铅垂线上。

3.2.2 DJ6 光学经纬仪的读数

光学经纬仪的度盘刻度是通过一系列的棱镜和透镜成像在望远镜边上的读数显微镜内。为了达到测角精度的要求,一般要借助于光学测微技术。DJ6 光学经纬仪常用分微尺测微器和平板玻璃测微器两种。

1)分微尺测微器及其读数方法

分微尺测微器的结构简单,读数方便,目前大部分 DJ6 光学经纬仪采用这种测微器。这类仪器的度盘分划度为 1°,按顺时针方向注记。读数的主要设备为读数窗上的分微尺,水平度盘与竖盘上 1° 的分划间隔成像后与分微尺的全长相等。上面的窗格里是水平度盘及其分微尺的影像,注有"H"或"水平"字样;下面的窗格里是竖盘及其分微尺的影像,注有"V"或"竖直"字样。分微尺分成 60 等份,格值为 1′,可估读到 0.1′。读数时,以分微尺上的零线为指标。度数由落在分微尺上的度盘分划的注记读出,小于 1′ 的数值,即分微尺零线至该度盘刻度线间的角值由分微尺上读出。如图 3-4 所示,水平角可首先读出 178,然后以该度数刻画线为指标,看分

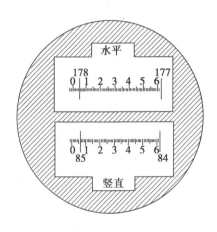

图 3-4 分微尺测微器 DJ6 经纬仪读数

微尺注记 0 刻画到已读出的度数刻画之间共有多少格,即为应读的分数,不足一格的量估读到 0.1′,图中所示为 4.5 格,所以水平角读数为 178°04′30″。同理,竖直角读数为 85°06′06″。

2)单平板玻璃测微器及其读数方法

采用单平板玻璃测微器读数的光学经纬仪有北京红旗Ⅱ型、瑞士 Wild T1 型等。单平板玻璃测微器主要由平板玻璃、测微尺、连接机构和测微轮组成。转动测微轮,通过齿轮带动平板玻璃及与之固连在一起的测微尺一起转动。测微尺和平板玻璃同步转动,单平板玻璃测微器读数窗的影像:下面的窗格为水平度盘影像;中间的窗格为竖直度盘影像;上面较小的窗格为测微尺影像。度盘分划值为 30′,测微尺的量程也为 30′,将其分为 90 格,即测微尺最小分划值为 20″,当度盘分划影像移动一个分划值(30′)时,测微尺也正好转动 30′。如

图3-5(a)所示,其水平读数为 $15°12'00''$;图 3-5(b)所示,其竖直读数为 $91°18'00''$。

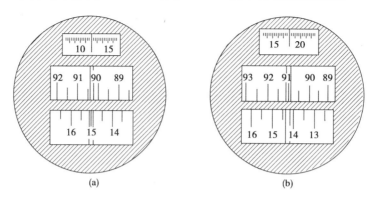

图 3-5 单平板玻璃测微器 DJ6 经纬仪读数

3.2.3 测钎、标杆、觇板

测钎、标杆和觇板是经纬仪瞄准目标时所使用的找准工具(如图 3-6 所示)。我们通常把测钎、标杆的尖端对准目标点的标志,并让其竖立作为照准的依据。测钎一般适合距测站较近的目标,标杆适合距测站较远的目标。觇板连接在基座上并通过连接螺旋固定在三脚架上使用,远近皆可。觇板一般为红白相间或黑白相间,常与棱镜结合用于电子经纬仪或全站仪的观测。

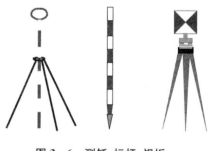

图 3-6 测钎、标杆、觇板

3.3 DJ6 光学经纬仪的使用

经纬仪的基本操作包括对中、整平、照准、读数四项。对中与整平是在测站点安置经纬仪的基本工作,照准和读数是观测工作。

1) 经纬仪的安置

经纬仪的安置要求:一是经纬仪的中心在地面点中心的垂线上;二是经纬仪的水平度盘处于水平状态。经纬仪的安置又称为对中整平,具体方法如下。

(1) 对中

对中的目的:使经纬仪水平度盘的中心(经纬仪的竖轴)安置在所测测站点的铅垂线上。对中的要求:垂球对中(误差不大于 3 mm),光学对中器对中(误差不大于 1 mm)。其步骤如下:

① 将三脚架的三条腿调至大致等长,调节时先不要分开架脚也不要将架脚拉到底,以便为初步整平留有调节的余地。

② 将三个架腿安置在以测站为中心的等边三角形的角顶上。这时架头平面大约水平,且中心与地面点约在同一铅垂线上。

③ 从仪器箱中取出仪器,用附于三脚架头上的连接螺旋将仪器与三脚架固连在一起,然后即可精确对中。

根据仪器的结构,可用垂球对中,也可用光学对中器对中。

如果使用光学对中器对中，可以先用垂球粗略对中，然后取下垂球，再用光学对中器对中。但在使用光学对中器时，仪器应先利用脚螺旋使圆水准器气泡居中，再看光学对中器是否对中。如有偏离，仍在仪器架头上平行移动仪器，在保证圆水准气泡居中的条件下使其与地面点对准。如果不用垂球粗略对中，则一面观察光学对中器一面移动脚架，使光学对中器与地面点对准。这时仪器架头可能倾斜很大，则根据圆水准气泡偏移方向，伸缩相关架腿，使气泡居中。伸缩架腿时，应先稍微旋松伸缩螺旋，待气泡居中后立即旋紧。因为光学对中器的精度较高，且不受风力影响，应尽量采用。待仪器精确整平后，仍要检查对中情况。因为只有在仪器整平的条件下，光学对中器的视线才居于铅垂位置，对中才是正确的。

（2）整平

经纬仪整平的目的，乃是使竖轴居于铅垂位置。整平时要先用脚螺旋使圆水准气泡居中，以粗略整平，再用管水准器精确整平。

由于位于照准部上的管水准器只有一个，如图 3 - 7 所示，可以先使它与一对脚螺旋连线的方向平行，然后双手以相同速度相反方向旋转这两个脚螺旋，使管水准器的气泡居中。再将照准部平转 90°，用另外一个脚螺旋使气泡居中。这样反复进行，直至管水准器在任一方向上气泡都居中为止。在整平后还需检查光学对中器是否偏移。如果偏移，则重复上述操作方法，直至水准气泡居中、对中器对中为止。

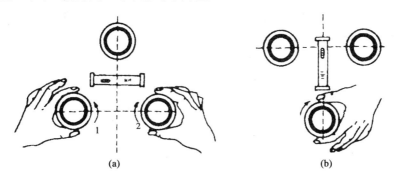

图 3 - 7　整平操作示意图

2）照准目标

（1）水平角观测时，应尽量照准目标的底部。当目标较近时，成像较大，则用单丝平分目标；当目标较远时，成像较小，则用双丝夹住目标或用单丝与目标重合。

（2）竖直角观测时，应用中横丝照准目标顶部或某一预定部位。

3）读数或置数

（1）读数：按照先前介绍的读数方法进行。

（2）置数：照准需要的方向，使水平度盘读数为某一预定值叫做置数。具体方法是先照准后置数。照准目标后，打开度盘变换手轮保险装置，转动度盘变换手轮，使度盘读数等于预定读数，然后关上变换手轮保险装置。

3.4　水平角的观测

经纬仪的望远镜可绕其横轴旋转 360°，在进行角度观测时根据望远镜与竖直度盘的位置关系,望远镜可分为盘左和盘右两个位置。

所谓盘左、盘右是指观测者正对望远镜目镜时竖直度盘分别位于望远镜的左侧和右侧。理论上,盘左、盘右瞄准同一目标时水平度盘读数相差180°。在角度观测中,为消除或减少仪器误差的影响,一测回中要求用盘左、盘右两个盘位观测。

水平角的观测方法一般根据目标的多少、测角的精度要求和所使用的仪器来确定,常分为测回法和方向观测法两种。

1)测回法

当所测的角度只有两个方向时,通常都用测回法观测。如图3-1所示,欲测OA,OB两个方向之间的水平角∠AOB时,在角顶O安置仪器,在A,B处设立观测标志。经过对中、整平以后,即可按下述步骤观测。

(1)将经纬仪安置在测站点O,对中、整平。

(2)松开照准部及望远镜的制动螺旋,利用望远镜上的粗瞄器,以盘左(竖盘在望远镜视线方向的左侧时称盘左)粗略照准左方目标A。关紧照准部及望远镜的制动螺旋,再用微动螺旋精确照准目标,同时需要注意消除视差及尽可能照准目标的下部。对于细的目标,宜用单丝照准,使单丝平分目标像;而对于粗的目标,则宜用双丝照准,使目标像平分双丝,以提高照准的精度。最后读取该方向上的读数 $a_左$。

(3)松开照准部及望远镜的制动螺旋,顺时针方向转动照准部,粗略照准右方目标B。再关紧制动螺旋,用微动螺旋精确照准,并读取该方向上的水平度盘读数 $b_左$。盘左所得角值即为 $\beta_左 = b_左 - a_左$。以上称为上半测回。

(4)将望远镜纵转180°,改为盘右。重新照准右方目标B,并读取水平度盘读数 $b_右$。然后顺时针或逆时针方向转动照准部,照准左方目标A。读取水平度盘读数 $a_右$,则盘右所得角值 $\beta_右 = b_右 - a_右$。以上称为下半个测回。两个半测回角值之差不超过规定限值时,取盘左盘右所得角值的平均值 $\beta = \dfrac{\beta_左 + \beta_右}{2}$,即为一测回的角值。根据测角精度的要求,可以测多个测回而取其平均值,作为最后成果。观测结果应及时记入手簿(见表3-1),并进行计算,看是否满足精度要求。

表3-1　测回法水平角观测手簿

测站	测回数	竖盘位置	目标	水平度盘读数 (° ′ ″)	半测回角值 (° ′ ″)	一测回角值 (° ′ ″)	各测回平均值 (° ′ ″)	备注
O	1	左	A	0 03 12	146 21 36	146 21 31	146 21 26	
			B	146 24 48				
		右	A	180 03 06	146 21 26			
			B	326 24 32				
O	2	左	A	90 02 30	146 21 18	146 21 21		
			B	236 23 48				
		右	A	270 02 36	146 21 24			
			B	56 23 00				

值得注意的是：上、下两个半测回所得角值之差应满足有关测量规范规定的限差。对于 DJ6 级经纬仪，限差一般为 36″。如果超限，则必须重测。如果重测的两半测回角值之差仍然超限，但两次的平均角值十分接近，则说明这是由于仪器误差造成的。取盘左盘右角值的平均值时，仪器误差可以得到抵消，所以各测回所得的平均角值是正确的。

两个方向相交可形成两个角度，计算角值时始终应以右边方向的读数减去左边方向的读数。如果右方向读数小于左方向读数，则应先加 360° 后再减，例如 $\beta_右 = 11°23'20'' + 360° - 298°47'00'' = 72°36'20''$。若用 $298°47'00'' - 11°23'20'' = 287°23'40''$，所得的则是 $\angle AOB$ 的外角。所以测得的是哪个角度与照准部的转动方向无关，与先测哪个方向也无关，而是取决于用哪个方向的读数减去哪个方向的读数。在下半测回时，仍要顺时针转动照准部，是为了消减度盘隙动误差的影响。

2）方向观测法

当在一个测站上需观测多个方向且要测得数个水平角时，宜采用方向观测法观测，因为可以简化外业工作。它的直接观测结果是各个方向相对于起始方向的水平角值，也称为方向值。相邻方向的方向值之差，就是它的水平角值。如图 3-8 所示，设在测站点 O 点有 OA，OB，OC，OD 四个方向，其观测步骤如下。

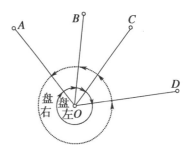

图 3-8　方向观测法示意图

（1）在 O 点安置仪器，对中、整平。

（2）选择一个距离适中且影像清晰的方向作为起始方向，设为 OA。

（3）盘左照准 A 点，并安置水平度盘读数，使其稍大于 0°，读取 A 方向水平读数。

（4）以顺时针方向依次照准 B，C，D 诸点，最后再照准 A，称为归零。以上称为上半测回。

（5）倒转望远镜改为盘右，以逆时针方向依次照准 A，D，C，B，A 并读数，称为下半测回。上下两个半测回构成一个测回。

（6）如需观测多个测回时，为了消减度盘刻度不匀的误差，每个测回都要配置度盘的位置，即在照准起始方向时，改变度盘的安置读数。为使读数在圆周及测微器上均匀分布，如用 DJ6 级仪器作测角时，则各测回起始方向的安置读数依下式计算：

$$R = \frac{180°}{n}(i-1)$$

式中：n——总测回数；

i——该测回序数。

每次读数后，应及时记入手簿，手簿的格式见表 3-2 所示。

数据整理：表中 4，5 两栏分别为盘左、盘右时的两次读数。第 6 栏为同一方向上盘左盘右读数之差，名为 $2c$，意思是两倍的照准差，它是由于视线不垂直于横轴的误差引起的。因为盘左、盘右照准同一目标时的读数相差 180°，所以 $2c = L - (R \pm 180°)$。第 7 栏是盘左盘右的平均值，在取平均值时，也是盘右读数减去或加上 180° 后再与盘左读数平均，取平均的尾数部分按照"奇进偶不进"的原则取舍。起始方向经过了两次照准，要取两次结果的平均值作为结果。从各个方向的盘左盘右平均值中减去起始方向两次结果的平均值，即得各个方向的方向值。

表 3-2 方向观测法观测手簿

| 测站 | 测回 | 目标 | 水平度盘读数 | | 2c″ | 平均读数 =1/2(左+右±180) (° ′ ″) | 归零后的方向值 (° ′ ″) | 测回归零方向值的平均值 (° ′ ″) | 角值 (° ′ ″) |
			盘左 (° ′ ″)	盘右 (° ′ ″)					
1	2	3	4	5	6	7	8	9	10
0	1	A	00 00 06	180 00 12	−6	(00 00 12) 00 00 09	00 00 00	00 00 00	
		B	92 55 06	272 55 24	−18	92 55 15	92 55 03	92 54 58	92 54 58
		C	158 35 42	338 35 48	−6	158 35 45	158 35 33	158 35 32	65 40 34
		D	244 08 12	64 08 24	−12	244 08 18	244 08 06	244 08 04	85 32 32
		A	00 00 12	180 00 18	−6	00 00 15			
	2	A	90 00 12	270 00 18	−6	(90 00 18) 90 00 15	00 00 00		
		B	182 55 06	02 55 18	−12	182 55 12	92 54 54		
		C	248 35 42	68 35 54	−12	248 35 48	158 35 30		
		D	334 08 18	154 08 24	−12	334 08 21	244 08 03		
		A	90 00 18	270 00 24	−6	90 00 21			

为避免错误及保证测角的精度,对各项操作都规定了限差。

表 3-3 方向观测法的限差

经纬仪型号	半测回归零差	一测回内 2c 互差	各测回同方向值 2c 互差	同一方向值 各测回互差
DJ2	12″	18″	13″	10″
DJ6	18″			24″

3.5 竖直角的观测

1) 竖直度盘的构造

为测竖直角而设置的竖直度盘(简称竖盘)固定安置于望远镜旋转轴(横轴)的一端,其刻画中心与横轴的旋转中心重合。所以在望远镜作竖直方向旋转时,度盘也随之转动。另外有一个固定的竖盘指标,以指示竖盘转动在不同位置时的读数,这与水平度盘是不同的。

竖直度盘的刻画也是在全圆周上刻为360°,但注字的方式有顺时针及逆时针两种。通常在望远镜方向上注以0°及180°,如图3-9所示。在视线水平时,指标所指的读数为90°或

270°。竖盘读数也是通过一系列光学组件传至读数显微镜内读取。

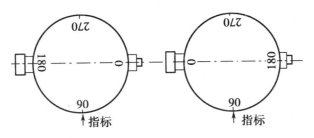

(a) 顺时针注记   (b) 逆时针注记

图 3-9　竖盘的注记形式

对竖盘指标的要求,是始终能够读出与竖盘刻画中心在同一铅垂线上的竖盘读数。为了满足这个要求,它有两种构造形式:一种是借助于与指标固连的水准器的指示,使其处于正确位置,早期的仪器都属此类;另一种是借助于自动补偿器,使其在仪器整平后,自动处于正确位置。

(1) 指标带水准器的构造

这种构造如图 3-10 所示。指标装在一个支架上,支架套在横轴的一端,因而可以绕横轴旋转。在支架上方安装一个水准器,下方安装一个微动螺旋。旋转微动螺旋,指标可绕横轴作微小转动,同时水准器的气泡也发生移动。当气泡居中时,指标即居于正确位置。

(2) 指标带补偿器的构造

补偿器的构造有两类形式,但都是借助重力作用,以达到自动补偿而读出正确读数的目的。一类是液体补偿器,利用液面在重力作用下自动水平,以达到补偿的目的;另一类是利用吊丝悬挂补偿元件,在重力作用下稳定于某个位置,以达到补偿的目的。现只对液体补偿器的补偿原理加以说明。

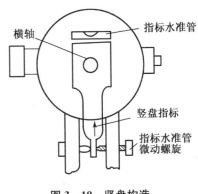

图 3-10　竖盘构造

液体补偿器的构造原理如图 3-11所示。补偿原件是一个盛有透明液体的容器。如果仪器的竖轴位于铅垂位置,则容器内的液体表面水平,容器的底也是水平的,液体相当于一块与平面平行的玻璃板,而指标 I 也位于过竖盘刻画中心的铅垂线上,如图 3-11(a)所示,当视线水平时,则指标成像于竖盘的 90°处;如果仪器有少许倾斜,如图3-11(b)所示,则指标 I 偏离过竖盘刻画中心的铅垂线,液体容器的底也发生倾斜,但液体表面仍处于水平位置,所以这时液体实际形成了一个光楔,如果视线是水平

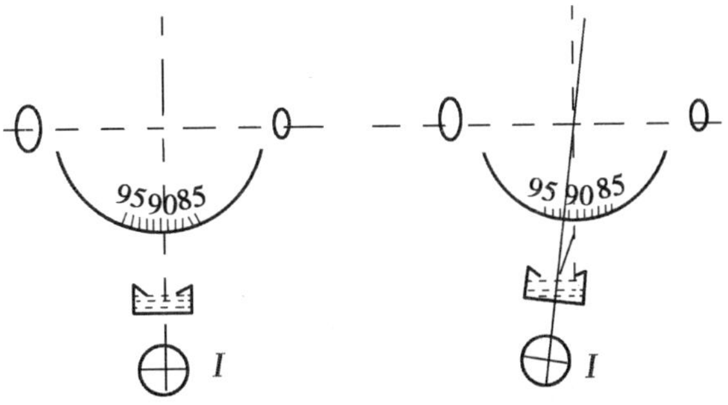

图 3-11　补偿器的构造原理

的,则指标 I 的成像通过光楔的折射仍然成像于度盘的 $90°$ 处,这就达到了自动补偿的目的。

2）竖直角的计算

竖直角的计算方法,因竖盘刻画的方式不同而异。但现在已逐渐统一为全圆分度,顺时针增加注字,且在视线水平时的竖盘读数为 $90°$。现以这种刻画方式的竖盘为例,说明竖直角的计算方法。如遇其他方式的刻画,可以根据同样的方法推导其计算公式。

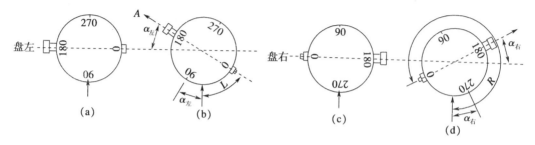

图 3－12 竖直角计算示意图

如图 3－12 所示,当在盘左位置且视线水平时,竖盘的读数为 $90°$（见图 3－12(a)）。如照准高处一点 A（见图 3－12(b)）,则视线向上倾斜,得读数 L。按前述的规定,竖直角应为"＋"值,所以盘左时的竖直角应为

$$\alpha_左 = 90° - L$$

当在盘右位置且视线水平时,竖盘读数为 $270°$（见图 3－12(c)）。在照准高处的同一点 A 时（见图 3－12(d)）,得读数 R,则竖直角应为

$$\alpha_右 = R - 270°$$

取盘左、盘右的平均值,即为一个测回的竖直角值,即

$$\alpha = \frac{\alpha_左 + \alpha_右}{2} = \frac{R - L - 180°}{2}$$

如果测多个测回,则取各个测回的平均值作为最后成果。

3）竖直角的观测方法与记录

由竖直角的定义已知,它是倾斜视线与在同一铅垂面内的水平视线所夹的角度。由于水平视线的读数是固定的,所以只要读出倾斜视线的竖盘读数即可算出竖直角值。但为了消除仪器误差的影响,同样需要用盘左、盘右观测。具体观测步骤如下。

（1）在测站上安置仪器,对中,整平。

（2）以盘左照准目标,如果是指标带水准器的仪器,必须用指标微动螺旋使水准器气泡居中,然后读取竖盘读数 L,这称为上半测回。

（3）将望远镜倒转,以盘右用同样方法照准同一目标,使指标水准器气泡居中后读取竖盘读数 R,这称为下半测回。

将各观测值填入表 3－4 的竖直角观测手簿中。

表 3-4　竖直角观测手簿

测站	目标	竖盘位置	竖盘读数 (° ′ ″)	半测回竖直角 (° ′ ″)	指标差 (″)	一测回竖直角 (° ′ ″)	备注
1	2	3	4	5	6	7	8
0	P	左	71 12 36	+18 47 24	−12	+18 47 12	
		右	288 47 00	+18 47 00			
	P	左	96 18 42	−6 18 42	−9	−6 18 51	
		右	263 41 00	−6 19 00			

　　如果用指标带补偿器的仪器,在照准目标后即可直接读取竖盘读数。根据需要,可测多个测回。

　　4) 竖盘指标差

　　如果指标不位于过竖盘刻画中心的铅垂线上,则如图 3-13 所示,视线水平时的读数不是 90° 或 270°,而是相差 x,这样用一个盘位测得的竖直角值,即含有误差 x,这个误差称为竖盘指标差。为求得正确角值 α,需加入指标差改正。即

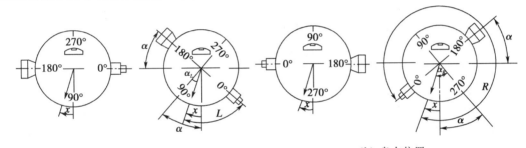

（a）盘左位置　　　　　　　　　　　　　　　（b）盘右位置

图 3-13　竖直指标差

$$\alpha = \alpha_左 + x \tag{3-1}$$

$$\alpha = \alpha_右 - x \tag{3-2}$$

解上两式可得

$$\alpha = \frac{\alpha_右 + \alpha_左}{2} \tag{3-3}$$

$$x = \frac{\alpha_右 - \alpha_左}{2} \tag{3-4}$$

　　从式 (3-3) 可以看出,取盘左、盘右结果的平均值时,指标差 x 的影响已自然消除。将式 (3-4) 用竖直角读数 L、R 代入,可得

$$x = \frac{R + L - 360°}{2} \tag{3-5}$$

　　即利用盘左、盘右照准同一目标的读数,可按上式直接求出指标差 x。如果 x 为正值,说明视线水平时的读数大于 90° 或 270°;如果 x 为负值,则情况相反。

　　以上各公式是按顺时针方向注字的竖盘推导的,同理也可推导出逆时针方向注字竖盘

的计算公式。

在竖直角测量中,常常用指标差来检验观测的质量,即在观测的不同测回中或不同的目标时,指标差的较差应不超过规定的限值。例如用 DJ6 级经纬仪作一般工作时,指标差的较差要求不超过 25″。此外,在单独用盘左或盘右观测竖直角时,按式(3-1)或式(3-2)加入指标差 x,仍可得出正确的角值。

3.6　经纬仪的检验与校正

按照计量法的要求,经纬仪与其他测绘仪器一样,必须定期送法定检测机构进行检测,以评定仪器的性能和状态。但在使用过程中,仪器状态会发生变化,因而仪器的使用者应经常利用室外方法进行检验和校正,以使仪器经常处于理想状态。

1) 经纬仪应满足的主要条件

从测角原理可知:为了能正确地测出水平角和竖直角,仪器要能够精确地安置在测站点上;仪器竖轴要安置在铅垂位置;视线绕横轴旋转时,能够形成一个铅垂面;当视线水平时,竖盘读数应为 90°或 270°。

为满足上述要求,仪器应具备下述理想关系:

(1) 照准部的水准管轴应垂直于竖轴。

(2) 十字丝纵丝应垂直于横轴。

(3) 视准轴应垂直于横轴。

(4) 横轴应垂直于竖轴。

(5) 竖盘指标差为零。

2) 经纬仪的检验和校正方法

经纬仪检验的目的,就是检查上述各种关系是否满足。如果不能满足,且偏差超过允许的范围时则需进行校正。检验和校正应按一定的顺序进行,确定这些顺序的原则如下。

(1) 如果某一项不校正好会影响其他项目的检验时,则这一项先做。

(2) 如果不同项目要校正同一部位则会互相影响,在这种情况下应将重要项目在后面检验,以保证其条件不被破坏。

(3) 有的项目与其他条件无关,则先后均可。

现分别说明各项检验与校正的具体方法。

(1) 照准部的水准管轴 LL 垂直竖轴 VV

检验:先将仪器粗略整平后使水准管平行于一对相邻的脚螺旋,并用这一对脚螺旋使水准管气泡居中,这时水准管轴 LL 已居于水平位置。如果水准管轴 LL 与仪器竖轴 VV 不相垂直(见 3-14(a)),则竖轴 VV 不在铅垂位置。然后将照准部平转 180°,由于它是绕竖轴旋转的,竖轴位置不动,则水准管轴偏移水平位置,气泡也不再居中(见图 3-14(b))。如果两者不相垂直的偏差为 α,则平转后水准管轴与水平位置的偏移量为 2α。

校正:校正时用脚螺旋使气泡退回原偏移量的一半,则竖轴便处于铅垂位置(如图 3-14(c)所示),再用校正装置升高或降低水准管的一端,使气泡居中,则条件满足(如图 3-14(d)所示)。

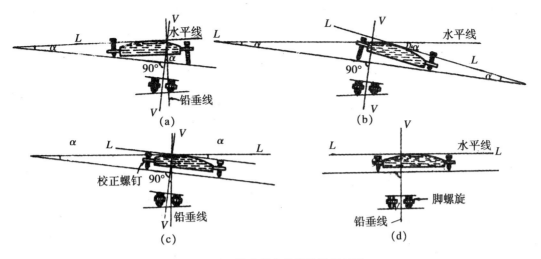

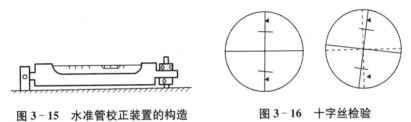

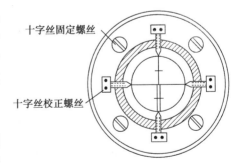

图 3-14　照准部水准管检验与校正

水准管校正装置的构造如图 3-15 所示。如果要使水准管的右端降低，则先顺时针转动下面的螺旋，再顺时针转动上面的螺旋；反之，则先逆时针转动上面的螺旋，再逆时针转动下面的螺旋。校正好后，应以相反的方向转动上、下两个螺旋，将水准管固紧。

图 3-15　水准管校正装置的构造　　　图 3-16　十字丝检验

（2）十字<u>丝</u><u>竖丝</u>垂直横轴

检验：以十字丝竖丝的一端照准一个小而清晰的目标点，再用望远镜的微动螺旋使目标点移动到竖丝的另一端（如图 3-16 所示）。如果目标点到另一端时仍位于竖丝上，则理想关系满足；否则，需要校正。

校正：校正的部位为十字丝分划板，它位于望远镜的目镜端。将护罩打开后，可看到四个固定分划板的螺旋（如图 3-17 所示）。稍微拧松这四个固定螺丝，则可将分划板转动。待转动至满足理想关系后再旋紧固定螺旋，并将护罩上好。

（3）视准轴垂直于横轴

检验：选一长约 100 m 的平坦地面，将仪器架设于中间 O 处，并将其整平。如图 3-18 所示，先以盘左位置照准设于离仪器约 50 m 的一点 A，再

图 3-17　十字丝纵丝的校正

固定照准部，将望远镜倒转 180°，改为盘右，并在离仪器约 50 m 于视线上标出一点 B_1。如果仪器理想关系满足，则 A,O,B_1 三点必在同一直线上。当用同样方法以盘右照准 A 点，再倒转望远镜后，视线应落于 B_1 点上。如果第二次的视线未落于 B_1 点，而是落于另一点 B_2，即说明理想关系不满足，需要进行校正。

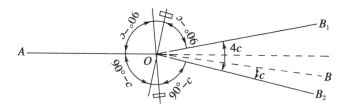

图 3 - 18　视准轴检验与校正

校正：由图 3 - 18 可以看出，如果视线与横轴不相垂直，而有一偏差角 c，则 $\angle B_1OB_2 = 4c$。将 B_1B_2 距离分为四等份，取靠近 B_2 点的等分点 B，则可近似地认为 $\angle BOB_2 = c$。在照准部不动的条件下，将视线从 OB_2 校正到 OB，则理想关系可得到满足。

由于视线是由物镜光心和十字丝交点构成的，所以校正的部位仍为十字丝分划板。在图 3 - 17 中，校正分划板左右两个校正螺旋，则可使视线左右摆动。旋转校正螺旋时，可先松一个，再紧另一个。待校正至正确位置后，应将两个螺旋旋紧，以防松动。

（4）横轴垂直于竖轴

检验：在竖轴位于铅垂的条件下，如果横轴不与竖轴垂直，则横轴倾斜。如果视线已垂直于横轴，则绕横轴旋转时构成的是一个倾斜平面。根据这一特点，在做这项检验时，应将仪器架设在一个高的建筑物附近。当仪器整平以后，在望远镜倾斜约 $30°$ 的高处，以盘左照准一清晰的目标点 A，然后将望远镜放平，在视线上标出墙上的一点 B（如图 3 - 19 (a) 所示）。再将望远镜改为盘右，仍然照准 A 点，并放平视线，在墙上标出一点 C（如图3 - 19(b)所示）。如果仪器理想关系满足，则 B，C 两点重合；否则，说明这一理想关系不满足，需要校正。

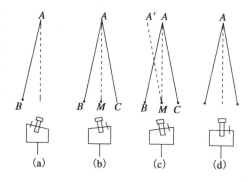

图 3 - 19　横轴与竖轴的检验与校正

校正：由于盘左、盘右倾斜的方向相反而大小相等，所以取 B，C 的中点 M，则 A，M 在同一铅垂面内。然后照准 M 点，将望远镜抬高，则视线必然偏离 A 点而落在 A' 处（如图3 - 19(c)所示）。在保持仪器不动的条件下，校正横轴的一端使视线落在 A 上（如图3 -19(d)所示），则完成校正工作。

在校正横轴时，需将支架的护罩打开。其内部的校正装置是一个偏心轴承，当松开三个轴承固定螺旋后，轴承可作微小转动，以迫使横轴端点上下移动。待校正好后，要将固定螺旋旋紧，并上好护罩。

由于这项校正需打开支架护罩，因此一般不宜在野外进行。

（5）竖盘指标差的检验校正

检验：检验竖盘指标差的方法是用盘左、盘右照准同一目标，并读得其读数 L 和 R 后，按公式计算其指标差值。当指标差的绝对值大于 $1'$ 时，则应进行校正。

校正：① 竖盘指标水准管装置的经纬仪：保持盘右照准原来的目标不变，这时的正确读数应为 $R-x$。用指标水准管微动螺旋将竖盘读数安置在 $R-x$ 的位置上，这时水准管气泡必不再居中。调节指标水准管校正螺旋，使气泡居中即可。上述的每一项校正，一般都需反复进行几次,直至其误差在容许的范围以内。② 竖盘指标自动归零装置的经纬仪:对于这种经纬仪,一般交由专业维修人员进行维修。

（6）光学对中器的视线与竖轴旋转中心线重合

检验:如果这一理想关系满足,光学对中器的望远镜绕仪器竖轴旋转时,视线在地面上照准的位置不变;否则,视线在地面上照准的轨迹为一个圆圈。

由于光学对中器的构造有在照准部上和基座上两种,所以检验的方法也不同。

对于安装在照准部上的光学对中器,将仪器架好后,在地面上铺以白纸,在纸上标出视线的位置,然后将照准部平转180°,如果视线仍在原来的位置则理想关系满足,否则需要校正。

对于安装在基座上的光学对中器,由于它不能随照准部旋转,因此不能采用上述方法。可将仪器平置于稳固的桌子上,使基座伸出桌面。在离仪器1.3 m左右的墙面上铺以白纸,在纸上标出视线的位置,然后在仪器不动的条件下将基座旋转180°,如果视线偏离原来的位置则需校正。

校正:造成光学对中器误差的原因有二:一是在直角棱镜上视线的折射点不在竖轴的旋转中心线上;二是望远镜的视线不与竖轴的旋转中心线垂直,或者直角棱镜的斜面与竖轴的旋转中心线不成45°。

由于前一种原因影响极小,所以都校正后者。不同厂家生产的仪器,可校正的部位也不同。有的是校正对中器的望远镜分划板,如北光的DJ2E;有的则是校正直角棱镜。

由于检验时所得前后两点之差是由二倍误差造成的,因而在标出两点的中间位置后,校正有关的螺旋使视线落在中间点上即可。对中器分划板的校正与望远镜分划板的校正方法相同。

3.7　角度测量的误差分析

在角度测量中,由于多种原因会使测量的结果含有误差。要研究这些误差产生的原因、性质和大小,以便设法减少其对成果的影响,同时也有助于预估影响的大小,从而判断成果的可靠性。

影响测角误差的因素有仪器误差、观测误差、外界条件的影响三类。

1）仪器误差

仪器虽经过检验及校正,但总会有残余的误差存在。仪器误差的影响一般都是系统性的,可以在工作中通过一定的方法予以消除或减小。

主要的仪器误差有水准管轴不垂直于竖轴、视线不垂直于横轴、横轴不垂直于竖轴、照准部偏心、光学对中器视线不与竖轴旋转中心线重合及竖盘的指标差等。

（1）水准管轴不垂直于竖轴

这项误差影响仪器的整平,即竖轴不能严格铅垂,横轴也不水平。在安置好仪器后,它的倾斜方向是固定不变的,不能用盘左、盘右消除。如果存在这一误差,可在整平时于一个方向上使气泡居中后再将照准部平转180°,这时气泡必然偏离中央;然后用脚螺旋使气泡移回偏离值的一半,则竖轴即可铅垂。这项操作要在互相垂直的两个方向上进行,直至照准部旋转至任何位置时气泡虽不居中但偏移量不变为止。

（2）视线不垂直于横轴

如图3-20所示，如果视线与横轴垂直时的照准方向为AO，当两者不垂直而存在一个误差角c时，则照准点为O_1。如要照准O，则照准部需旋转c'角。这个c'角就是由于这项误差在一个方向上对水平度盘读数的影响。由于c'是c在水平面上的投影，从图3-20可知

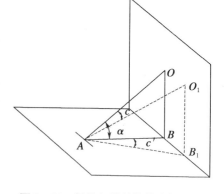

$$c' = \frac{BB_1}{AB}\rho$$

图3-20　视线与横轴的检验校正

而$AB = AO\cos\alpha, BB_1 = OO_1$，所以

$$c' = \frac{OO_1}{AO\cos\alpha}\rho = \frac{c}{\cos\alpha} = c\sec\alpha$$

由于一个角度是由两个方向构成的，则它对角度的影响为

$$\Delta c = c_2' - c_1' = c(\sec\alpha_2 - \sec\alpha_1)$$

式中：α_2, α_1——两个方向的竖直角。

由上式可知，在一个方向上的影响与误差角c及竖直角α的正割的大小成正比；对一个角度而言，则与误差角c及两方向竖直角正割之差的大小成正比。如两方向的竖直角相同，则影响为零。

因为在用盘左、盘右观测同一点时，其影响的大小相同而符号相反，所以在取盘左、盘右的平均值时可自然抵消。

（3）横轴不垂直于竖轴

因为横轴不垂直于竖轴，则仪器整平后竖轴居于铅垂位置，横轴必发生倾斜。视线绕横轴旋转所形成的不是铅垂面，而是一个倾斜平面。如图3-21所示，过目标点O作一垂直于视线方向的铅垂面，O'点位于过O的铅垂线上。如果存在这项误差，则仪器照准O点，将视线放平后，照准的不是O'点而是O_1点。如果照准O'，则需将照准部转动ε角。这就是在一个方向上由于横轴不垂直竖轴而对水平度盘读数的影响。倾斜直线OO_1

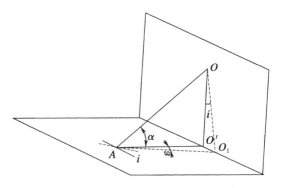

图3-21　横轴的检验与校正

与铅垂线之间的夹角i与横轴的倾角相同，从图3-21可知

$$\varepsilon = \frac{O'O_1}{AO'}\rho$$

$$O'O_1 = \frac{i}{\rho}OO'$$

故

$$\varepsilon = i \frac{OO'}{AO'} = i \tan \alpha$$

式中：i——横轴的倾角；

  α——视线的竖直角。

它对角度的影响为

$$\Delta\varepsilon = \varepsilon_2 - \varepsilon_1 = i(\tan \alpha_2 - \tan \alpha_1)$$

由上式可见，它在一个方向上对水平度盘读数的影响与横轴的倾角及目标点竖直角的正切成正比；它对角度的影响，则与横轴的倾角及两个目标点的竖直角正切之差成正比。当两方向的竖直角相等时，其影响为零。

由于对同一目标观测时，盘左、盘右的影响大小相同而符号相反，所以取平均值可以得到抵消。

（4）照准部偏心

所谓照准部偏心，即照准部的旋转中心与水平盘的刻画中心不相重合。这项误差只对在直径一端有读数的仪器才有影响，而采用对径符合读法的仪器可将这项误差自动消除。

如图 3-22 所示，设度盘的刻画中心为 O，而照准部的旋转中心为 O_1。当仪器的照准方向为 A 时，其度盘的正确读数应为 a。但由于偏心的存在，实际的读数为 a_1。$a_1 - a$ 即为这项误差的影响。

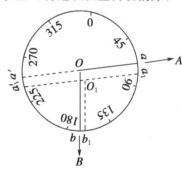

照准部偏心影响的大小及符号是依偏心方向与照准方向的关系而变化的。如果照准方向与偏心方向一致，其影响为零；两者互相垂直时，影响最大。在图 3-22 中，照准方向为 A 时，读数偏大；而照准方向为 B 时，则读数偏小。

当用盘左、盘右观测同一方向时，是取了对径读数，其影响值大小相等符号相反，在取读数平均值时可以抵消。

图 3-22 照准偏心示意图

（5）光学对中器视线不与竖轴旋转中心线重合

这项误差影响测站偏心，将在后面详细说明。如果对中器是附在基座上，在观测测回数的一半时可将基座平转 180°后再进行对中，以减少其影响。

（6）竖盘指标差

这项误差影响竖直角的观测精度。如果工作时预先测出，在用半测回测角的计算时予以考虑，或者用盘左、盘右观测取其平均值，则可得到抵消。

2）观测误差

造成观测误差的原因有二：一是工作时不够细心；二是受人的器官及仪器性能的限制。观测误差主要有测站偏心、目标偏心、照准误差及读数误差。对于竖直角观测，则有指标水准器的调平误差。

（1）测站偏心（仪器对中误差）

测站偏心的大小取决于仪器对中装置的状况及操作的仔细程度。它对测角精度的影响如图

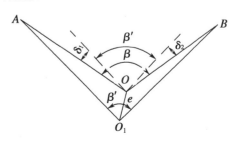

图 3-23 仪器对中误差

3-23所示,设 O 为地面标志点,O_1 为仪器中心,则实际测得的角为 β' 而非应测的 β,两者相差为

$$\Delta\beta=\beta-\beta'=\delta_1+\delta_2$$

由图 3-23 可以看出,观测方向与偏心方向越接近 $90°$,边长越短,偏心距 e 越大,则对测角的影响就越大。所以,在测角精度要求一定时,边越短,则对中精度要求就越高。

(2)目标偏心

在测角时,通常要在地面点上设置观测标志,如花杆、垂球等。造成目标偏心的原因可能是标志与地面点对得不准,或者标志没有铅垂,在照准标志的上部时使视线偏移。

与测站偏心类似,偏心距越大,边长越短,则目标偏心对测角的影响就越大。所以,在短边测角时尽可能用垂球作为观测标志。

(3)照准误差

照准误差的大小取决于人眼的分辨能力、望远镜的放大率、目标的形状及其大小和操作的仔细程度。人眼的分辨能力一般为 $60''$,设望远镜的放大率为 v,则照准时的分辨能力为 $60''/v$。我国统一设计的 DJ6 及 DJ2 级光学经纬仪放大率为 28 倍,所以照准时的分辨力为 $2.14''$。照准时应仔细操作,对于粗的目标宜用双丝照准,细的目标则用单丝照准。

(4)读数误差

对于分微尺读法,主要是估读最小分划的误差;对于对径符合读法,主要是对径符合的误差所带来的影响,所以在读数时宜特别注意。DJ6 级仪器的读数最大误差为 $\pm12''$,DJ2 级仪器为 $\pm2''\sim3''$。

(5)竖盘指标水准器的整平误差

在读取竖盘读数以前,必须先将指标水准器整平。DJ6 级仪器的指标水准器分划值一般为 $30''$,DJ2 级仪器一般为 $20''$。这项误差对竖直角的影响是主要因素,操作时需特别注意。

3)外界条件的影响

外界条件的因素十分复杂,如天气的变化、植被的不同、地面土质松紧的差异、地形的起伏以及周围建筑物的状况等,都会影响测角的精度。有风会使仪器不稳,地面土松软可使仪器下沉,强烈的阳光照射会使水准管变形,视线靠近反光物体则有折光影响,这些在测角时应注意尽量予以避免。

3.8 其他经纬仪简介

3.8.1 电子经纬仪

电子经纬仪是 20 世纪 60 年代末在光学经纬仪的基础上发展的新一代测角仪器(见图 3-24),它为测量工作自动化创造了有利条件,大大降低了测量外业的劳动强度,同时也提高了测角的精度。

电子经纬仪与光学经纬仪的根本区别在于它用微机控制的电子测角系统代替光学读数系统。其主要特点如下:

图 3-24 电子经纬仪

（1）使用电子测角系统，能将测量结果自动显示出来，实现了读数的自动化和数字化。

（2）采用积木式结构，可与光电测距仪组合成全站型电子速测仪，配合适当的接口，可将电子手簿记录的数据输入计算机，实现数据处理和绘图自动化。

1）电子测角原理简介

电子测角仍然是采用度盘来进行的。与光学测角不同的是，电子测角是从特殊格式的度盘上取得电信号，根据电信号再转换成角度，并且自动地以数字形式输出，显示在电子显示屏上，并记录在储存器中。电子测角度盘根据取得电信号的方式不同，可分为光栅度盘测角、编码度盘测角和电栅度盘测角等。

2）电子经纬仪的性能简介

电子经纬仪采用光栅度盘测角，水平、垂直角度显示读数分辨率为 $1''$，测角精度达 $2''$。

DJ - D_2 电子经纬仪装有倾斜传感器，当仪器竖轴倾斜时，仪器会自动测出并显示其数值，同时显示对水平角和垂直角的自动校正。仪器的自动补偿范围为 $\pm 3'$。

3）电子经纬仪的使用

DJ - D_2 电子经纬仪使用时，首先要在测站点上安置仪器，在目标点上安置反射棱镜，然后瞄准目标，最后在操作键盘上按测角键，显示屏上即显示角度值。对中、整平以及瞄准目标的操作方法与光学经纬仪一样，键盘操作方法见使用相应仪器说明书即可，在此不再详述。

3.8.2 DJ2 型光学经纬仪

1）DJ2 型光学经纬仪的特点

（1）望远镜放大倍数较大，照准部水准管灵敏度较高。

（2）读数时，通过转动换像手轮，使读数显微镜中出现需要读数的度盘影像。

（3）DJ2 型光学经纬仪采用对径符合读数装置以消除偏心误差的影响，提高读数精度。

2）DJ2 型光学经纬仪的读数

DJ2 型光学经纬仪采用对径符合读数装置，它将度盘相对 $180°$ 的分划线同时显现在读数显微镜中，并分别位于一条横线的上、下方（如图 3 - 25(a) 所示），右下方为分划重合窗，右上方读数窗中上面的读数为整度值，凸出的小方框中的数字为整 $10'$ 数；左下方为测微尺读数窗，测微尺刻画有 600 小格，最小分划 $1''$，可估读到 $0.1''$，全程测微范围为 $10'$。测微尺读数窗左边注记数字为分，右边注记数字为整 $10'$。读数方法如下：

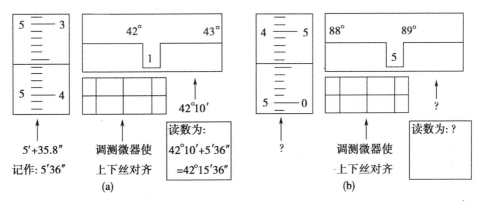

图 3 - 25　DJ2 型光学经纬仪读数窗

（1）旋转测微手轮，使上、下度盘影像做相对运动，以至达到上、下度盘刻画影像完全对齐——精确符合。

（2）在读数窗读出度数；在中间凸出的小方框中读出整 $10'$ 数；在测微尺读数窗中，根据单指标线的位置直接读出不足 $10'$ 的分数和秒数。

（3）将度数、整 $10'$ 数和测微尺上的读数相加即为度盘读数（请读出图 3-25（b）所示读数）。

思考与练习

1. 测量水平角时，为什么要用盘左和盘右观测并取其平均值？为什么要改变每一个测回的起始读数？若测回数为 3，各测回起始读数应是多少？

2. 用经纬仪照准一竖直面内不同高度的两个点，水平度盘上读数是否相同？测站与不同高度的两点所组成的夹角是不是水平角？

3. 整理并完成表 3-5 中各项计算。

表 3-5　测回法测量水平角记录手簿

测站	测回数	竖盘位置	目标	水平度盘读数 (° ′ ″)	半测回角值 (° ′ ″)	一测回角值 (° ′ ″)	各测回平均值 (° ′ ″)	备注
1	2	3	4	5	6	7	8	9
0	1	左	A	0 00 06				
			B	78 48 48				
		右	A	180 00 36				
			B	258 49 06				
	2	左	A	90 00 12				
			B	168 49 06				
		右	A	270 00 24				
			B	348 49 12				

4. 整理表 3-6 中竖直角观测记录，并完成表中各项计算。

表 3-6　竖直角观测记录手簿

测站	竖盘位置	目标	水平度盘读数 (° ′ ″)	半测回角值 (° ′ ″)	竖盘指标差 (″)	一测回角值 (° ′ ″)	备注
0	左	A	72 18 18				
	右		287 42 00				
	左	B	96 32 48				
	右		263 27 30				

5．整理全圆方向法观测手簿（见表 3－7）。

表 3－7　全圆方向法测量水平角记录手簿

测站	测回数	目标	水平度盘读数		$2c = A_L - (A_R \pm 180°)$ (″)	平均读数＝ $[A_L + (A_R \pm 180°)]/2$ (° ′ ″)	归零后方向值 (° ′ ″)	各测回归零后方向平均值 (° ′ ″)	备注
			盘左 (° ′ ″)	盘右 (° ′ ″)					
1	2	3	4	5	6	7	8	9	10
0	1	A	0 02 12	180 02 00					
		B	37 44 18	217 44 06					
		C	110 29 0	290 28 54					
		D	150 14 54	330 14 42					
		A	0 02 18	180 02 12					
	2	A	90 03 30	270 03 24					
		B	127 45 36	307 45 30					
		C	200 30 24	20 30 18					
		D	240 15 54	60 15 48					
		A	90 03 24	270 03 18					

4 距 离 测 量

重点提示：通过本章学习,要在明确距离测量基本概念和原理的基础上,结合实际操作练习,掌握钢尺量距、普通视距测量、测距仪测距的基本操作方法和成果计算方法。要明确直线定向和坐标方位角的基本概念,会推算坐标方位角和进行坐标正反算。

4.1 钢尺量距的一般方法

卷尺量距是用钢尺或皮尺沿地面丈量距离,属于直接量距,适用于平坦地区的距离测量。

4.1.1 量距工具

卷尺量距的工具主要包括钢卷尺、皮尺以及丈量时的辅助工具。

1) 钢卷尺(钢尺)

普通钢尺是钢制带状尺,宽 10～15 mm,厚 0.4 mm,有 30 m 和 50 m 两种,可卷放在圆形尺壳内或金属尺架上。钢尺的基本分划为厘米,每分米和米处刻有数字注记,全长都刻有毫米分划。钢尺的零分划位置有两种,一种是在钢尺前端有一条零分划线,称为刻线尺;另一种零点位于钢尺拉环外沿,称为端点尺(如图 4-1 所示)。

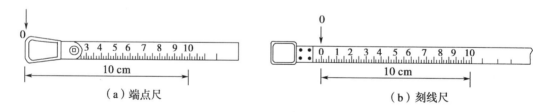

（a）端点尺　　　　　　　　　　　（b）刻线尺

图 4-1 钢尺种类

2) 皮尺(布卷尺)

皮尺是用麻线或加入金属丝织成的带状尺,有 20 m,30 m,50 m 数种,基本分划为厘米,尺面每 10 cm 和整米注有数字。皮尺量距精度较钢尺低,适用于碎部测量、施工放样等工程精度要求较低的距离丈量。

3) 辅助工具

钢尺量距中辅助的工具还有标杆、测钎、垂球、弹簧秤和温度计等。标杆长 3 m,杆上涂以 20 cm 间隔的红、白漆,用于直线定线;测钎是用直径 5 mm 左右的粗铁丝磨尖制成,长约 8 cm,用来标志所量尺段的起、止点;垂球用于不平坦地面量距时将尺的端点垂直投影到地面;弹簧秤和温度计用于钢尺精密量距时的拉力控制和地表温度测定。

4.1.2 钢尺量距方法

1）直线定线

在丈量两点间距离时,如果地面两点之间的距离较长或地面起伏较大,一个尺段不能完成距离丈量,则需要分段进行量测。为了使所量线段在一条直线上,需要在两点间的直线上标定一些点,这一工作称为直线定线。在一般量距中常用拉线定线和目估定线,而在精密量距中采用经纬仪定线。

（1）拉线定线

定线时,先在两点间拉一细绳,沿着细绳定出中间点。

（2）目估定线

目估定线精度较低,但能满足一般量距的精度要求。

如图 4-2 所示,欲量 A,B 间的距离,一个作业员甲站于端点 A 后 1～2 m 处,瞄 A,B,并指挥另一位持杆作业员乙左右移动标杆 2,直到三个标杆在同一条直线上,然后将标杆竖直插下。直线定线一般由远及近进行。

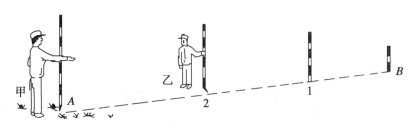

图 4-2 直线定线

（3）经纬仪定线

① 在两点间定线

A,B 两点互相通视,在 A 点安置仪器,对中整平后,望远镜纵丝切准 B 点,制动照准部,望远镜上下转动,指挥待定点处的持标杆者左右移动标杆,直到标杆的像被纵丝平分。

② 延长直线

如图 4-3,需将直线 AB 延长至 C 点,方法如下：在 B 点安置仪器,对中整平后,盘左位置以纵丝切准 A 点,制动照准部,旋松望远镜制动螺旋,倒转望远镜,以纵丝定出 C' 点;盘右位置瞄准 A 点,同法定出 C'' 点。取 $C'C''$ 的中点 C,即为精确位于 AB 延长线上的 C 点。以上方法称为经纬仪正倒镜分中法。

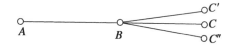

图 4-3 正倒镜分中法延长直线

2）钢尺一般量距

丈量精度要求达到厘米级时,用一般方法量距且采用目估定线。

（1）平坦地区的丈量方法

平坦地区可沿地面直接丈量,可先在地面进行直线定线,亦可边定线边丈量。丈量时由两人进行,各持钢尺一端沿着直线丈量的方向,前尺手拿测钎与标杆,后尺手将钢尺零点对准起点,前尺手沿丈量方向拉直尺子并由后尺手定方向,将尺的零点对准起始点,当前、后尺手将钢尺拉紧、拉平时,后尺手准确对准起点,同时前尺手将测钎垂直插到尺子终点处,这样就完成了第一尺段的丈量工作。两人同时举尺前进,后尺手走到测钎处停下,同法量取第二尺段,然后后尺手拔起测钎套入环内,沿定线方向依次前进。重复上述操作,后尺手手中的测钎数就等于量距的整尺段数 n。最后不足一整尺段的长度称为余长。直线全长按下式计算:

$$D_{AB} = n \cdot 尺段长 + 余长 \qquad (4-1)$$

式中: n——整尺段数。

(2) 倾斜地面的量距方法

如图 4-4(a)所示,当地面坡度较小时,可将钢尺抬平直接量取两点间的平距。从点 A 开始,将尺的零端对准 A 点,将尺的另一端抬平,使尺位于 AB 方向线上,然后用垂球将尺的末端投影到地面,再插上测钎,依次量出整尺段数和最后的余长,按式(4-1)计算 AB 的距离。如图 4-4(b)所示,当地面坡度较大,钢尺抬平有困难时,也可沿地面丈量倾斜距离 S,用水准仪测定两点间的高差 h,按以下公式计算水平距离 D:

$$D = \sqrt{S^2 - h^2} \qquad (4-2)$$

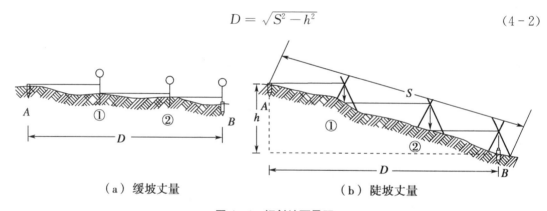

(a) 缓坡丈量　　　　　　　　　　(b) 陡坡丈量

图 4-4 倾斜地面量距

3) 距离丈量的精度计算与记录

为了避免错误和判断丈量结果的可靠性,并提高丈量精度,距离丈量要求往返丈量。用往返丈量的较差 ΔD 与平均距离 $D_平$ 之比来衡量它的精度,此比值用分子等于 1 的分数形式来表示,称为相对误差 K,即

$$\Delta D = D_往 - D_返$$

$$D_平 = \frac{1}{2}(D_往 + D_返)$$

$$K = \frac{|\Delta D|}{D_平} = \frac{1}{D_平 / |\Delta D|} \qquad (4-3)$$

如相对误差在规定的允许限度内,即 $K \leqslant K_允$,可取往返丈量的平均值作为丈量成果;如果超限,则应重新丈量直到符合要求为止。

【例 4-1】 用钢尺丈量两点间的直线距离,往量距离为 217.30 m,返量距离为 217.38 m,

今规定其相对误差不应大于 1/2 000,试问:(1)所丈量成果是否满足精度要求?(2)按此规定,若丈量 100 m 的距离,往返丈量的较差最大可允许相差多少毫米?

【解】 由题意知

$$D_{平} = \frac{1}{2}(D_{往} + D_{返}) = \frac{217.30\ \text{m} + 217.38\ \text{m}}{2} = 217.34\ \text{m}$$

$$\Delta D = D_{往} - D_{返} = 217.30\ \text{m} - 217.38\ \text{m} = -0.08\ \text{m}$$

$$K = \frac{1}{\dfrac{D_{平}}{|\Delta D|}} = \frac{1}{\dfrac{217.34}{|-0.08|}} = \frac{1}{2\ 700}$$

因为

$$K < K_{允} = \frac{1}{2\ 000}$$

所以所丈量成果满足精度要求。

又由 $K = \dfrac{\Delta D}{D_{平}}$ 知

$$|\Delta D| = K \cdot D_{平} = \frac{1}{2\ 000} \times 100\ \text{m} = 0.05\ \text{m}$$

在距离为 100 m 的情况下,$\Delta D \leqslant \pm 50$ mm。即在距离丈量允许相对误差为 1/2 000、距离为 100 m 时,往返丈量的较差最大为 ± 50 mm。

4.2 钢尺量距的精密方法

用钢尺一般量距,精度只能达到 1/5 000~1/1 000,当量距精度要求更高时,比如 1/40 000~1/10 000,可用精密的方法进行丈量。钢尺精密量距,必须用长度经过检定的钢尺。

4.2.1 钢尺的检定

1)尺长方程式

钢尺由于其制造误差、经常使用中的变形以及丈量时温度和拉力不同的影响,使得其实际长度往往不等于名义长度。因此,丈量之前必须对钢尺进行检定,求出它在标准拉力和标准温度下的实际长度,以便对丈量结果加以改正。钢尺检定后,应给出尺长随温度变化的函数式,通常称为尺长方程式,其一般形式为

$$l_t = l_0 + \Delta l + \alpha l_0 (t - t_0) \tag{4-4}$$

式中:l_t——钢尺在温度 t 时的实际长度;

l_0——钢尺上所刻注的长度,即名义长度;

Δl——尺长改正数,即钢尺在温度 t_0 时,钢尺的实际长度与其名义长度的差值;

α——钢尺的线膨胀系数,通常为 1.25×10^{-5} m/℃;

t——钢尺使用时的温度;

t_0——钢尺检定时的温度。

2）钢尺检定的方法

钢尺应送有比长台的测绘单位校定,但若有检定过的钢尺,在精度要求不高时可用检定过的钢尺作为标准尺来检定其他钢尺。检定宜在室内水泥地面上进行,在地面上贴两张绘有十字标志的图纸,使其间距约为一整尺长。用标准尺施加标准拉力丈量这两个标志之间的距离,并修正端点使该距离等于标准尺的长度。然后再将被检定的钢尺施加标准拉力丈量该两标志间的距离,取多次丈量结果的平均值作为被检定钢尺的实际长度,从而求得尺长方程式。

4.2.2 钢尺精密量距的方法

1）定线

欲精密丈量直线 AB 的距离,首先清除直线上的障碍物,然后安置经纬仪于 A 点上,瞄准 B 点,用经纬仪进行定线。用钢尺进行概量,在视线上依次定出比钢尺一整尺略短的 $A1$,12,23,…尺段。在各尺段端点打下大木桩,桩顶高出地面 $3\sim5$ cm,在桩顶钉一白铁皮。利用 A 点的经纬仪进行定线,在各白铁皮上画一条线,使其与 AB 方向重合,另画一条线垂直与 AB 方向,形成十字,作为丈量的标志。

2）量距

用检定过的钢尺丈量相邻两木桩之间的距离。丈量组一般由 5 人组成,2 人拉尺,2 人读数,1 人指挥兼记录和读温度。丈量时,拉伸钢尺置于相邻两木桩顶上,并使钢尺有刻画线一侧紧贴于桩顶十字线的交点。后尺手将弹簧秤挂在尺的零端,以便施加钢尺检定时的标准拉力（30 m 钢尺,标准拉力为 100 N）；钢尺拉紧后,前尺手以尺上某一整分划对准十字线交点时,发出读数口令"预备",后尺手回答"好"。在喊"好"的同一瞬间,两端的读尺员同时根据十字交点读取读数,估读到 0.5 mm 记入手簿。每尺段要移动钢尺位置丈量三次,三次测得的结果的较差视不同要求而定,一般不得超过 3 mm,否则要重量。如在限差以内,则取三次结果的平均值作为此尺段的观测成果。每量一尺段都要读记温度一次,估读到 0.5℃。

按上述由直线起点丈量到终点为往测,往测完毕后立即返测,每条直线所需丈量的次数视量边的精度要求而定。

3）测量桩顶高程

上述所量的距离,是相邻桩顶间的倾斜距离。为了改算成水平距离,要用水准测量方法测出各桩顶的高程,以便进行倾斜改正。水准测量宜在量距前或量距后往、返观测一次,以资检核。相邻两桩顶往、返所测高差之差,一般不得超过 ±10 mm；如在限差以内,取其平均值作为观测成果。

4）成果计算

（1）尺长改正

钢尺在标准拉力、标准温度下的检定长度 l 与钢尺的名义长度 l_0 一般不相等,其差数 Δl 为整尺段的尺长改正数,即

$$\Delta l = l - l_0$$

任一丈量长度的尺长改正数为

$$\Delta l_d = \frac{\Delta l}{l_0} l \tag{4-5}$$

（2）温度改正

钢尺长度受温度的影响会伸缩。当量距时的温度 t 与检定钢尺时的温度 t_0 不一致时，需进行温度改正，其公式为

$$\Delta l_t = \alpha(t - t_0)l \qquad (4-6)$$

式中：α——钢尺的线膨胀系数。

（3）倾斜改正

如图 4-5，设 l 为量得的斜距，h 为距离两端点间的高差，要将 l 改算成平距 d，需加入倾斜改正 Δl_h，即

$$\Delta l_h = d - l = \sqrt{l^2 - h^2} - l = l\left[\left(1 - \frac{h^2}{l^2}\right)^{1/2} - 1\right]$$

将 $\left(1 - \dfrac{h^2}{l^2}\right)^{1/2}$ 展成级数，并顾及 h 与 l 之比值很小，则有

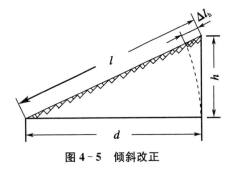

图 4-5 倾斜改正

$$\Delta l_h = -\frac{h^2}{2l} \qquad (4-7)$$

倾斜改正数永为负值。

（4）单尺段成果计算

经三项改正后的平距为

$$d = l + \Delta l_d + \Delta l_t + \Delta l_h$$

（5）往、返丈量总长成果计算

各尺段长之和

$$D_往 = \sum_{i=1}^{n} d_{往i}$$

$$D_返 = \sum_{i=1}^{n} d_{返i}$$

（6）计算丈量精度

$$K = \frac{|D_往 - D_返|}{D_{平均}} = \frac{1}{\dfrac{D_{平均}}{|\Delta D|}}$$

计算丈量精度应该达到 $1/50\,000 \sim 1/10\,000$。

【例 4-2】 钢尺名义长度 30 m，20℃ 时检定。实测距离为 29.865 5 m，量距所用钢尺的尺长方程式为 $l = [30 + 0.005 + 0.000\,012\,5 \times 30(t - 20)]$ m，丈量时温度为 30℃，所测高差为 0.238 m，求水平距离。

【解】 方法一

① 尺长改正

$$\Delta l_d = \frac{0.005}{30} \times 29.865\,5 = 0.005\,0 \text{ m}$$

② 温度改正

$$\Delta l_t = 0.000\,012\,5 \times (30 - 20) \times 29.865\,5 = 0.003\,7 \text{ m}$$

③ 倾斜改正

$$\Delta l_h = -\frac{0.238^2}{2 \times 29.865\,5} = -0.000\,9 \text{ m}$$

④ 水平距离为

$$d = 29.865\,5 + 0.005\,0 + 0.003\,7 - 0.000\,9 = 29.873\,3 \text{ m}$$

方法二

① 由尺长方程算出在 30℃时整尺(30 m)经尺长温度改正后的长度

$$l' = 30 + 0.005 + 0.000\,012\,5 \times 30 \times (30 - 20) = 30.008\,8 \text{ m}$$

② 经尺长温度改正后的实测距离长度

$$l = \frac{30.008\,8}{30} \times 29.865\,5 = 29.874\,3 \text{ m}$$

③ 加倾斜改正后的水平距离

$$d = l + \Delta l_h = 29.874\,3 - 0.000\,9 = 29.873\,4 \text{ m}$$

4.2.3　距离丈量的注意事项

1) 影响量距成果的主要因素

（1）定线误差

距离是指地面两点垂直投影到水平面上的直线距离,若定线不精确,将使量得的距离成折线距离,使结果偏大,见图 4-6 所示。一般来说,钢尺量距采用拉线定线和目估定线,精确丈量必须采用经纬仪定线。

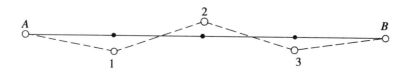

图 4-6　定线误差示意图

（2）尺长误差

钢尺必须经过检定以求得其尺长改正数。尺长误差具有系统积累性,它与所量距离成正比。精密量距时,钢尺虽经检定并在丈量结果中进行了尺长改正,但其成果中仍存在尺长误差,因为一般尺长检定方法只能达到 0.5 mm 左右的精度。一般量距时可不作尺长改正。

（3）温度误差

由于用温度计测量温度,测定的是空气的温度,而不是尺子本身的温度,在夏季阳光曝晒下,此两者温度之差可大于 5℃。因此,量距宜在阴天进行,并要设法测定钢尺本身的温度。

（4）拉力误差

钢尺具有弹性,会因受拉而伸长。量距时,如果拉力不等于标准拉力,钢尺的长度就会产生变化。精密量距时,用弹簧秤控制标准拉力;一般量距时拉力要均匀,不要或大或小。

（5）尺子不水平的误差

钢尺一般量距时,如果钢尺不水平,总是使所量距离偏大。精密量距时,测出尺段两端点的高差,进行倾斜改正。

（6）钢尺垂曲和反曲的误差

钢尺悬空丈量时,中间下垂,称为垂曲。故在钢尺检定时,应按悬空与水平两种情况分别检定,得出相应的尺长方程式,按实际情况采用相应的尺长方程式进行成果整理。这项误差可以不计。

在凹凸不平的地面量距时,凸起部分将使钢尺产生上凸现象,称为反曲。设在尺段中部凸起 0.5 m,由此而产生的距离误差是不能允许的,故应将钢尺拉平丈量。

（7）丈量本身的误差

丈量本身的误差包括钢尺刻画对点的误差、插测钎的误差及钢尺读数误差等。这些误差是由人的感官能力所限而产生,误差有正有负,在丈量结果中可以互相抵消一部分,但仍是量距工作的一项主要误差来源。

综上所述,精密量距时,除经纬仪定线、用弹簧秤控制拉力外,还需进行尺长、温度和倾斜改正。而一般量距可不考虑上述各项改正。但当尺长改正数较大或丈量时的温度与标准温度之差大于 8℃时进行单项改正,此类误差用一根尺往返丈量发现不了。另外,尺子拉平不容易做到,丈量时可以手持一悬挂垂球,抬高或降低尺子的一端,尺上读数最小的位置就是尺子水平时的位置,并用垂球进行投点及对点。

2）注意事项

（1）丈量距离会遇到地面平坦、起伏或倾斜等各种不同的地形情况,但不论何种情况,丈量距离有三个基本要求——直、平、准。直,就是要量两点间的直线长度,不是折线或曲线长度,为此定线要直,尺要拉直;平,就是要量两点间的水平距离,要求尺身水平,如果量取斜距也要改算成水平距离;准,就是对点、投点、计算要准,丈量结果不能有错误,并符合精度要求。

（2）丈量时,前、后尺手要配合好,尺身要置水平,尺要拉紧,用力要均匀,投点要稳,对点要准,尺稳定时再读数。

（3）钢尺在拉出和收卷时,要避免钢尺打卷。在丈量时,不要在地上拖拉钢尺,更不要扭折,防止行人踩到和车压,以免折断。

（4）尺子用过后,要用软布擦干净后涂以防锈油,再卷入盒中。

4.3 视距量距

视距测量是利用经纬仪或水准仪中的视距丝和视距标尺按几何光学原理进行距离测量,适合于低精度的近距离测量。

1）视距测量原理

视距测量是利用测量仪器望远镜中的视距丝（见图 4-7）并配合视距尺,根据几何光学及三角学原理,同时测定两点间的水平距离和高差的一种方法。此法操作简单,速度快,不受地形起伏的限制,但测距精度较低,一般可达 1/300～1/200,故常用于地形测图。视距尺一般可

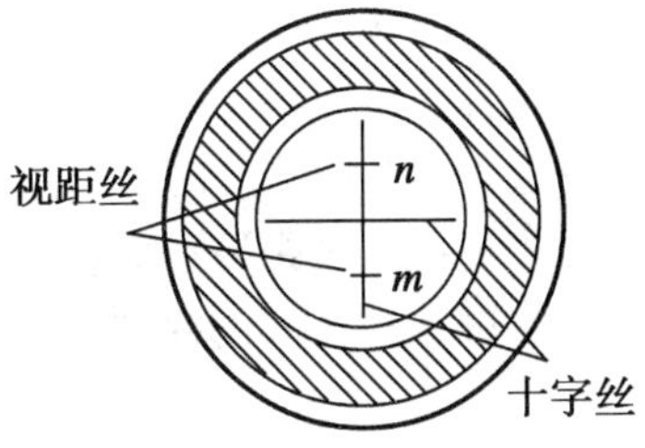

视距丝

十字丝

图 4-7 望远镜视距丝

选用普通塔尺。

2）视线水平时的视距测量公式

如图 4-8 所示，欲测定 A，B 两点间的水平距离，在 A 点安置经纬仪，在 B 点竖立视距尺，当望远镜视线水平时，视准轴与尺子垂直，经对光后，通过上、下两条视距丝 m，n 就可读得尺上 M，N 两点处的读数 m，n，两读数的差值 l 称为视距间隔或视距。

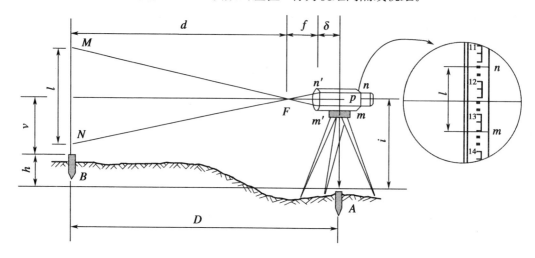

图 4-8　视线水平时视距测量

视距间隔 l 和立尺点离开测站的水平距离 D 呈线性关系，即

$$D = Kl + c$$

在设计望远镜时，适当选择有关参数后可使 $K=100$，$c=0$。于是，视线水平时的视距公式为

$$D = Kl = 100 \times (m - n) \tag{4-8}$$

两点间的高差为

$$h = i - v$$

式中：i——仪器高；

v——望远镜的中丝在尺上的读数。

如果 A 点高程 H_A 已知，则可求得 B 点的高程 H_B 为

$$H_B = H_A + i - v \tag{4-9}$$

3）视线倾斜时的视距测量公式

当地面起伏较大时，必须将望远镜倾斜才能照准视距尺。如图 4-9 所示，此时的视准轴不再垂直于尺子，前面推导的公式就不适用了。若想引用前面的公式，测量时则必须将尺子置于垂直于视准轴的位置，但那是不太可能的。因此，在推导倾斜视线的视距公式时，必须加上两项改正：① 视距尺不垂直于视准轴的改正；② 倾斜视线（距离）化为水平距离的改正。

在图 4-9 中，设视准轴倾斜角为 α，则有

$$M'N' = MN\cos\alpha$$

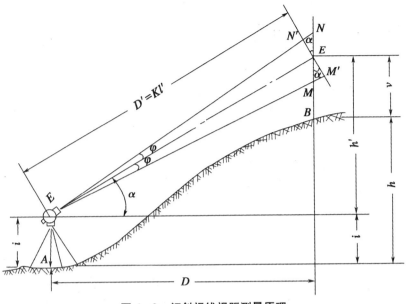

图 4‑9 倾斜视线视距测量原理

式中，$M'N'$ 就是假设视距尺与视线相垂直的尺间隔 l'，MN 是尺间隔 l，所以

$$l' = l\cos\alpha$$

将上式代入式（4‑8），得倾斜距离

$$D' = Kl' = Kl\cos\alpha$$

因此，A,B 两点间的水平距离为

$$D = D'\cos\alpha = Kl\cos^2\alpha \tag{4-10}$$

式（4‑10）即为视线倾斜时水平距离的计算公式。

由图 4‑9 可以看出，A,B 两点间的高差为

$$h = h' + i - v$$

式中

$$h' = D'\sin\alpha = Kl\cos\alpha\sin\alpha = \frac{1}{2}Kl\sin 2\alpha$$

称为初算高差。故视线倾斜时的高差公式为

$$h = \frac{1}{2}Kl\sin 2\alpha + i - v \tag{4-11}$$

4）视距测量方法

（1）安置仪器于测站点上，对中、整平后，量取仪器高 i 至厘米。

（2）在待测点上竖立视距尺。

（3）转动仪器照准部照准视距尺，在望远镜中分别用上、下、中丝读得读数 m,n,v；再使竖盘指标水准管气泡居中，在读数显微镜中读取竖盘读数。

（4）根据读数 m,n 算得视距间隔 l；根据竖盘读数算得竖角 α；利用视距公式计算平距 D 和高差 v。

5)视距测量的误差来源及消减方法

(1)用视距丝读取尺间隔的误差

读取视距尺间隔的误差是视距测量误差的主要来源,因为视距尺间隔乘以常数,其误差随之扩大100倍。因此,读数时注意消除视差,认真读取视距尺间隔。另外,对于一定的仪器来讲,应尽可能缩短视距长度。

(2)垂直角测定误差

从视距测量原理可知,垂直角误差对于水平距离影响不显著,而对高差影响较大,故用视距测量方法测定高差时应注意准确测定垂直角。读取竖盘读数时,应严格令竖盘指标水准管气泡居中。对于竖盘指标差的影响,可采用盘左、盘右观测取垂直角平均值的方法来消除。

(3)标尺倾斜误差

标尺立不直、前后倾斜时将给视距测量带来较大误差,其影响随着尺子倾斜度和地面坡度的增加而增加。因此标尺必须严格铅直(尺上应有水准器),特别是在山区作业时。

(4)外界条件的影响

大气垂直折光影响是由于视线通过的大气密度不同而产生垂直折光差,而且视线越接近地面垂直折光差的影响就越大,因此观测时应使视线离开地面至少1 m以上;空气对流使成像不稳定产生的影响,这种现象在视线通过水面和接近地表时较为突出,特别是在烈日下更为严重,因此应选择合适的观测时间,尽可能避开大面积水域。

此外,视距乘常数K的误差、视距尺分划误差等都将影响视距测量的精度。

4.4　光电测距

电磁波测距是用仪器发射并接收电磁波,按传播速度及时间测定距离,适用于高精度的远距离测量,也可应用于近距离的精密量距,如手持激光测距仪。视距测量和电磁波测距属于间接量距。

1)光电测距基本原理及使用

传统的测距方法如钢尺测距、视距测量等,存在着或是精度低,或是效率低并受地形限制等缺点。1946年瑞典物理学家贝格斯特兰(Bergstrand)测量了光速的值,并于1948年研制成了第一台用白炽灯作光源的测距仪,这就是第一代光电测距仪。第一代测距仪测程短,自重大,耗电多。目前,随着光电技术特别是微电子技术的飞速发展,光电测距仪正向小型化、多功能、智能化方向发展,现在光电测距已成为测量距离的主要方法。由于光的速度就是电磁波的速度,故光电测距又统称为电磁波测距。

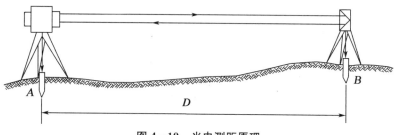

图4-10　光电测距原理

如图 4-10 所示，欲测定 A,B 两点间的距离 D，可在 A 点安置能发射和接收光波的光电测距仪，在 B 点设置反射棱镜，光电测距仪发出的光束经棱镜反射后又返回到测距仪。通过测定光波在 AB 之间传播的时间 t，根据光波在大气中的传播速度 c，按下式计算距离 D：

$$D = \frac{1}{2}ct$$

光电测距仪根据测定时间 t 的方式，分为直接测定时间的脉冲测距法和间接测定时间的相位测距法。高精度的测距仪，一般采用相位式。

相位式光电测距仪的测距原理是由光源发出的光通过调制器后，成为光强随高频信号变化的调制光。通过测量调制光在待测距离上往返传播的相位差 φ 来解算距离。

相位法测距相当于用"光尺"代替钢尺量距，而 $\lambda/2$ 为光尺长度。

相位式测距仪中，相位计只能测出相位差的尾数 ΔN，测不出整周期数 N，因此对大于光尺的距离无法测定。为了扩大测程，应选择较长的光尺。为了解决扩大测程与保证精度的矛盾，短程测距仪上一般采用两个调制频率，即两种光尺。例如：长光尺（称为粗尺）$f_1 = 150\ \text{kHz}$，$\lambda_1/2 = 1\ 000\ \text{m}$，用于扩大测程，测定百米、10 米和米；短光尺（称为精尺）$f_2 = 15\ \text{MHz}$，$\lambda_2/2 = 10\ \text{m}$，用于保证精度，测定米、分米、厘米和毫米。

2）光电测距仪及其使用方法

（1）仪器结构

主机通过连接器安置在经纬仪上部，经纬仪可以是普通光学经纬仪，也可以是电子经纬仪如图 4-11 所示。利用光轴调节螺旋，可使主机的发射——接收器光轴与经纬仪视准轴位于同一竖直面内。另外，测距仪横轴到经纬仪横轴的高度与觇牌中心到反射棱镜高度一致，从而使经纬仪瞄准觇牌中心的视线与测距仪瞄准反射棱镜中心的视线保持平行。配合主机测距的反射棱镜，根据距离远近，可选用单棱镜（1 500 m 内）或三棱镜（2 500 m 内）。棱镜安置在三脚架上，根据光学对中器和长水准管进行对中整平。

图 4-11　测距仪及配套棱镜

（2）仪器主要技术指标及功能

短程红外光电测距仪的最大测程为 2 500 m,测距精度可达 $\pm(3\,mm+2\times10^{-6}\times D)$（其中 D 为所测距离）;最小读数为 1 mm;仪器设有自动光强调节装置,在复杂环境下测量时也可人工调节光强;可输入温度、气压和棱镜常数自动对结果进行改正;可输入垂直角自动计算出水平距离和高差;可通过距离预置进行定线放样;若输入测站坐标和高程,可自动计算观测点的坐标和高程。测距方式有正常测量和跟踪测量,其中正常测量所需时间为 3 s,还能显示数次测量的平均值;跟踪测量所需时间为 0.8 s,每隔一定时间间隔自动重复测距。

（3）仪器操作与使用

① 安置仪器。先在测站上安置好经纬仪,对中、整平后将测距仪主机安装在经纬仪支架上,用连接器固定螺丝锁紧,将电池插入主机底部,扣紧。在目标点安置反射棱镜,对中、整平,并使镜面朝向主机。

② 观测垂直角、气温和气压。用经纬仪十字横丝照准觇板中心,测出垂直角 α。同时,观测和记录温度和气压计上的读数。观测垂直角、气温和气压,目的是对测距仪测量出的斜距进行倾斜改正、温度改正和气压改正,以得到正确的水平距离。

③ 测距准备。按电源开关键"PWR"开机,主机自检并显示原设定的温度、气压和棱镜常数值,自检通过后将显示"good"。

若修正原设定值,可按"TPC"键后输入温度、气压值或棱镜常数（一般通过"ENT"键和数字键逐个输入）。一般情况下,只要使用同一类的反光镜,棱镜常数不变,而温度、气压每次观测均可能不同,需要重新设定。

④ 距离测量。调节主机照准轴水平调整手轮（或经纬仪水平微动螺旋）和主机俯仰微动螺旋,使测距仪望远镜精确瞄准棱镜中心。在显示"good"状态下,精确瞄准也可根据蜂鸣器声音来判断,信号越强声音越大,上下左右微动测距仪使蜂鸣器的声音最大,便完成了精确瞄准,出现" * "。

精确瞄准后,按"MSR"键,主机将测定并显示经温度、气压和棱镜常数改正后的斜距。在测量中,若光束受挡或大气抖动等,测量将暂被中断,此时" * "消失,待光强正常后继续自动测量;若光束中断 30 s,须光强恢复后再按"MSR"键重测。

斜距到平距的改算,一般在现场用测距仪进行,方法是按"V/H"键后输入垂直角值,再按"SHV"键显示水平距离。连续按"SHV"键可依次显示斜距、平距和高差。

3）光电测距的注意事项

（1）气象条件对光电测距影响较大,微风的阴天是观测的良好时机。

（2）测线应尽量离开地面障碍物 1.3 m 以上,避免通过发热体和较宽水面的上空。

（3）测线应避开强电磁场干扰的地方,例如测线不宜接近变压器、高压线等。

（4）镜站的后面不应有反光镜和其他强光源等背景的干扰。

（5）要严防阳光及其他强光直射接收物镜,避免光线经镜头聚焦进入机内而将部分元件烧坏,阳光下作业应撑伞保护仪器。

4.5　全站仪简介

全站仪,即全站型电子速测仪（Electronic Total Station）,是一种集光、机、电为一体的高技术测量仪器,是集水平角、垂直角、距离(斜距、平距)、高差测量功能于一体的测绘仪器系统。因其一次安置仪器就可完成该测站上全部测量工作,所以称之为全站仪。它广泛用于地上大型建筑和地下隧道施工等精密工程测量或变形监测领域。

4.5.1 原理

全站仪是一种集光、机、电为一体的新型测角仪器,与光学经纬仪相比,电子经纬仪将光学度盘换为光电扫描度盘,将人工光学测微读数代之以自动记录和显示读数,使测角操作简单化,且可避免读数误差的产生。电子经纬仪的自动记录、储存、计算功能,以及数据通讯功能,进一步提高了测量作业的自动化程度。

全站仪与光学经纬仪的区别在于度盘读数及显示系统,电子经纬仪的水平度盘和竖直度盘及其读数装置是分别采用两个相同的光栅度盘(或编码盘)和读数传感器进行角度测量的。根据测角精度,可分为 0.5″,1″,2″,3″,5″,10″等几个等级。

4.5.2 简史

全站仪是人们在角度测量自动化的过程中应运而生的,各类电子经纬仪在各种测绘作业中起着巨大的作用。

全站仪的发展经历了从组合式即光电测距仪与光学经纬仪组合,或光电测距仪与电子经纬仪组合,到整体式即将光电测距仪的光波发射接收系统的光轴和经纬仪的视准轴组合为同轴的整体式全站仪等几个阶段。

最初速测仪的距离测量是通过光学方法来实现的,我们称这种速测仪为“光学速测仪”。实际上,“光学速测仪”是指带有视距丝的经纬仪,被测点的平面位置由方向测量及光学视距来确定,而高程则是用三角测量方法来确定的。

带有“视距丝”的光学速测仪,由于其快速、简易,而在短距离(100 m 以内)、低精度(1/500~1/200)的测量中(如碎部点测定中)有其优势,因此得到了广泛的应用。

随着电子测距技术的出现,大大地推动了速测仪的发展。用电磁波测距仪代替光学视距经纬仪,使得测程更大、测量时间更短、精度更高。人们将距离由电磁波测距仪测定的速测仪笼统地称为“电子速测仪”(Electronic Tachymeter)。

然而,随着电子测角技术的出现,这一“电子速测仪”的概念又相应地发生了变化,根据测角方法的不同分为半站型电子速测仪和全站型电子速测仪。半站型电子速测仪是指用光学方法测角的电子速测仪,也有称之为“测距经纬仪”。这种速测仪出现较早,并且进行了不断的改进,可将光学角度读数通过键盘输入到测距仪,对斜距进行化算,最后得出平距、高差、方向角和坐标差,这些结果都可自动地传输到外部存储器中。全站型电子速测仪则是由电子测角、电子测距、电子计算和数据存储单元等组成的三维坐标测量系统,测量结果能自动显示,并能与外围设备交换信息的多功能测量仪器。由于全站型电子速测仪较完善地实现了测量和处理过程的电子化和一体化,所以人们也通常称之为全站型电子速测仪或简称全站仪。

20 世纪 80 年代末,人们根据电子测角系统和电子测距系统的发展不平衡,将全站仪分成两大类,即积木式和整体式。20 世纪 90 年代以来,基本上都发展为整体式全站仪。

4.5.3 分类

全站仪采用了光电扫描测角系统,其类型主要有编码盘测角系统、光栅盘测角系统和动态(光栅盘)测角系统三种。

全站仪按其外观结构可分为以下两类。

(1) 积木型(Modular,又称组合型)

早期的全站仪大都是积木型结构,即电子速测仪、电子经纬仪、电子记录器各是一个整体,可以分离使用,也可以通过电缆或接口把它们组合起来,形成完整的全站仪。

(2) 整体型(Integral)

随着电子测距仪进一步轻巧化,现代的全站仪大都把测距、测角和记录单元在光学、机械等方面设计成一个不可分割的整体,其中测距仪的发射轴、接收轴和望远镜的视准轴为同轴结构,如图 4-12 和图 4-13 所示。整体型全站仪的配套棱镜如图 4-14 所示。这对保证较大垂直角条件下的距离测量精度非常有利。

全站仪按其测量功能可分成以下四类。

(1) 经典型全站仪(Classical Total Station)

图 4-12 TCRP 全站仪　图 4-13 全世界精度最高的全站仪 TCA2003　图 4-14 全站仪配套棱镜

经典型全站仪也称为常规全站仪,它具备全站仪电子测角、电子测距和数据自动记录等基本功能,有的还可以运行厂家或用户自主开发的机载测量程序。其经典代表为徕卡公司的 TC 系列全站仪。

(2) 机动型全站仪(Motorized Total Station)

在经典全站仪的基础上安装轴系步进电机,可自动驱动全站仪照准部和望远镜的旋转。在计算机的在线控制下,机动型系列全站仪可按计算机给定的方向值自动照准目标,并可实现自动正、倒镜测量。徕卡 TCM 系列全站仪就是典型的机动型全站仪。

(3) 无合作目标性全站仪(Reflectorless Total Station)

无合作目标型全站仪是指在无反射棱镜的条件下,可对一般的目标直接测距的全站仪。因此,对不便安置反射棱镜的目标进行测量,无合作目标型全站仪具有明显优势。如徕卡 TCR 系列全站仪,无合作目标距离测程可达 200 m,可广泛用于地籍测量、房产测量和施工测量等。

(4) 智能型全站仪(Robotic Total Station)

在机动化全站仪的基础上,仪器安装自动目标识别与照准的新功能,因此在自动化进程中,全站仪进一步克服了需要人工照准目标的重大缺陷,实现了全站仪的智能化。在相关软件的控制下,智能型全站仪在无人干预的条件下可自动完成多个目标的识别、照准与测量,因此,智能型全站仪又称为"测量机器人",典型代表有徕卡的 TCA 型全站仪等。

全站仪按测距仪测距分类,还可以分为以下三类。

（1）短距离测距全站仪

测程小于 3 km,一般精度为 $\pm$(5 mm+5 ppm$\times$D),主要用于普通测量和城市测量。

（2）中测程全站仪

测程为 3～15 km,一般精度为 $\pm$(5 mm+2 ppm$\times$D)或 $\pm$(2 mm+2 ppm$\times$D),通常用于一般等级的控制测量。

（3）长测程全站仪

测程大于 15 km,一般精度为 $\pm$(5 mm+1 ppm$\times$D),通常用于国家三角网及特级导线的测量。

4.5.4 结构

全站仪几乎可以用在所有的测量领域。电子全站仪由电源部分、测角系统、测距系统、数据处理部分、通讯接口以及显示屏、键盘等组成。

同电子经纬仪、光学经纬仪相比,全站仪增加了许多特殊部件,因此使得全站仪具有比其他测角、测距仪器更多的功能,使用也更为方便。这些特殊部件构成了全站仪在结构方面独树一帜的特点。

1）同轴望远镜

全站仪的望远镜实现了视准轴、测距光波的发射、接收光轴同轴化。同轴化的基本原理是在望远物镜与调焦透镜间设置分光棱镜系统,通过该系统实现望远镜的多功能,既可瞄准目标,使之成像于十字丝分划板,进行角度测量;同时其测距部分的外光路系统又能使测距部分的光敏二极管发射的调制红外光在经物镜射向反光棱镜后经同一路径反射回来,再经分光棱镜作用使回光被光电二极管接收。为测距需要在仪器内部另设一内光路系统,通过分光棱镜系统中的光导纤维将由光敏二极管发射的调制红外光也传送给光电二极管接收,进而由内、外光路调制光的相位差间接计算光的传播时间,计算实测距离。

同轴性使得望远镜一次瞄准即可实现同时测定水平角、垂直角和斜距等全部基本测量要素的测定功能。加之全站仪强大、便捷的数据处理功能,使全站仪使用极其方便。

2）双轴自动补偿

作业时若全站仪纵轴倾斜会引起角度观测的误差,盘左、盘右观测值取中不能使之抵消。而全站仪特有的双轴(或单轴)倾斜自动补偿系统,可对纵轴的倾斜进行监测,并在度盘读数中对因纵轴倾斜造成的测角误差自动加以改正(某些全站仪纵轴最大倾斜可允许至 $\pm6'$),也可通过将由竖轴倾斜引起的角度误差,由微处理器自动按竖轴倾斜改正计算式计算,并加入度盘读数中加以改正,使度盘显示读数为正确值,即所谓纵轴倾斜自动补偿。

双轴自动补偿所采用的构造:使用一水泡(该水泡不是从外部可以看到的,与检验校正中所描述的不是一个水泡)来标定绝对水平面,该水泡是中间填充液体,两端是气体。在水泡的上部两侧各放置一发光二极管,而在水泡的下部两侧各放置一光电管,用来接收发光二极管透过水泡发出的光。然后,通过运算电路比较两二极管获得的光的强度。当在初始位置即绝对水平时,将运算值置零。当作业中全站仪倾斜时,运算电路实时计算出光强的差值,从而换算成倾斜的位移,将此信息传达给控制系统以决定自动补偿的值。自动补偿的方式初由微处理器计算后修正输出外,还有一种方式即通过步进马达驱动微型丝杆,把此轴方向上的偏移进行补正,从而使轴时刻保证绝对水平。

3)键盘

键盘是全站仪在测量时输入操作指令或数据的硬件,全站型仪器的键盘和显示屏均为双面式,便于正、倒镜作业时操作。

4)存储器

全站仪存储器的作用是将实时采集的测量数据存储起来,再根据需要传送到其他设备如计算机等中,供进一步处理或利用。全站仪的存储器有内存储器和存储卡两种。

全站仪内存储器相当于计算机的内存(RAM),存储卡是一种外存储媒体,又称 PC 卡,作用相当于计算机的磁盘。

5)通讯接口

全站仪可以通过 RS—232C 通讯接口和通讯电缆将内存中存储的数据输入计算机,或将计算机中的数据和信息经通讯电缆传输给全站仪,实现双向信息传输。

4.5.5　使用

全站仪具有角度测量、距离(斜距、平距、高差)测量、三维坐标测量、导线测量、交会定点测量和放样测量等多种用途。内置专用软件后,功能还可进一步拓展。

全站仪的基本操作与使用方法如下所述。

1)水平角测量

(1)按角度测量键,使全站仪处于角度测量模式,照准第一个目标 A。

(2)设置 A 方向的水平度盘读数为 $0°00'00''$。

(3)照准第二个目标 B,此时显示的水平度盘读数即为两方向间的水平夹角。

2)距离测量

(1)设置棱镜常数

测距前须将棱镜常数输入仪器中,仪器会自动对所测距离进行改正。

(2)设置大气改正值或气温、气压值

光在大气中的传播速度会随大气的温度和气压而变化,15℃ 和 760 mmHg 是仪器设置的一个标准值,此时的大气改正为 0 ppm。实测时,可输入温度和气压值,全站仪会自动计算大气改正值(也可直接输入大气改正值),并对测距结果进行改正。

(3)量仪器高、棱镜高并输入全站仪

(4)距离测量

照准目标棱镜中心,按测距键,距离测量开始。测距完成时显示斜距、平距、高差。

全站仪的测距模式有精测模式、跟踪模式、粗测模式三种。精测模式是最常用的测距模式,测量时间约 2.5 s,最小显示单位为 1 mm;跟踪模式常用于跟踪移动目标或放样时连续测距,最小显示单位一般为 1 cm,每次测距时间约 0.3 s;粗测模式测量时间约 0.7 s,最小显示单位为 1 cm 或 1 mm。在距离测量或坐标测量时,可按测距模式(MODE)键选择不同的测距模式。

应注意,有些型号的全站仪在距离测量时不能设定仪器高和棱镜高,显示的高差值是全站仪横轴中心与棱镜中心的高差。

3)坐标测量

(1)设定测站点的三维坐标。

（2）设定后视点的坐标或设定后视方向的水平度盘读数为其方位角。当设定后视点的坐标时,全站仪会自动计算后视方向的方位角,并设定后视方向的水平度盘读数为其方位角。

（3）设置棱镜常数。

（4）设置大气改正值或气温、气压值。

（5）量仪器高、棱镜高并输入全站仪。

（6）照准目标棱镜,按坐标测量键,全站仪开始测距并计算显示测点的三维坐标。

4）全站仪的数据通讯

全站仪的数据通讯是指全站仪与电子计算机之间进行的双向数据交换。全站仪与计算机之间的数据通讯的方式主要有两种：一种是利用全站仪配置的 PCMCIA（Personal Computer Memory Card Internation Association,个人计算机存储卡国际协会,简称 PC 卡,也称为存储卡）卡进行数字通讯,特点是通用性强,各种电子产品间均可互换使用；另一种是利用全站仪的通讯接口,通过电缆进行数据传输。

4.5.6　检验

（1）照准部水准轴应垂直于竖轴的检验和校正

检验时先将仪器大致整平,转动照准部使其水准管与任意两个脚螺旋的连线平行,调整脚螺旋使气泡居中,然后将照准部旋转 180°,若气泡仍然居中则说明条件满足,否则应进行校正。

校正的目的是使水准管轴垂直于竖轴,即用校正针拨动水准管一端的校正螺钉,使气泡向正中间位置退回一半。为使竖轴竖直,再用脚螺旋使气泡居中即可。此项检验与校正必须反复进行,直到满足条件为止。

（2）十字丝竖丝应垂直于横轴的检验和校正

检验时用十字丝竖丝瞄准一清晰小点,使望远镜绕横轴上下转动,如果小点始终在竖丝上移动则条件满足,否则需要进行校正。

校正时松开四个压环螺钉,装有十字丝环的目镜用压环和四个压环螺钉与望远镜筒相连接。转动目镜筒使小点始终在十字丝竖丝上移动,校好后将压环螺钉旋紧。

（3）视准轴应垂直于横轴的检验和校正

选择一水平位置的目标,盘左盘右观测之,取它们的读数（顾及常数 180°）即得 $2c$,则

$$c=\frac{1}{2}[\alpha_左-(\alpha_右\pm180°)]$$

（4）横轴应垂直于竖轴的检验和校正

选择较高墙壁近处安置仪器,以盘左位置瞄准墙壁高处一点 p（仰角最好大于 30°）,放平望远镜在墙上定出一点 m_1。倒转望远镜,盘右再瞄准 p 点,又放平望远镜在墙上定出另一点 m_2。如果 m_1 与 m_2 重合,则条件满足,否则需要校正。

校正时,瞄准 m_1,m_2 的中点 m,固定照准部,向上转动望远镜,此时十字丝交点将不对准 p 点。抬高或降低横轴的一端,使十字丝的交点对准 p 点。此项检验也要反复进行,直到条件满足为止。

以上四项检验校正,以（1）（3）（4）项最为重要,在观测期间最好经常进行。每项检验完毕后必须旋紧有关的校正螺钉。

4.6 直线定向

确定直线方向与标准方向之间的关系称为直线定向。要确定直线的方向,首先要选定一个标准方向作为直线定向的依据,然后测出这条直线方向与标准方向之间的水平角,则直线的方向便可确定。在测量工作中以子午线方向为标准方向。子午线分真子午线、磁子午线和轴子午线三种。

1)标准方向

真子午线方向:通过地面上某点指向地球南北极的方向,称为该点的真子午线方向,它是用天文测量的方法测定的。

磁子午线方向:地面上某点当磁针静止时所指的方向,称为该点的磁子午线方向。磁子午线方向可用罗盘仪测定。由于地球的磁南、北极与地球的南、北极是不重合的,其夹角称为磁偏角,以 δ 表示。当磁子午线北端偏于真子午线方向以东时,称为东偏;当磁子午线北端偏于真子午线方向以西时,称为西偏。在测量中以东偏为正,西偏为负,如图 4-15 所示。磁偏角在不同地点有不同的角值和偏向,我国磁偏角的变化范围大约在 $+6°$(西北地区)至 $-10°$(东北地区)之间。

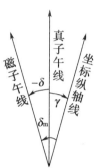

图 4-15 三北方向

轴子午线方向:又称坐标纵轴线方向,就是大地坐标系中纵坐标的方向。由于地面上各点子午线都是指向地球的南北极,所以不同地点的子午线方向不是互相平行的,这就给计算工作带来不便,因此在普通测量中一般均采用纵坐标轴方向作为标准方向,这样测区内地面各点的标准方向就都是互相平行的。在局部地区,也可采用假定的临时坐标纵轴方向作为直线定向的标准方向。

综上所述,任何子午线方向都是指向北(或南)的。由于我国位于北半球,所以常把北方向作为标准方向。

2)直线方向的表示法

直线方向常用方位角来表示。方位角就是以标准方向为起始方向顺时针转到该直线的水平夹角,所以方位角的取值范围是由 $0°$ 到 $360°$。如图 4-16(a)所示,直线 OM 的方位角为 A_{OM},直线 OP 的方位角为 A_{OP}。

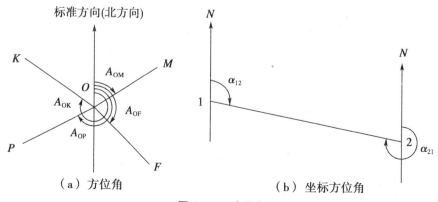

(a)方位角 　　　　　　　　　(b)坐标方位角

图 4-16 方位角

以真子午线方向为标准方向(简称真北)的方位角称为真方位角,用 A 表示;以磁子午线方向为标准方向(简称磁北)的方位角称为磁方位角,用 A_m 表示;以坐标纵轴方向为标准方向(简称轴北)的方位角称为坐标方位角,以 α 表示,如图 4-16(b)所示直线 12 的坐标方位角为 α_{12}。

4.7 坐标正、反算

4.7.1 正、反方位角换算

对直线 AB 而言,过始点 A 的坐标纵轴平行线指北端顺时针至直线的夹角 α_{AB} 是 AB 的正方位角,而过端点 B 的坐标纵轴平行线指北端顺时针至直线的夹角 α_{BA} 则是 AB 的反方位角(见图 4-17),同一条直线的正、反方位角相差 $180°$,即

$$\alpha_{AB} = \alpha_{BA} \pm 180° \qquad (4-12)$$

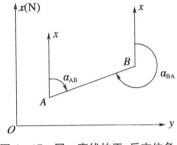

图 4-17 同一直线的正、反方位角

上式右端,若 $\alpha_{BA} < 180°$ 用"+"号,若 $\alpha_{BA} \geq 180°$ 用"-"号。

4.7.2 象限角与方位角的换算

一条直线的方向有时也可用象限角表示。所谓象限角是指从坐标纵轴的指北端或指南端起始至直线的锐角,用 R 表示,取值范围为 $0°\sim90°$。为了说明直线所在的象限,在前应加注直线所在象限的名称。四个象限的名称分别为北东(NE)、南东(SE)、南西(SW)、北西(NW)。象限角和坐标方位角之间的换算公式见表 4-1 所示。

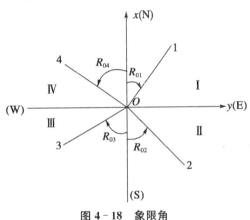

图 4-18 象限角

表 4-1 象限角与方位角关系表

象 限	象限角 R 与方位角 α 换算公式
第一象限 (NE)	$\alpha = R$
第二象限 (SE)	$\alpha = 180° - R$
第三象限 (SW)	$\alpha = 180° + R$
第四象限 (NW)	$\alpha = 360° - R$

4.7.3 坐标方位角的推算

测量工作中一般并不直接测定每条边的方向,而是通过与已知方向进行连测,推算出各边的坐标方位角。

设地面有相邻的 A,B,C 三点,连成折线,已知 AB 边的方位角 α_{AB},又测定了 AB 和 BC

之间的水平角 β,求 BC 边的方位角 α_{BC} 即为相邻边坐标方位角的推算。

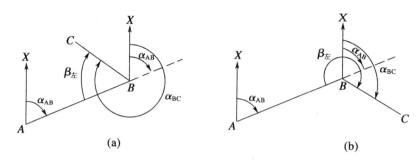

图 4-19　相邻边坐标方位角的推算

水平角 β 又有左、右之分,前进方向左侧的水平角为 $\beta_左$,前进方向右侧的水平角为 $\beta_右$。

设三点相关位置如图 4-19(a)所示,应有

$$\alpha_{BC} = \alpha_{AB} + \beta_左 + 180° \tag{4-13}$$

设三点相关位置如图 4-19(b)所示,应有

$$\alpha_{BC} = \alpha_{AB} + \beta_左 - 180° \tag{4-14}$$

若按折线前进方向将 AB 视为后边,BC 视为前边,综合式(4-13)和式(4-14)即得相邻边坐标方位角推算的通式:

$$\alpha_前 = \alpha_后 + \beta_左 \pm 180° \tag{4-15}$$

显然,如果测定的是 AB 和 BC 之间的前进方向右侧水平角 $\beta_右$,因为有 $\beta_左 = 360° - \beta_右$,代入上式即得通式

$$\alpha_前 = \alpha_后 - \beta_右 \pm 180° \tag{4-16}$$

式(4-15)和式(4-16)右端,若前两项计算结果 $<180°$,180°前面用"＋"号;否则 180°前面用"－"号。

【例 4-3】　见图 4-20,某导线 12 边方位角为 45°,在导线上 2 点测得其左角为 250°,求 α_{32}。

【解】　(1) 23 边的方位角
根据公式

$$\alpha_前 = \alpha_后 + \beta_左 \pm 180°$$

$$\alpha_{23} = 45° + 250° - 180° = 115°$$

(2) 求 α_{23} 反方位角 α_{32}

根据公式 $\alpha_{AB} = \alpha_{BA} \pm 180°$,本例 $\alpha_{23} < 180°$,故 180° 前面应取"＋"号,即

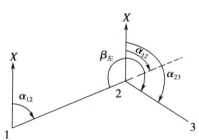

图 4-20　例题图示

$$\alpha_{32} = \alpha_{23} + 180° = 295°$$

4.7.4 坐标推算

1) 坐标的正算

地面点的坐标推算包括坐标正算和坐标反算。坐标正算,就是根据直线的边长、坐标方位角和一个端点的坐标,计算直线另一个端点的坐标的工作。坐标正算本质上就是把极坐标转换为直角坐标的运算。

如图 4-21 所示,设直线 AB 的边长 D_{AB} 和一个端点 A 的坐标 x_A,y_A 为已知,则直线另一个端点 B 的坐标为

$$x_B = x_A + \Delta x_{AB}$$

$$y_B = y_A + \Delta y_{AB}$$

式中,$\Delta x_{AB},\Delta y_{AB}$ 称为坐标增量,也就是直线两端点 A,B 的坐标值之差。由图 4-21,根据三角函数可写出坐标增量的计算公式为

$$\Delta x_{AB} = D_{AB} \cos \alpha_{AB}$$

$$\Delta y_{AB} = D_{AB} \sin \alpha_{AB}$$

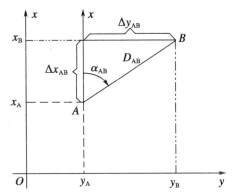

图 4-21 坐标正、反算

式中 $\Delta x_{AB},\Delta y_{AB}$ 均有正、负,其符号取决于直线 AB 的坐标方位角所在的象限,参见表 4-2。

表 4-2 不同象限坐标增量的符号

坐标方位角 α_{AB} 及其所在象限		Δx_{AB} 之符号	Δy_{AB} 之符号
0°~90°	(第一象限)	+	+
90°~180°	(第二象限)	−	+
180°~270°	(第三象限)	−	−
270°~360°	(第四象限)	+	−

2) 坐标的反算

根据 A,B 两点的坐标 x_A,y_A 和 x_B,y_B,推算直线 AB 的水平距离 D_{AB} 与坐标方位角 α_{AB},为坐标反算。坐标反算本质就是直角坐标转换为极坐标的运算。由图 4-21 可见,其计算公式为

$$\alpha_{AB} = \arctan \frac{y_B - y_A}{x_B - x_A} = \arctan \frac{\Delta y_{AB}}{\Delta x_{AB}} \tag{4-17}$$

$$D_{AB} = \sqrt{(x_B - x_A)^2 + (y_B - y_A)^2} = \sqrt{(\Delta x_{AB})^2 + (\Delta y_{AB})^2} \tag{4-18}$$

注意,由式(4-17)计算 α_{AB} 时往往得到的是象限角的数值,必须参照表 4-1、表 4-2,先根据 $\Delta x_{AB},\Delta y_{AB}$ 的正、负号确定直线 AB 所在的象限,再将象限角化为坐标方位角。

例如 $\Delta x_{AB},\Delta y_{AB}$ 均为 −1,这时由式(4-17)计算得到的 R_{AB} 数值为 45°,但根据 $\Delta x_{AB},\Delta y_{AB}$ 的符号判断直线 AB 应在第三象限,因此最后得 $\alpha_{AB}=45°+180°=225°$。以此类推。

【例 4-4】 已知 A,B 两点的坐标 $A(1\ 228.568,1\ 337.337),B(1\ 188.043,1\ 377.210)$,

求 AB 间的水平距离 D_{AB} 和坐标方位角 α_{AB}。

【解】 $\quad\quad\quad\quad\quad \Delta x_{AB} = 1\,188.043 - 1\,228.568 = -40.525 \text{ m}$

$\quad\quad\quad\quad\quad\quad\quad\quad \Delta y_{AB} = 1\,377.210 - 1\,337.337 = 39.873 \text{ m}$

水平距离 $\quad\quad\quad\quad D_{AB} = \sqrt{(\Delta x_{AB})^2 + (\Delta y_{AB})^2} = 56.852 \text{ m}$

象限角 $\quad\quad\quad\quad R_{AB} = \arctan \dfrac{\Delta y_{AB}}{\Delta x_{AB}} = -44°32'07''$

因为 $\Delta x_{AB} < 0, \Delta y_{AB} > 0$，所以 AB 边方位角位于第二象限，坐标方位角为

$$\alpha_{AB} = R_{AB} + 180° = 135°27'53''$$

由于计算方位角需要判别坐标增量所在象限，容易出错，所以工程中常使用卡西欧计算器的函数 Pol( ) 计算两点之间的水平距离和方位角。

大多数函数型卡西欧计算器上都有函数 Pol( )。以卡西欧 fx - 5800P 计算器为例(见图 4 - 22)，该函数用来把直角坐标转换为极坐标，Pol 是 Polar Coordinates 的缩写，其使用方法是调用函数 $\text{Pol}(\Delta x, \Delta y)$ 后返回极径 r 和极角 θ(极径 r 就是两点间水平距离，极角 θ 就是两点的方位角)，分别存储于 I, J 寄存器中，如果 J 中的角度值为负，加上 $360°$，不用判断坐标增量所在象限，在程序中直接调用 I, J 变量，如要手动读出，按"RCL"键读取变量值即可。

假设有 $A(x_A, y_A)$、$B(x_B, y_B)$ 两点，欲求 AB 两点间距离和 A 到 B 的方位角，调用 $\text{Pol}(x_B - x_A, y_B - y_A)$，按"EXE"后就可算出 A, B 间的距离 r 和方位角 θ。Pol( ) 函数在"+"键上的第二功能键，调用时先按"SHIFT"后再按"+"。

图 4 - 22　卡西欧
fx - 5800P 计算器

坐标正算也可用计算器上的函数 Rec( ) 来简化计算过程，Rec 是 Rectangular Coordinates 的缩写，该函数用来把极坐标转换为直角坐标，其调用方法为 $\text{Rec}(r, \theta)$ 进行计算，调用过程中要正确设置角度单位，具体参看相关计算器的说明书。

思考与练习

1. 某钢尺名义长为 30 m，经检定实长为 29.998 m，检定温度为 20℃，检定时的拉力为 100 N。用该钢尺丈量某段距离得 300 m，丈量时的温度为 35℃，拉力为 100 N，两点高差为 0.95 m，求水平距离。

2. 如何衡量距离测量精度？用钢尺丈量了 AB，CD 两段距离，AB 的往测值为 307.82 m，返测值为 307.72 m；CD 的往测值为 102.34 m，返测值为 102.44 m。问两段距离丈量的精度是否相同？哪段精度高？

3. 表 4 - 3 为视距测量成果，计算各点所测水平距离和高差。

表 4-3　视距测量手簿

测站 $H_0 = 50.00$ m　　　　　　　　　　　　　　　仪器高 $i = 1.56$ m

点号	上丝读数 下丝读数	中丝读数	竖盘读数	竖直角	高　差	水平距离	高　程	备　注
1	1.845 0.960	1.40	86°28′					
2	2.165 0.635	1.40	97°24′					
3	1.880 1.242	1.56	87°18′					
4	2.875 1.120	2.00	93°18′					

4. 设已知各直线的坐标方位角分别为 47°27′，177°37′，226°48′，337°18′，试分别求出它们的象限角和反坐标方位角。

5. 如图 4-23 所示，已知 $\alpha_{AB} = 55°20′$，$\beta_B = 126°24′$，$\beta_C = 134°06′$，求其余各边的坐标方位角。

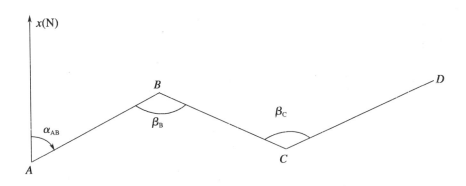

图 4-23　推导坐标方位角

6. 已知某直线的象限角为南西 45°18′，求它的坐标方位角。

7. 什么是直线定线？什么是直线定向？

8. 如图 4-24 所示，五边形各内角 $\beta_1 = 95°$，$\beta_2 = 130°$，$\beta_3 = 65°$，$\beta_4 = 128°$，$\beta_5 = 122°$，已知 1~2 边的坐标方位角为 30°，计算其他各边的坐标方位角。

9. 若 $A(162.32 \text{ m}, 566.39 \text{ m})$，$B(206.78 \text{ m}, 478.28 \text{ m})$，求 A，B 两点间的距离和 A 至 B 的方位角。

10. 已知 $P(178.00 \text{ m}, 508.00 \text{ m})$，$P$，$Q$ 两点间的距离为 120 m，P 至 Q 的方位角为 235°24′，求 Q 的直角坐标。

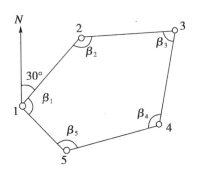

图 4-24　推导坐标方位角

5 测量误差基本知识

重点提示：通过本章学习,要求学生了解测量误差的来源、误差出现的规律及其对观测成果的影响;能正确处理观测数据,求出观测值的最可靠值;能评定观测结果的精度;能选择合理的观测方法和计算方法。

5.1 测量误差概述

在测量工作中,由于主观和客观等诸多方面的原因,同一量的各观测值之间或各观测值与理论值之间存在差异。例如对某一平面三角形的三个内角进行观测,其和不等于180°;又如所测闭合水准路线的高差闭合差不等于零。这说明在实际观测过程中误差是不可避免的。

这种误差实质上表现为观测值与其观测量的真值之间存在着差异。研究误差的目的是分析误差产生的原因和性质,掌握误差的规律,采用适当的观测方法消除或减弱误差的影响,从而提高观测成果的精度。

5.1.1 测量误差的来源

测量误差的来源概括起来有以下三个方面。

1) 测量仪器

由于仪器机械构造上的缺陷、仪器本身精密度的限制和校正的不完善,导致观测值的精度受到一定的影响,测量人员得不到绝对精密的仪器和工具,给测量带来误差。例如,在用只有厘米分划的普通水准尺进行水准测量时,就难以保证在估读厘米以下的尾数时准确无误;又如仪器各种轴线间的几何关系不完全满足、刻画不均匀等。

2) 观测者

测量人员主观上的缺陷,如由于测量人员的感官能力所限,致使在仪器安置、瞄准和读数时都会产生误差。

3) 外界条件

测量时所处的外界条件,如温度、湿度、风力、大气折光等因素和变化都会对观测数据直接产生影响。

人、仪器和外界条件是引起测量误差的主要因素,通常把这三个因素综合起来称为观测条件。因为任何测量工作都离不开观测条件,所以测量误差的产生是不可避免的。观测条件的好坏直接影响到测量成果的质量。观测条件好一些,测量误差就会小一些,测量成果的质量就会高一些;相反,观测条件差一些,测量成果的质量就会低一些。因此,在客观条件允许的情况下,要尽量选择在比较有利的观测条件下进行测量,以提高测量成果的质量。当观测条件相同时,观测质量可认为是相同的。在相同的观测条件下进行的一组观测,称为等精度观测;在不同的观测条件下进行的一组观测,称为不等精度观测。观测成果的好坏在客观上反映了观测条件的优劣。

一般认为,在测量中人们总希望每次观测所出现的测量误差越小越好,甚至趋近于零。然而,在实际生产中,根据不同的测量目的,是允许在测量结果中含有一定程度的误差的。因此,我们的目的并不是简单地使测量误差越小越好,而是要设法将误差限制在与测量目的相适应的范围内。

5.1.2 测量误差分类

测量误差按照其不同的性质可分为以下三种。

1) 系统误差

在相同的观测条件下对某量进行一系列的观测,如误差出现的符号和大小均相同或按一定的规律变化,这种误差称为系统误差。例如,用一把名义长度为 30 m,而实际长度为 30.020 m 的钢尺丈量距离,每丈量一尺段就要少量 0.020 m,这 0.020 m 的误差在数值、符号上都是固定的,丈量距离越长,误差也就越大。

系统误差对观测成果具有累积作用,对测量成果有很大的影响。因此,在测量工作中,应尽量设法全部或部分消除系统误差。处理方法有以下几种:

(1) 检校仪器。要定期对测量使用的仪器和工具进行检验与校正,把因仪器引起的系统误差减到最小。

(2) 采用合理的观测方法,使系统误差能自行抵消或减弱。例如,在水准测量中采用前后视距相等的方法来消除 i 角误差的影响;在角度测量中,用盘左、盘右观测取平均值可以消除视准轴误差、横轴误差、竖盘指标指标差等误差。

(3) 对观测结果进行计算改正。例如,尺长误差和温度对尺长的影响。

在实际测量工作中,可根据具体情况来选择合适的方法和观测策略来减小系统误差。

2) 偶然误差

在等精度观测下,对某量进行一系列观测,误差出现的符号和大小没有任何规律可循,但是通过大量统计,又有一定的规律变化,这种误差称为偶然误差。偶然误差是由人、仪器和外界条件等多方面的原因引起的。例如用经纬仪测角时,测角误差实际上是许多微小误差项的总和,而每项微小误差随着偶然因素影响不断变化,因而测角误差也表现出偶然性。对同一角度的若干次观测,其值不尽相同,观测结果中不可避免地存在着偶然误差的影响。

在观测中偶然误差和系统误差都是同时产生的,当系统误差设法消除后,决定观测精度的是偶然误差。所以,在测量误差理论中,主要讨论偶然误差。

偶然误差是不可避免的。为了提高观测精度,往往采用多余观测取平均值作为最后结果。

3) 粗差

在观测过程中还可能出现粗差,即测量中的错误。粗差是一种极大量的观测误差,例如瞄错了目标、读错了数等。一般测量工作中,粗差是由于工作人员疏忽大意所致,不允许存在于观测结果中,也不属于测量误差讨论的范畴。粗差可以通过多余观测来发现,并通过重新观测含有粗差的观测量来消除。

为了防止错误的发生和提高观测成果的精度,在测量工作中一般需要进行多于必要的观测,称为"多余观测"。有了多余观测,就可以发现观测值中的错误,以便将其剔除和重测。由于观测值中的偶然误差不可避免,有了多余观测,观测值之间必然产生矛盾(往返差、不符值、闭合差),根据差值的大小,可以评定测量的精度。当差值大到一定程度时称为误差超限,认为测量的精度没有达到要求,或观测值中存在错误(不属于偶然误差),应予重测。差值如果不超限,则根据偶然误差的规律加以处理,即进行测量平差。

5.2 偶然误差的特性

就单个偶然误差而言,其大小、符号是没有规律的,但就其总体而言却又呈现一定的统计规律性,并且随着观测次数的增多,偶然误差的统计规律越来越明显。例如,在相同的观测条件下,对平面三角形的内角进行独立重复的观测,由于观测值带有误差,故三角形的内角观测值之和不等于其真值180°,其差称为闭合差,也是三角形内角和的观测值 L 的真误差,表示为

$$\Delta_i = L_i - 180° \qquad (i = 1, 2, \cdots, n) \tag{5-1}$$

现观测162个三角形的全部三个内角,由上式计算得出三角形内角和的真误差有162个,先按其大小和一定的区间(本例为3″)进行统计,列入表5-1。

表 5-1 误差统计表

误差区间 (3″)	正误差		负误差		合 计	
	个数 k	频率 k/n	个数 k	频率 k/n	个数 k	频率 k/n
0~3	21	0.130	21	0.130	42	0.260
3~6	19	0.117	19	0.117	38	0.234
6~9	12	0.074	15	0.093	27	0.167
9~12	11	0.068	9	0.056	20	0.124
12~15	8	0.049	9	0.056	17	0.105
15~18	6	0.037	5	0.030	11	0.067
18~21	3	0.019	1	0.006	4	0.025
21~24	2	0.012	1	0.006	3	0.018
24 以上	0	0	0	0	0	0
Σ	82	0.506	80	0.494	162	1.000

从表5-1可以看出:
(1) 小误差出现的个数比大误差多。
(2) 绝对值相等的正、负误差出现的个数大致相等。
(3) 最大误差不超过24″。
通过以上实验的大量统计,可以总结出偶然误差具有以下几个特性:
(1) 偶然误差的单峰性。绝对值小的误差比绝对值大的误差出现的机会多。
(2) 偶然误差的对称性。绝对值相等的正负误差出现的概率相同。
(3) 偶然误差的有界性。偶然误差的绝对值不会超过一定的限值。

（4）偶然误差的补偿性。随着观测次数的无限增加，偶然误差的理论平均值趋近于零，即

$$\lim_{n \to \infty} \frac{[\Delta]}{n} = 0 \qquad (5-2)$$

式中：$[\Delta] = \Delta_1 + \Delta_2 + \cdots + \Delta_n$。

第一个特性说明偶然误差绝对值大小的规律；第二个特性是误差符号出现的规律；第三个特性说明偶然误差出现的范围；第四个特性是由第二个特性推出，说明偶然误差具有抵偿性，随着观测次数的增加，偶然误差的算术平均值必然趋近于零。但事实上对任意量都不可能进行无限次的观测，因此对偶然误差进行分析，根据其特性采用合适的平差方法来进行减弱和消除是十分必要的，对提高测量的精度和可靠性都具有重要意义。

5.3 衡量精度的标准

1）精度

精度是指对某量进行多次观测中，其误差分布的密集或离散程度。如果误差分布较密集，即离散程度较小时，则表示该组观测质量好（也就是观测精度高）；反之，如果分布较为离散，即离散度较大时，则表示该组观测质量差（也就是观测精度低）。

在相同的观测条件下所测得的一组观测数据，虽然它们的真误差不相等，但都对应于同一误差分布，称这些观测是等精度的。

2）衡量精度标准

在测量工作中，为了评定测量成果的精度，以便确定其是否符合要求，所以建立了衡量精度的统一标准。常用的标准有如下几种。

（1）中误差

在相同的观测条件下对某量 x 进行 n 次观测，其观测值分别为 $l_1, l_2, \cdots, l_n$，其真误差分别为 $\Delta_1, \Delta_2, \cdots, \Delta_n$。以各个真误差平方和的平均值的平方根作为评定观测质量的标准，称为中误差 m，即

$$m = \pm \sqrt{\frac{[\Delta\Delta]}{n}} \qquad (5-3)$$

式中：m——观测值的中误差；

$\quad\quad [\Delta\Delta] = \Delta_1^2 + \Delta_2^2 + \cdots + \Delta_n^2$；

$\quad\quad n$——观测次数。

式（5-3）表明观测值的中误差不等于其真误差，只是一组观测值中的精度指标，它的大小反映出一组观测值的离散程度。中误差越小，表明误差的分布较为密集，各观测值之间的差异也小，相应的观测精度就越高；反之，中误差越大，表明误差的分布较为离散，观测值之间的差异也大，这组观测精度就低。因此，一般用中误差作为评定观测质量的标准。

【例5-1】 用50 m普通钢尺对某段距离丈量了六次，其观测值列入表5-2中，已知该段距离用因瓦基线尺量的结果为49.982 m，由于其精度很高，可视其为真值，则丈量该距离一次的观测值真误差如表5-2所示。

表 5-2 观测值中误差计算

观测次序	观测值(m)	Δ(mm)	$\Delta\Delta$	计　　算
1	49.988	+6	36	
2	49.975	-7	49	
3	49.981	-1	1	$m=\pm\sqrt{\dfrac{131}{6}}=\pm4.7\text{(mm)}$
4	49.978	-4	16	
5	49.987	+5	25	
6	49.984	+2	4	
Σ			131	

由表 5-2 的计算结果可知,该组等精度观测值的中误差 $m=\pm4.7$ mm,表明表 5-2 中的每一个观测值的精度均为 $m=\pm4.7$ mm。

(2) 相对误差

真误差和中误差都是绝对误差,单纯的比较其绝对值大小,有时还不能判断观测结果的精度高低。例如,用钢尺丈量 100 m 和 200 m 两段距离,中误差均为 ±0.02 m。虽然它们的中误差相同,但考虑到丈量长度的不同,实际长度的丈量与长度大小有关,距离越长,误差累积就越大,两者的精度并不相同。因此,当观测量的精度与观测量本身大小相当时,我们用精度指标——相对误差来衡量观测量的精度。

$$K=\frac{|m|}{D}=\frac{1}{\dfrac{D}{|m|}} \tag{5-4}$$

在式(5-4)中,当 m 为距离 D 的中误差时,K 为相对误差,在上例中:

$$K_1=\frac{|m_1|}{D_1}=\frac{0.02}{100}=\frac{1}{5\,000}$$

$$K_2=\frac{|m_2|}{D_2}=\frac{0.02}{200}=\frac{1}{10\,000}$$

用相对误差来比较,可以直接看出后者比前者的精度高。

在距离测量中,用往返测量结果的较差率来进行检验,即

$$\frac{|D_往-D_返|}{D_{平均}}=\frac{|\Delta D|}{D_{平均}}=\frac{1}{\dfrac{D_{平均}}{|\Delta D|}} \tag{5-5}$$

较差率是相对误差,它只能反映往返观测的符合程度,以作为测量结果的检核。从式(5-5)可以看出较差率越小,其观测精度就越高。

在使用相对误差衡量精度的时候需注意:用经纬仪测角时,不能用相对误差来衡量测角的精度,因为测角误差是由角度测量的观测条件决定的,而与角度大小没有关系。

3) 容许误差

从偶然误差的特性中可以知道,偶然误差的绝对值不会超过一定的限值,称为容许误差,也称限差或极限误差。在大量的同精度观测条件下,大于两倍中误差的偶然误差,其出现的概率为 4.6%;而大于三倍中误差的偶然误差,其出现的概率为 0.3%。0.3% 是概率接

近于零的小概率事件。因此在测量规范中,为保证测量成果的精度,通常规定以其中误差的两倍或三倍为偶然误差的允许误差或极限误差。如果观测的精度要求比较高时,就采用两倍中误差作为极限误差。即

$$|m_{容}| = 2|m| \quad 或 \quad |m_{容}| = 3|m| \tag{5-6}$$

如观测结果的偶然误差超过上述限差的观测值应舍去不用,返工重测。

5.4 算术平均值及中误差

5.4.1 算术平均值

1) 观测值的算术平均值

设对某量进行 n 次等精度的独立观测,其真值为 x,观测值分别为 $l_1, l_2, \cdots, l_n$,相应的真误差为 $\Delta_1, \Delta_2, \cdots, \Delta_n$,则其算术平均值为

$$L = \frac{l_1 + l_2 + \cdots + l_n}{n} = \frac{[l]}{n} \tag{5-7}$$

观测值的真误差为

$$\Delta_1 = l_1 - x$$
$$\Delta_2 = l_2 - x$$
$$\vdots$$
$$\Delta_n = l_n - x$$

将上式取和再除以观测次数 n,得

$$\frac{[\Delta]}{n} = \frac{[l]}{n} - x = L - x$$

$$L = \frac{[l]}{n} = \frac{[\Delta]}{n} + x$$

当观测数 n 无限增大时,根据偶然误差的特性,有

$$\lim_{n \to \infty} L = \lim_{n \to \infty} \left(\frac{[\Delta]}{n} + x \right) = x \tag{5-8}$$

式(5-8)说明了观测值的算术平均值最接近于真值,即算术平均值是最可靠的值。

2) 由观测值改正数计算观测值中误差

根据式(5-3)计算中误差 m 是需要知道其观测量 l_i 的真误差 Δ_i,而在实际观测工作中真误差往往是不知道的,因此一般用观测值改正数来计算观测值的中误差。

由真误差和观测值改正数的定义可知

$$\left. \begin{array}{c} \Delta_1 = l_1 - x \\ \Delta_2 = l_2 - x \\ \vdots \\ \Delta_n = l_n - x \end{array} \right\} \tag{5-9}$$

而算术平均值 L 与观测值之差称为观测值的改正数(v),即有

$$
\left.
\begin{aligned}
v_1 &= L - l_1 \\
v_2 &= L - l_2 \\
&\vdots \\
v_n &= L - l_n
\end{aligned}
\right\}
\tag{5-10}
$$

将式(5-9)和式(5-10)相加,整理后得

$$
\left.
\begin{aligned}
\Delta_1 &= (L-x) - v_1 \\
\Delta_2 &= (L-x) - v_2 \\
&\vdots \\
\Delta_n &= (L-x) - v_n
\end{aligned}
\right\}
\tag{5-11}
$$

将式(5-11)内各式两边同时平方并相加,得

$$
[\Delta\Delta] = n(L-x)^2 + [vv] - 2(L-x)[v]
\tag{5-12}
$$

将式(5-11)各边两式相加,得

$$
[v] = nL - [l]
$$

将 $L = \dfrac{[l]}{n}$ 代入上式,得

$$
[v] = 0
$$

因为 $[v]=0$,令 $\delta = L - x$,代入式(5-12),得

$$
[\Delta\Delta] = [vv] + n\delta^2
$$

再将上式两边除以 n,得

$$
\frac{[\Delta\Delta]}{n} = \frac{[vv]}{n} + \delta^2
\tag{5-13}
$$

又因为 $\delta = L - x$,$L = \dfrac{[l]}{n}$,所以

$$
\delta = L - x = \frac{[l]}{n} - x = \frac{[\Delta]}{n}
$$

故

$$
\delta^2 = \frac{[\Delta]^2}{n^2} = \frac{1}{n^2}(\Delta_1^2 + \Delta_2^2 + \cdots + \Delta_n^2 + 2\Delta_1\Delta_2 + 2\Delta_2\Delta_3 + \cdots + 2\Delta_{n-1}\Delta_n)
$$

$$
= \frac{[\Delta\Delta]}{n^2} + \frac{2}{n^2}(\Delta_1\Delta_2 + \Delta_2\Delta_3 + \cdots + \Delta_{n-1}\Delta_n)
$$

因为 $\Delta_1, \Delta_2, \cdots, \Delta_n$ 为真误差,所以 $\Delta_1\Delta_2 + \Delta_2\Delta_3 + \cdots + \Delta_{n-1}\Delta_n$ 也具有偶然误差特性。当 $n \to \infty$ 时,则有

$$
\lim_{n \to \infty} \frac{\Delta_1\Delta_2 + \Delta_2\Delta_3 + \cdots + \Delta_{n-1}\Delta_n}{n} = 0
$$

所以

$$\delta^2 = \frac{[\Delta\Delta]}{n^2} = \frac{1}{n}\frac{[\Delta\Delta]}{n} \tag{5-14}$$

将式(5-13)代入式(5-14),得

$$\frac{[\Delta\Delta]}{n} = \frac{[vv]}{n} + \frac{1}{n}\frac{[\Delta\Delta]}{n} \tag{5-15}$$

由式(5-3)可知 $m^2 = \frac{[\Delta\Delta]}{n}$,代入式(5-15),得

$$m^2 = \frac{[vv]}{n} + \frac{m^2}{n}$$

整理后得

$$m = \pm\sqrt{\frac{[vv]}{n-1}} \tag{5-16}$$

这就是用观测值改正数求观测值中误差的计算公式。

5.4.2 算术平均值的中误差

由前所述,算术平均值为

$$L = \frac{[l]}{n} = \frac{1}{n}l_1 + \frac{1}{n}l_2 + \cdots + \frac{1}{n}l_n$$

因为是等精度观测,各观测值的中误差相同,即 $m_1 = m_2 = \cdots = m_n = m$,由式(5-3)得

$$m_L^2 = \left(\frac{1}{n}m_1\right)^2 + \left(\frac{1}{n}m_2\right)^2 + \cdots + \left(\frac{1}{n}m_n\right)^2 = \frac{1}{n}m^2$$

所以

$$m_L = \frac{m}{\sqrt{n}} \tag{5-17}$$

式(5-17)为其等精度观测值的算术平均值的中误差。该公式表明在相同的观测条件下,算术平均值的中误差与观测次数的平方根成反比。观测次数越多,则算术平均值的中误差就越小,精度就越高,因此适当的增加观测次数可以提高精度。但是,当观测次数增加到一定程度后,算术平均值的精度提高就很微小,所以应当根据需要的精度适当确定观测次数。

【例5-2】 对某段距离进行了五次等精度观测,各次的观测值列于表5-3中,试求该距离的观测值中误差及算术平均值中误差。

表5-3 用改正数计算中误差

观测次序	观测值(m)	v(mm)	vv	计　　算
1	148.641	−14	196	
2	148.628	−1	1	$m = \pm\sqrt{\dfrac{[vv]}{n-1}} = \pm12.1\,\text{mm}$
3	148.635	−8	64	
4	148.610	+17	289	$M = \pm\dfrac{m}{\sqrt{n}} = \pm5.4\,\text{mm}$
5	148.621	+6	36	
Σ		0	586	
Σ/n	148.627			

5.5 误差传播的定律及其应用

在测量工作中一般采用中误差作为评定精度的标准,然而在实际测量工作中往往会遇到有些未知量是不可能或者是不便于直接观测的,所以就需要由另一些直接观测量根据一定的函数关系计算出来。由于独立观测值存在误差,导致其函数也必然存在误差,这种关系称为误差传播。阐述观测值中误差与观测值函数中误差之间关系的定律称为误差传播律。

5.4.1 线性函数的中误差

1) 公式推导

设线性函数

$$Z = k_1 x + k_2 y \qquad (5-18)$$

式中:k_1,k_2——常数;

x,y——独立直接观测值。

设独立直接观测值 x,y 相应的中误差为 m_x,m_y,函数 Z 的中误差为 m_z。当观测值 x,y 中分别含有真误差 Δx,Δy 时,函数 Z 产生真误差 Δz,即

$$Z - \Delta Z = k_1(x - \Delta x) + k_2(y - \Delta y) \qquad (5-19)$$

式(5-18)减式(5-19),得

$$\Delta Z = k_1 \Delta x + k_2 \Delta y$$

设对 x,y 各独立观测了 n 次,则有

$$\Delta Z_1 = k_1 \Delta x_1 + k_2 \Delta y_1$$

$$\Delta Z_2 = k_1 \Delta x_2 + k_2 \Delta y_2$$

$$\vdots$$

$$\Delta Z_n = k_1 \Delta x_n + k_2 \Delta y_n$$

取上式两端平方和并除以 n,得

$$\frac{[(\Delta Z)^2]}{n} = \frac{k_1^2 [(\Delta x)^2]}{n} + \frac{k_2^2 [(\Delta y)^2]}{n} + 2 \frac{k_1 k_2 [\Delta x \Delta y]}{n}$$

从偶然误差的特性可知,当 $n \to \infty$ 时 $\frac{[\Delta x \Delta y]}{n}$ 趋近于零。所以,上式可变为

$$\frac{[(\Delta Z)^2]}{n} = k_1^2 \frac{[(\Delta x)^2]}{n} + k_2^2 \frac{[(\Delta y)^2]}{n}$$

根据中误差的定义,得

$$m_z^2 = k_1^2 m_x^2 + k_2^2 m_y^2 \qquad (5-20)$$

当 Z 是一组观测值 $x_1, x_2, \cdots, x_n$ 的线性函数时,即

$$Z = k_1x_1 + k_2x_2 + \cdots + k_nx_n$$

根据上面的推导方法,可求得 Z 的中误差为

$$m_z^2 = k_1^2m_1^2 + k_2^2m_2^2 + \cdots + k_n^2m_n^2 \tag{5-21}$$

由式(5-21)可推知和差函数与倍数函数的中误差。

(1) 对于和差函数 $Z = \pm x \pm y$,有

$$m_z^2 = m_x^2 + m_y^2 \tag{5-22}$$

当 Z 是 n 个独立观测值的代数和时,即

$$Z = x_1 + x_2 + \cdots + x_n$$

可推得

$$m_z^2 = m_1^2 + m_2^2 + \cdots + m_n^2 \tag{5-23}$$

如果 $m_1 = m_2 = \cdots = m_n = m$,则

$$m_z = \pm m\sqrt{n} \tag{5-24}$$

(2) 对于倍数函数 $Z = kx$,有

$$m_z = km_x \tag{5-25}$$

2) 应用举例

【例5-3】 用 30 m 的钢尺丈量一段 270 m 的距离 D,设每一尺段丈量的中误差为 ± 5 mm,则丈量全长 D 的中误差为多少?

【解】 因全长是 270 m,共需 9 个尺段丈量,即

$$m_D = \pm 5\sqrt{9} = \pm 15 \text{ mm}$$

【例5-4】 在比例尺为 1:500 的地形图上,量得两点的长度为 $d = 23.4$ mm,其中误差 $m_d = \pm 0.2$ mm,求该两点的实际距离 D 及其中误差 m_D。

【解】 函数关系式为 $D = Md$,属倍数函数,$M = 500$ 是地形图比例尺分母,则

$$D = Md = 500 \times 23.4 \text{ mm} = 11\ 700 \text{ mm} = 11.7 \text{ m}$$
$$m_D = Mm_d = 500 \times (\pm 0.2 \text{ mm}) = \pm 100 \text{ mm} = \pm 0.1 \text{ m}$$

两点的实际距离结果可写为 (11.7 ± 0.1) m。

5.4.2 非线性函数的中误差

设非线性函数为

$$Z = f(x_1, x_2, \cdots, x_n) \tag{5-26}$$

式中:$x_1, x_2, \cdots, x_n$——独立直接观测值;

Z——未知量。

设 $x_1, x_2, \cdots, x_n$ 为独立直接观测值,中误差分别为 $m_1, m_2, \cdots, m_n$,函数 Z 的中误差为 m_Z。如果 $x_1, x_2, \cdots, x_n$ 包含有真误差 $\Delta x_1, \Delta x_2, \cdots, \Delta x_n$,则函数 Z 也产生真误差 Δ_Z。因为真误差 Δ 是一微小量,故将式(5-26)取全微分,将其化为线性函数,并以真误差符号"Δ"代

替微分符号"d",得

$$\Delta_Z = \frac{\partial f}{\partial x_1}\Delta_{x_1} + \frac{\partial f}{\partial x_2}\Delta_{x_2} + \cdots + \frac{\partial f}{\partial x_n}\Delta_{x_n} \qquad (5-27)$$

式中,$\frac{\partial f}{\partial x_i}(i=1,2,\cdots,n)$ 是函数对各独立观测值 x_i 的偏导数,由于各独立观测值 x_i 的值可知,代入函数中可计算出它们的数值,并视为常数,因此式(5-27)可认为是线性函数的真误差关系式。由式(5-23)可得函数 Z 的中误差为

$$m_Z^2 = \left(\frac{\partial f}{\partial x_1}\right)^2 m_1^2 + \left(\frac{\partial f}{\partial x_2}\right)^2 m_2^2 + \cdots + \left(\frac{\partial f}{\partial x_n}\right)^2 m_n^2 \qquad (5-28)$$

【例 5-5】 某一斜距 $S=106.28$ m,斜距的竖角 $\delta=8°30'$,中误差 $m_S=\pm5$ cm,$m_\delta = \pm20''$,求改算后的平距的中误差 m_D。

【解】 因为 $D=S\cos\delta$,将全微分化成线性函数,用"Δ"代替"d",得

$$\Delta_D = \cos\delta \cdot \Delta_S - S\sin\delta \cdot \Delta_\delta$$

应用式(5-28)后,得

$$m_D^2 = \cos^2\delta \cdot m_S^2 + (S \cdot \sin\delta)^2\left(\frac{m_\delta}{\rho''}\right)^2$$

$$= 0.989^2 \times (\pm5)^2 + 1\,570.918^2 \times \left(\frac{20}{206\,265}\right)^2$$

$$= 24.45 + 0.02 = 24.47$$

$$m_D = \pm4.9 \text{ cm}$$

在上式计算中,单位统一为厘米,$\frac{m_\delta}{\rho''}$ 是将角值的单位由秒化为弧度。

5.4.3 注意事项

应用误差传播定律应注意以下两点。

(1)要正确列出函数关系式

例如用长 30 m 的钢尺丈量了 10 个尺段,若每尺段的中误差 $m_l=\pm5$ mm,求全长 D 及其中误差 m_D。

① 函数式为 $D=10\times30$ m$=300$ m,按倍数函数式求全长中误差,将得出

$$m_D = 10m_l = \pm50 \text{ mm}$$

② 实际上全长应是 10 个尺段之和,故函数式应为

$$D = l_1 + l_2 + \cdots + l_{10}$$

用和差函数式求全长中误差,因各段中误差均相等,故得全长中误差为

$$m_D = \pm m_l\sqrt{10} = \pm16 \text{ mm}$$

按实际情况分析用和差公式是正确的,而用倍数公式则是错误的。

(2)函数式中各个观测值之间必须相互独立,即互不相关

如有函数式

$$Z = y_1 + 2y_2 + 1 \qquad (a)$$

而

$$y_1 = 3x, \quad y_2 = 2x + 2 \tag{b}$$

若已知 x 的中误差为 m_x，求 Z 的中误差 m_Z。

直接用公式计算，由式(a)得

$$m_Z = \pm \sqrt{m_{y_1}^2 + 4m_{y_2}^2} \tag{c}$$

由式(b)得

$$m_{y_1} = 3m_x, \quad m_{y_2} = 2m_x$$

代入式(c)得

$$m_Z = \pm \sqrt{(3m_x)^2 + 4(2m_x)^2} = 5m_x$$

而以上所得的结果是错误的。因为 y_1 和 y_2 都是 x 的函数，它们不是互相独立的观测值，因此在式(a)的基础上不能应用误差传播定律。

正确的做法是先把式(b)代入式(a)，再把同类项合并，然后用误差传播定律计算，即

$$Z = 3x + 2(2x + 2) + 1 = 7x + 5$$
$$m_Z = 7m_x$$

思考与练习

1. 研究误差的目的是什么？产生观测误差的原因有哪些？

2. 系统误差和偶然误差有什么不同？偶然误差有哪些特性？

3. 容许误差是如何定义的？它有什么作用？

4. 衡量精度的标准有哪些？在对同一量的一组等精度观测中，中误差与真误差有何区别？

5. 对一段距离测量了 6 次，观测结果为 246.534 m, 246.548 m, 246.520 m, 246.529 m, 246.550 m, 246.537 m, 试计算距离的算术平均值、算术平均值中误差和算术平均值的相对误差。

6. 丈量两段距离 $D_1 = 356.20$ m，± 0.05 m 和 $D_2 = 341.23$ m，± 0.07 m，问哪一段距离丈量的精度高？两段距离之和的中误差及其相对误差各是多少？

7. 已知倾斜距离及中误差分别为 $L = 50$ m，$m_L = \pm 0.05$ m，倾斜角及其中误差分别为 $\alpha = 15°$，$m_\alpha = \pm 30''$，$\rho'' = 206\ 265''$，求水平距离 D 和中误差 m_D。

第二篇 普通测量知识

6 小地区控制测量

重点提示：通过本章的学习,应对控制测量的意义和作用有进一步的认识;掌握导线测量和交会定点的外业测量与内业计算方法;掌握三、四等水准测量和三角高程测量的方法;对 GPS 测量技术有一定的初步了解。

6.1 控制测量概述

无论工程规划设计前的地形图测绘,还是建筑物的施工放样和施工后的变形观测等工作,都必须遵循"从整体到局部,先控制后碎部"的原则。即首先要在测区内选择若干有控制意义的控制点,按一定的规律和要求组成网状几何图形,称之为控制网。控制网有国家控制网、城市控制网和小地区控制网。为建立测量控制网而进行的测量工作称控制测量。控制测量是其他各种测量工作的基础,具有控制全局和限制测量误差传播及累积的重要作用。控制测量包括平面控制测量、高程控制测量。

控制测量的任务可概括为:在工程勘测阶段,测绘各种大比例尺地形图时,进行必要精度的控制测量;在工程建设施工阶段,进行一定精度的施工控制测量;在工程竣工后的营运阶段,为进行建(构)筑物变形观测而作的变形控制测量。总之,控制测量贯穿于工程建设的各个阶段。

由此可见,控制测量的作用在于:它是进行各项测量工作的基础;它具有传递点位坐标并控制全局的作用;具有限制测量误差和积累的作用,还可以使分片施测的碎部点精确连结成为一个统一的整体。传统上常把控制测量分为平面控制测量和高程控制测量。

1) 平面控制测量

测量控制点平面位置(x,y)的工作,称为平面控制测量。平面控制网的建立,传统方法主要有三角测量和导线测量,随着电子技术和航天技术的不断发展,全球定位系统(GPS)目前已广泛地应用于城市控制网的改造、控制点的更新和加密。

在地面上选定一系列点构成连续三角形,若三角形向某一方向推进,这种图形称为三角锁,如图 6-1 所示,若三角形向四面扩展成网状,则称为三角网。测定各三角形顶点的水平角,并根据起始边长、方位角、起始点坐标利用正弦定律来推求各顶点平面位置的测量方法称为三角测量,这种控制点称为三角点,此控制网称为三角网。

将地面上一系列点依相邻次序连成折线形式,如图 6-2 所示,并测定各折线边的长度、转折角,再根据起始数据推求各点的平面位置的测量方法,称为导线测量,这种控制点称为导线点,由它所连接而成的折线称为导线,此控制网称为导线网。

平面控制网的建立,除了三角测量和导线测量这些常规测量方法之外,还可应用 GPS 测量(即全球定位系统)。GPS 测量能测定地面点的三维坐标,具有全天候、高精度、自动化、高效益等显著特点。

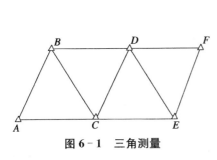

图 6-1　三角测量

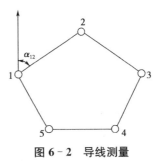

图 6-2　导线测量

2)高程控制测量

测定控制点高程(H)所进行的测量工作,称为高程控制测量。传统高程控制网主要采用水准测量、三角高程测量的方法建立。用水准测量方法建立的高程控制网称为水准网。三角高程测量主要用于地形起伏较大、进行水准测量有困难的地区,为地形测图提供高程控制。

3)控制网的布设原则

控制网具有控制全局、限制误差累积的作用,是各项测量工作的基础和依据。控制网的布设应遵循整体控制、局部加密,高级控制、低级加密的原则。

国家制定了一系列相应的测量规范,对各种控制测量的技术要求做了详细的规定。在测量工作中应严格遵守和执行《测量规范》。

4)控制网简介

(1)国家控制网

在全国范围内建立的控制网,称为国家控制网。它是全国各种比例尺测图的基本控制,并为确定地球形状和大小提供研究资料。

国家平面控制网,主要布设成三角网(如图 6-3 所示),采用三角测量的方法。国家高程控制网,布设成水准网(如图 6-4 所示),采用精密水准测量的方法。

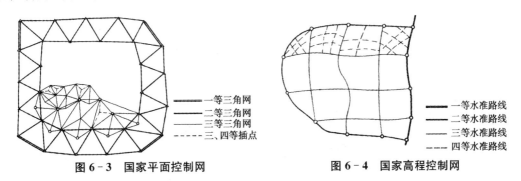

图 6-3　国家平面控制网

图 6-4　国家高程控制网

(2)城市控制网

在城市地区,为测绘大比例尺地形图、进行市政工程和建筑工程放样,在国家控制网的控制下而建立的控制网,称为城市控制网。

城市平面控制网一般布设为导线网。城市高程控制网一般布设为二、三、四等水准网。直接供地形测图使用的控制点,称为图根控制点,简称图根点。测定图根点位置的工作,称为图根控制测量。

图根控制点的密度(包括高级控制点),取决于测图比例尺和地形的复杂程度,其要求见表 6-1 所示。

表 6-1　图根点的密度

测图比例尺	1 : 500	1 : 10 000	1 : 2 000	1 : 5 000
图根点密度(点/km²)	150	50	15	5

(3) 小地区控制测量

在面积小于 15 km² 范围内建立的控制网,称为小地区控制网。建立小地区控制网时,应尽量与国家(或城市)的高级控制网连测,将高级控制点的坐标和高程,作为小地区控制网的起算和校核数据。如果不便连测时,可以建立独立控制网。

小地区平面控制网,应根据测区面积的大小按精度要求分级建立。在全测区范围内建立的精度最高的控制网,称为首级控制;直接为测图而建立的控制网,称为图根控制网。

小地区高程控制网,也应根据测区面积大小和工程要求采用分级的方法建立。在全测区范围内建立三、四等水准路线和水准网,再以三、四等水准点为基础,测定图根点的高程。

6.2　导线测量的外业工作

将测区内相邻控制点用直线连接而构成的折线图形,称为导线。构成导线的控制点,称为导线点。导线测量就是依次测定各导线边的长度和各转折角值,再根据起算数据,推算出各边的坐标方位角,从而求出各导线点的坐标。用经纬仪测量转折角,用钢尺测定导线边长的导线,称为经纬仪导线;若用光电测距仪测定导线边长,则称为光电测距导线。

1) 导线的布设形式

导线布设常用闭合导线、附合导线和支导线三种。

(1) 闭合导线

如图 6-5 所示,从已知控制点 B 和已知方向 BA 出发,经过 1、2、3、4 最后仍回到起点 B,形成一个闭合多边形,这样的导线称为闭合导线。

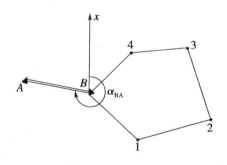

图 6-5　闭合导线

（2）附合导线

如图 6-6 所示，从已知控制点 B 和已知方向 BA 出发，经过 1、2、3 点，最后附合到另一已知点 C 和已知方向 CD 上，这样的导线称为附合导线。

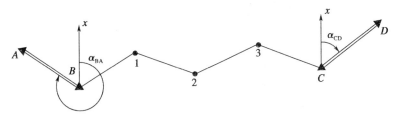

图 6-6　附合导线

闭合导线和附合导线都有严密的几何条件，具有检核作用，在工程中应用广泛。

（3）支导线

如图 6-7 所示，由一已知点 B 和已知方向 BA 出发，既不附合到另一已知点，又不回到原起始点的导线，称为支导线。

由于支导线缺乏检核条件，不易发觉错误，因此其点数一般不超过两个，它仅用于图根导线测量。

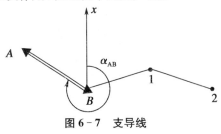

图 6-7　支导线

2）导线测量的等级与技术要求

根据导线等级不同，测量规范要求的标准是不一样的，表 6-2 和表 6-3 为导线测量等级和技术要求。

表 6-2　经纬仪导线的主要技术要求

等级	测图比例尺	附合导线长度（m）	平均边长（m）	往返丈量较差相对误差	测角中误差（"）	导线全长相对闭合差	测回数 DJ2	测回数 DJ6	方位角闭合差（"）
一级		2 500	250	≤1/20 000	≤±5	≤1/10 000	2	4	≤±10$\sqrt{n}$
二级		1 800	180	≤1/15 000	≤±8	≤1/7 000	1	3	≤±16$\sqrt{n}$
三级		1 200	120	≤1/10 000	≤±12	≤1/5 000	1	2	≤±24$\sqrt{n}$
图根	1:500	500	75			≤1/2 000		1	≤±60$\sqrt{n}$
图根	1:1 000	1 000	110						
图根	1:2 000	2 000	180						

注：n 为测站数。

表 6-3　光电测距导线的主要技术要求

等级	测图比例尺	附合导线长度（m）	平均边长（m）	测距中误差（mm）	测角中误差（"）	导线全长相对闭合差	测回数 DJ2	测回数 DJ6	方位角闭合差（"）
一级		3 600	300	≤±15	≤±5	≤1/14 000	2	4	≤±10$\sqrt{n}$
二级		2 400	200	≤±15	≤±8	≤1/10 000	1	3	≤±16$\sqrt{n}$
三级		1 500	120	≤±15	≤±12	≤1/6 000	1	2	≤±24$\sqrt{n}$

续表 6 - 3

等级	测图比例尺	附合导线长度(m)	平均边长(m)	测距中误差(mm)	测角中误差(")	导线全长相对闭合差	测回数		方位角闭合差(")
							DJ2	DJ6	
图根	1:500	900	80			≤1/4 000		1	≤±40$\sqrt{n}$
	1:1 000	1 800	150						
	1:2 000	3 000	250						

注：n 为测站数。

3）导线测量的外业工作

导线测量的外业工作主要包括踏勘选点、建立标志、导线边长测量、转折角测量等。

（1）踏勘选点

在选点前，应先收集测区已有地形图和已有高级控制点的成果资料，将控制点展绘在原有地形图上，然后在地形图上拟定导线布设方案，最后到野外踏勘，核对、修改、落实导线点的位置，并建立标志。

选点时应注意下列事项：

① 相邻点间应相互通视良好，地势平坦，便于测角和量距。

② 点位应选在土质坚实，便于安置仪器和保存标志的地方。

③ 导线点应选在视野开阔的地方，便于碎部测量。

④ 导线边长应大致相等，其平均边长应符合表 6 - 3 所示。

⑤ 导线点应有足够的密度，分布均匀，便于控制整个测区。

（2）建立标志

① 临时性标志。导线点位置选定后，要在每一点位上打一个木桩，在桩顶钉一小钉作为点的标志，如图 6 - 8(a)所示。也可在水泥地面上用红漆画一个圆，圆内点一小点，作为临时性标志。

② 永久性标志。需要长期保存的导线点应埋设混凝土桩，如图 6 - 8(b)所示。桩顶嵌入带"+"字的金属标志，作为永久性标志。

导线点应统一编号。为了便于寻找，应量出导线点与附近明显地物的距离，绘出草图，注明尺寸，该图称为"点之记"，如图 6 - 8(c)所示。

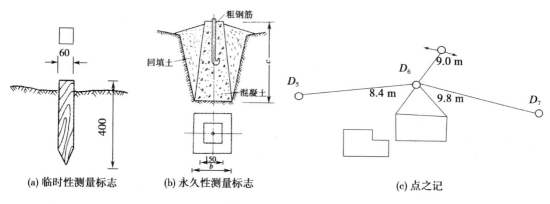

(a) 临时性测量标志　　(b) 永久性测量标志　　(c) 点之记

图 6 - 8　测量标志

（3）导线边长测量

导线边长可用钢尺直接丈量，或用光电测距仪直接测定。用钢尺丈量时，选用检定过的 30 m 或 50 m 的钢尺，导线边长应往返丈量各一次，往返丈量相对误差应满足表 6-2 的要求。用光电测距仪测量时，要同时观测垂直角，供倾斜改正之用。

（4）转折角测量

导线转折角的测量一般采用测回法观测。在附合导线中一般测左角；在闭合导线中一般测内角；对于支导线，应分别观测左、右角。不同等级导线的测角技术要求详见表 6-2。图根导线，一般用 DJ6 经纬仪测一测回，当盘左、盘右两半测回角值的较差不超过 ±40″ 时，取其平均值。

（5）连接测量

导线与高级控制点进行连接，以取得坐标和坐标方位角的起算数据，称为连接测量。

如图 6-9 所示，A,B 为已知点，1~5 为新布设的导线点，连接测量就是观测连接角 β_B，β_1 和连接边 D_{B1}。

如果附近没有高级控制点，则应用罗盘仪测定导线起始边的磁方位角，并假定起始点的坐标作为起算数据。

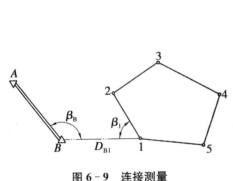

图 6-9 连接测量

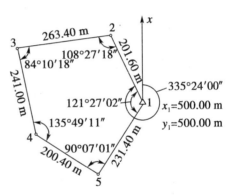

图 6-10 闭合导线计算略图

6.3 导线测量的内业计算

导线测量内业计算的目的就是计算各导线点的平面坐标 x,y。

计算之前，应先全面检查导线测量外业记录、数据是否齐全，有无记错、算错，成果是否符合精度要求，起算数据是否准确。然后绘制计算略图，填写内业计算表格。下面分别叙述闭合导线、附合导线和支导线的内业计算步骤。

1）闭合导线的坐标计算

（1）准备工作

绘制闭合导线计算略图，如图 6-10 所示，将校核过的外业观测数据及起算数据填入"闭合导线坐标计算表"中，见表 6-4，起算数据用双线标明。

表 6-4 闭合导线计算表一

点号 (1)	观测角(左角) (2)	改正数 (3)	改正角 (4)=(2)+(3)	坐标方位角 (5)
1				
2	108°27′18″	−10″	108°27′08″	335°24′00″
3	84°10′18″	−10″	84°10′08″	263°51′08″
4	135°49′11″	−10″	135°49′01″	168°01′16″
5	90°07′01″	−10″	90°06′51″	123°50′17″
1	121°27′02″	−10″	121°26′52″	33°57′08″
2				335°24′00″
∑	540°00′50″	−50″	540°00′00″	

| 辅助计算 | $f_\beta = \sum \beta_m - (n-2) \times 180°$ $= 540°00′50″ - (5-2) \times 180°$ $= +50″$ | | $f_{\beta P} = \pm 60'' \sqrt{n}$ $= \pm 60'' \sqrt{5}$ $= \pm 134''$ $|f_\beta| < |f_{\beta P}|$ | |

（2）角度闭合差的计算与调整

① 计算角度闭合差如图 6-10 所示，n 边形闭合导线内角和的理论值为

$$\sum \beta_{th} = (n-2) \times 180° \qquad (6-1)$$

式中：n——导线边数或转折角数。

由于观测水平角不可避免的含有误差，致使实测的内角之和 $\sum \beta_m$ 不等于理论值 $\sum \beta_{th}$，两者之差称为角度闭合差，用 f_β 表示，即

$$f_\beta = \sum \beta_m - \sum \beta_{th} = \sum \beta_m - (n-2) \times 180° \qquad (6-2)$$

② 计算角度闭合差的容许值

角度闭合差的大小反映了水平角观测的质量。各级导线角度闭合差的容许值见表 6-2 和表 6-3，其中图根导线角度闭合差的容许值 $f_{\beta P}$ 的计算公式为

$$f_{\beta P} = \pm 60'' \sqrt{n} \qquad (6-3)$$

如果 $|f_\beta| > |f_{\beta P}|$，说明所测水平角不符合要求，应对水平角重新检查或重测；如果 $|f_\beta| \leqslant |f_{\beta P}|$，说明所测水平角符合要求，可对所测水平角进行调整。

③ 计算水平角改正数

如角度闭合差不超过角度闭合差的容许值，则将角度闭合差反符号平均分配到各观测水平角中，也就是每个水平角加相同的改正数 v_β。v_β 的计算公式为

$$v_\beta = -\frac{f_\beta}{n} \qquad (6-4)$$

$$\sum v_\beta = -f_\beta$$

④ 计算改正后的水平角

改正后的水平角 β'_i 等于所测水平角加上水平角改正数,即

$$\beta'_i = \beta_i + v_\beta \tag{6-5}$$

计算校核:改正后的闭合导线内角之和应为 $(n-2) \times 180°$,本例为 $540°$。

本例中 $f_\beta, f_{\beta P}$ 的计算见表 6-4 辅助计算一栏,水平角的改正数和改正后的水平角见表 6-4 的第(3)、(4)栏。

(3)推算各边的坐标方位角

根据起始边的已知坐标方位角及改正后的水平角,按照公式 $\alpha_后 = \alpha_前 \pm 180° + \beta_左$ 或者按照公式 $\alpha_后 = \alpha_前 \pm 180° - \beta_右$ 推算其他各导线边的坐标方位角,填入表 6-4 的第(5)栏内。

本例中观测的是左角,按照公式 $\alpha_后 = \alpha_前 \pm 180° + \beta_左$ 推算出导线各边的坐标方位角,填入表 6-4 的第(5)栏内。

计算检核:最后推算出起始边坐标方位角,它应与原有的起始已知坐标方位角相等,否则应重新检查计算。

(4)坐标增量的计算及其闭合差的调整

① 计算坐标增量

根据已推算的导线各边的坐标方位角和相应边的边长,计算各边的坐标增量。例如,导线边 1—2 的坐标增量为

$$\Delta x_{12} = D_{12} \cos \alpha_{12} = 201.60 \text{ m} \times \cos 335°24'00'' = +183.30 \text{ m}$$

$$\Delta y_{12} = D_{12} \cos \alpha_{12} = 201.60 \text{ m} \times \sin 335°24'00'' = -83.92 \text{ m}$$

用同样的方法,计算出其他各边的坐标增量值,填入表 6-5 的第(7)、(8)两栏的相应格内。

表 6-5 闭合导线计算表二

点号	坐标方位角	距离(m)	增量计算值		改正后增量		坐标值		点号
			Δx(m)	Δy(m)	Δx(m)	Δy(m)	x(m)	y(m)	
(1)	(5)	(6)	(7)	(8)	(9)	(10)	(11)	(12)	(13)
1	335°24'00''	201.60	+5 +183.30	+2 -83.92	+183.35	-83.90	500.00	500.00	1
2	263°51'08''	263.40	+7 -28.21	+2 -261.89	-28.14	-261.87	683.35	416.10	2
3	168°01'16''	241.00	+7 -235.75	+2 +50.02	-235.68	+50.04	655.21	154.23	3
4	123°50'17''	200.40	+5 -111.59	+1 +166.46	-111.54	+166.47	419.53	204.27	4
5	33°57'08''	231.40	+6 +191.95	+2 +129.24	+192.01	+129.26	307.99	370.74	5
1	335°24'00''						500.00	500.00	1
2									
$\sum$		1 137.80	-0.30	-0.09	0	0			

点号	坐标方位角	距离(m)	增量计算值		改正后增量		坐标值		点号
			Δx(m)	Δy(m)	Δx(m)	Δy(m)	x(m)	y(m)	
(1)	(5)	(6)	(7)	(8)	(9)	(10)	(11)	(12)	(13)
辅助计算	$f_x = \sum \Delta x_m = -0.30 \text{ m}$ $\qquad$ $f_y = \sum \Delta y_m = -0.09 \text{ m}$ $f_D = \sqrt{f_x^2 + f_y^2} = \sqrt{(-0.30 \text{ m})^2 + (-0.09 \text{ m})^2} = 0.31 \text{ m}$ $K = \dfrac{f_D}{\sum D} = \dfrac{0.31 \text{ m}}{1\ 137.80 \text{ m}} \approx \dfrac{1}{3\ 600} < K_允 = \dfrac{1}{2\ 000}$								

② 计算坐标增量闭合差

如图 6 - 11(a)所示,闭合导线的纵、横坐标增量代数和的理论值应为零,实际计算所得的 $\sum \Delta x_m$，$\sum \Delta y_m$ 不等于零,从而产生纵坐标增量闭合差 f_x 和横坐标增量闭合差 f_y,即

$$\left. \begin{aligned} f_x &= \sum \Delta x_m \\ f_y &= \sum \Delta y_m \end{aligned} \right\} \tag{6-6}$$

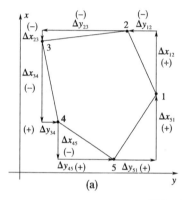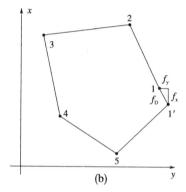

图 6 - 11 坐标增量闭合差

③ 计算导线全长闭合差 f_D 和导线全长相对闭合差 K

从图 6 - 11(b)可以看出由于坐标增量闭合差 f_x，f_y 的存在使得导线不能闭合,1—1′之长度 f_D 称为导线全长闭合差,其公式为

$$f_D = \sqrt{f_x^2 + f_y^2} \tag{6-7}$$

仅从 f_D 的大小还不能说明导线测量的精度,衡量导线测量的精度还应该考虑到导线的总长。将 f_D 与导线全长 $\sum D$ 相比,以分子为 1 的分数表示,称为导线全长相对闭合差 K,即

$$K = \frac{f_D}{\sum D} = \frac{1}{\dfrac{\sum D}{f_D}} \tag{6-8}$$

以导线全长相对闭合差 K 来衡量导线测量的精度,K 的分母越大,精度越高。不同等级的导线,其导线全长相对闭合差的容许值 $K_允$ 参见表 6 - 2 和表 6 - 3,图根导线的 $K_允$ 为 1/2 000。

如果 $K > K_允$，说明成果不合格，此时应对导线的内业计算和外业工作进行检查，必要时须重测；如果 $K \leqslant K_允$，说明测量成果符合精度要求，可以进行调整。

④ 调整坐标增量闭合差

调整的原则是将 f_x，f_y 反号并按与边长成正比的原则分配到各边对应的纵、横坐标增量中去。以 v_{x_i}，v_{y_i} 分别表示第 i 边的纵、横坐标增量改正数，即

$$\left. \begin{array}{l} v_{x_i} = -\dfrac{f_x}{\sum D}D_i \\[3mm] v_{y_i} = -\dfrac{f_y}{\sum D}D_i \end{array} \right\} \tag{6-9}$$

本例中导线边 1—2 的坐标增量改正数为

$$v_{x_{12}} = -\frac{f_x}{\sum D}D_{12} = -\frac{-0.30 \text{ m}}{1\ 137.80 \text{ m}} \times 201.60 = +0.05 \text{ m}$$

$$v_{y_{12}} = -\frac{f_y}{\sum D}D_{12} = -\frac{-0.09 \text{ m}}{1\ 137.80 \text{ m}} \times 201.60 = +0.02 \text{ m}$$

用同样的方法，计算出其他各导线边的纵、横坐标增量改正数，填入表 6-5 的第(7)、(8)栏坐标增量值相应方格的上方。

计算检核：纵、横坐标增量改正数之和应满足下式：

$$\left. \begin{array}{l} \sum v_x = -f_x \\[2mm] \sum v_y = -f_y \end{array} \right\} \tag{6-10}$$

⑤ 计算改正后的坐标增量

各边坐标增量计算值加上相应的改正数，即得各边的改正后的坐标增量。

$$\left. \begin{array}{l} \Delta x'_i = \Delta x_i + v_{x_i} \\[2mm] \Delta y'_i = \Delta y_i + v_{y_i} \end{array} \right\} \tag{6-11}$$

本例中导线边 1—2 改正后的坐标增量为

$$\Delta x'_{12} = \Delta x_{12} + v_{x_{12}} = +183.30 \text{ m} + 0.05 \text{ m} = +183.35 \text{ m}$$

$$\Delta y'_{12} = \Delta y_{12} + v_{y_{12}} = -83.92 \text{ m} + 0.02 \text{ m} = -83.90 \text{ m}$$

用同样方法，计算出其他各导线边的改正后坐标增量，填入表 6-5 的第(9)、(10)栏内。

计算检核：改正后纵、横坐标增量之代数和应分别为零。

(5) 计算导线点的坐标

根据起算点 1 的已知坐标和改正后各导线边的坐标增量，按下式依次推算出各导线点坐标。

$$\left. \begin{array}{l} x_i = x_{i-1} + \Delta x'_{i-1} \\[2mm] y_i = y_{i-1} + \Delta y'_{i-1} \end{array} \right\} \tag{6-12}$$

将推算出的各导线点坐标填入表 6-5 中的第(11)和第(12)栏内。最后还应再次推算起始点 1 的坐标，其值应与原有的已知值相等，以作为计算检核。

至此,闭合导线的计算工作全部完成,其计算总表见表 6-6 所示。

表 6-6　闭合导线计算总表

点号	观测角 (左角)	改正数	改正角	坐标 方位角	距离 (m)	增量计算值		改正后增量		坐标值		点号
						Δx(m)	Δy(m)	Δx(m)	Δy(m)	x(m)	y(m)	
(1)	(2)	(3)	(4)=(2)+(3)	(5)	(6)	(7)	(8)	(9)	(10)	(11)	(12)	(13)
1				335°24′00″	201.60	+5 +183.30	+2 −83.92	+183.35	−83.90	500.00	500.00	1
2	108°27′18″	−10″	108°27′08″	263°51′08″	263.40	+7 −28.21	+2 −261.89	−28.14	−261.87	683.35	416.10	2
3	84°10′18″	−10″	84°10′08″	168°01′16″	241.00	+7 −235.75	+2 +50.02	−235.68	+50.04	655.21	154.23	3
4	135°49′11″	−10″	135°49′01″	123°50′17″	200.40	+5 −111.59	+1 +166.46	−111.54	+166.47	419.53	204.27	4
5	90°07′01″	−10″	90°06′51″	33°57′08″	231.40	+6 +191.95	+2 +129.24	+192.01	+129.26	307.99	370.74	5
1	121°27′02″	−10″	121°26′52″	335°24′00″						500.00	500.00	1
2												
∑	540°00′50″	−50″	540°00′00″		1 137.80	−0.30	−0.09	0	0			
辅助 计算	$f_\beta = \sum \beta_m - (n-2) \times 180°$ $= 540°00′50″ - (5-2) \times 180° = +50″$ $f_{\beta容} = \pm 60″\sqrt{n} = \pm 60″\sqrt{5} = \pm 134″$ $\|f_\beta\| < \|f_{\beta容}\|$			$f_x = \sum \Delta x_m = -0.30$ m　$f_y = \sum \Delta y_m = -0.09$ m $f_D = \sqrt{f_x^2 + f_y^2} = \sqrt{(-0.30 \text{ m})^2 + (-0.09 \text{ m})^2}$ $= 0.31$ m $K = \dfrac{f_D}{\sum D} = \dfrac{0.31 \text{ m}}{1\,137.80 \text{ m}} \approx \dfrac{1}{3\,600} < K_允 = \dfrac{1}{2\,000}$							

2)附合导线的坐标计算

附合导线的坐标计算与闭合导线的坐标计算基本相同,仅在角度闭合差的计算与坐标增量闭合差的计算方面稍有差别。

(1)角度闭合差的计算与调整

① 计算角度闭合差

如图 6-12 所示,根据起始边 AB 的坐标方位角 α_{AB} 及观测的各右角推算出 CD 边的坐标方位角 α'_{CD},即

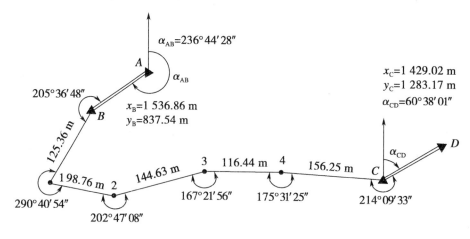

图 6-12　附合导线计算略图

$$\alpha_{B1} = \alpha_{AB} + 180° - \beta_B$$
$$\alpha_{12} = \alpha_{B1} + 180° - \beta_1$$
$$\alpha_{23} = \alpha_{12} + 180° - \beta_2$$
$$\alpha_{34} = \alpha_{23} + 180° - \beta_3$$
$$\alpha_{4C} = \alpha_{34} + 180° - \beta_4$$
$$\alpha'_{CD} = \alpha_{4C} + 180° - \beta_C$$

将以上各式相加,则

$$\alpha'_{CD} = \alpha_{AB} + 5 \times 180° - \sum \beta_m$$

写成一般公式为

$$\alpha'_{fin} = \alpha_0 + n \times 180° - \sum \beta_R \qquad (6-13)$$

式中：α_0——起始边的坐标方位角;

α'_{fin}——终边的推算方位角。

若观测左角,则按下式计算：

$$\alpha'_{fin} = \alpha_0 + n \times 180° + \sum \beta_L \qquad (6-14)$$

附合导线的角度闭合差 f_β 为

$$f_\beta = \alpha'_{fin} - \alpha_{fin} \qquad (6-15)$$

式中：α_{fin}——终边的已知坐标方位角。

② 调整角度闭合差

当角度闭合差在容许范围内,如果观测的是左角,则将角度闭合差反号平均分配到各左角上;如果观测的是右角,则将角度闭合差同号平均分配到各右角上。

(2) 坐标增量闭合差的计算

附合导线的坐标增量代数和的理论值应等于终、始两点的已知坐标值之差,即

$$\left. \begin{array}{l} \sum \Delta x_{th} = x_{fin} - x_0 \\ \sum \Delta y_{th} = y_{fin} - y_0 \end{array} \right\} \qquad (6-16)$$

则纵、横坐标增量闭合差为

$$\left. \begin{array}{l} f_x = \sum \Delta x - \sum \Delta x_{th} = \sum \Delta x - (x_{fin} - x_0) \\ f_y = \sum \Delta y - \sum \Delta y_{th} = \sum \Delta y - (y_{fin} - y_0) \end{array} \right\} \qquad (6-17)$$

图 6-12 所示的附合导线坐标计算过程见表 6-7 和表 6-8 所示。

表 6-7　附合导线计算表一

点号 (1)	观测角(右角) (2)	改正数 (3)	改正角 (4)=(2)+(3)	坐标方位角 (5)
A				236°44′28″
B	205°36′48″	−13″	205°36′35″	211°07′53″
1	290°40′54″	−12″	290°40′42″	100°27′11″
2	202°47′08″	−13″	202°46′55″	77°40′16″
3	167°21′56″	−13″	167°21′43″	90°18′33″
4	175°31′25″	−13″	175°31′12″	94°47′21″
C	214°09′33″	−13″	214°09′20″	60°38′01″
D				
$\sum$	1 256°07′44″	−77″	1 256°06′27″	
辅助计算	$\alpha'_{CD} = \alpha_{AB} + 6 \times 180° - \sum \beta_m = 60°36′44″$ $f_\beta = \alpha'_{CD} - \alpha_{CD} = 60°36′44″ - 60°38′01″ = -1′17″$ $f_{\beta允} = \pm 60″\sqrt{n} = \pm 60″\sqrt{6} = \pm 147″$ $\mid f_\beta \mid < \mid f_{\beta允} \mid$			

表 6-8　附合导线计算表二

点号 (1)	坐标方位角 (5)	距离(m) (6)	增量计算值 Δx(m) (7)	增量计算值 Δy(m) (8)	改正后增量 Δx(m) (9)	改正后增量 Δy(m) (10)	坐标值 x(m) (11)	坐标值 y(m) (12)	点号 (13)
A	236°44′28″								A
B	211°07′53″	125.36	+4 −107.31	−2 −64.81	−107.27	−64.83	1 536.86	837.54	B
1	100°07′11″	98.76	+3 −17.92	−2 +97.12	−17.89	+97.10	1 429.59	772.71	1
2	77°40′16″	144.63	+4 +30.88	−2 +141.29	+30.92	+141.27	1 411.70	869.81	2
3	90°18′33″	116.44	+3 −0.63	−2 +116.44	−0.60	+116.42	1 442.62	1 011.08	3
4	94°47′21″	156.25	+5 −13.05	−3 +155.70	−13.00	+155.67	1 442.02	1 127.50	4
C	60°38′01″						1 429.02	1 283.17	C
D									D
$\sum$		641.44	−108.03	+445.74	−107.84	+445.63			
辅助计算	$\sum \Delta x_m = -108.03 \text{ m}$ $-) x_C - x_B = -107.84 \text{ m}$ $f_x = -0.19 \text{ m}$		$\sum \Delta y_m = +445.74 \text{ m}$ $-) y_C - y_B = +445.63 \text{ m}$ $f_y = +0.11 \text{ m}$ $K = \dfrac{f_D}{\sum D} = \dfrac{0.22 \text{ m}}{641.44 \text{ m}} \approx \dfrac{1}{2\ 900} < K_允 = \dfrac{1}{2\ 000}$			$f_D = \sqrt{W_x^2 + W_y^2}$ $= 0.22 \text{ m}$			

3）支导线的坐标计算

支导线中没有检核条件，因此没有闭合差产生，导线转折角和计算的坐标增量均不需要进行改正。支导线的计算步骤为：

（1）根据观测的转折角推算各边的坐标方位角。

（2）根据各边坐标方位角和边长计算坐标增量。

（3）根据各边的坐标增量推算各点的坐标。

6.4 交会测量

当测区内已有控制点的密度不能满足工程施工或测图要求，而且需要加密的控制点数量又不多时，可以采用交会法加密控制点，称为交会定点。交会定点的方法有角度前方交会、侧方交会、单三角形、后方交会和距离交会。本节仅介绍角度前方交会和距离交会的计算方法。

1）角度前方交会

如图 6-13 所示，A,B 为坐标已知的控制点，P 为待定点。在 A,B 点上安置经纬仪，观测水平角 α,β，根据 A,B 两点的已知坐标和 α,β 角，通过计算可得出 P 点的坐标，这就是角度前方交会。

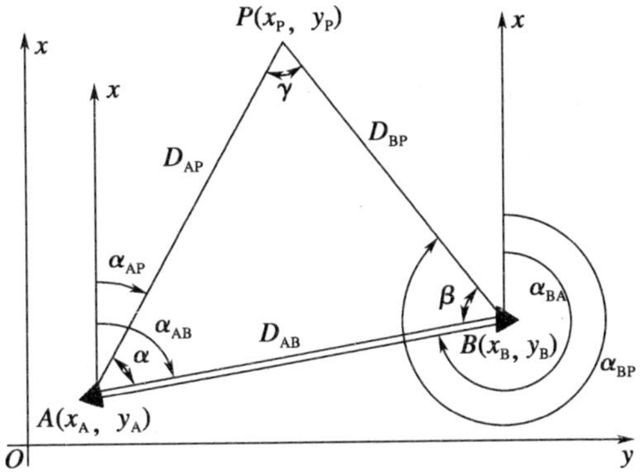

（1）角度前方交会的计算方法

① 计算已知边 AB 的边长和方位角

根据 A,B 两点坐标（x_A,y_A）和（x_B,y_B），按坐标反算公式计算两点间边长 D_{AB} 和坐标方位角 α_{AB}。

图 6-13　角度前方交会

② 计算待定边 AP、BP 的边长

按三角形正弦定律，得

$$\left. \begin{array}{l} D_{AP}=\dfrac{D_{AB}\sin\beta}{\sin\gamma} \\[2mm] D_{BP}=\dfrac{D_{AB}\sin\alpha}{\sin\gamma} \end{array} \right\} \xrightarrow{\sin\gamma=\sin[180°-(\alpha+\beta)]=\sin(\alpha+\beta)} \left\{ \begin{array}{l} D_{AP}=\dfrac{D_{AB}\sin\beta}{\sin(\alpha+\beta)} \\[2mm] D_{BP}=\dfrac{D_{AB}\sin\alpha}{\sin(\alpha+\beta)} \end{array} \right. \tag{6-18}$$

③ 计算待定边 AP、BP 的坐标方位角

$$\left. \begin{array}{l} \alpha_{AP}=\alpha_{AB}-\alpha \\[2mm] \alpha_{BP}=\alpha_{BA}+\beta=\alpha_{AB}\pm180°+\beta \end{array} \right\} \tag{6-19}$$

④ 计算待定点 P 的坐标，由点 A 推算点 P 坐标，为

$$\left. \begin{array}{l} x_P=x_A+\Delta x_{AP}=x_A+D_{AP}\cos\alpha_{AP} \\[2mm] y_P=y_A+\Delta y_{AP}=y_A+D_{AP}\sin\alpha_{AP} \end{array} \right\} \tag{6-20}$$

由点 B 推算点 P 坐标为

$$\left.\begin{array}{l} x_P = x_B + \Delta x_{BP} = x_B + D_{BP}\cos\alpha_{BP} \\ y_P = y_B + \Delta y_{BP} = y_B + D_{BP}\sin\alpha_{BP} \end{array}\right\} \qquad (6-21)$$

以上两组坐标分别由 A,B 点推算,所得结果应相同,可作为计算的检核。

前方交会的计算除了上述常规计算方法之外,还有适用于计算器计算的余切公式:

$$\left.\begin{array}{l} x_P = \dfrac{x_A\cot\beta + x_B\cot\alpha + (y_B - y_A)}{\cot\alpha + \cot\beta} \\[2mm] y_P = \dfrac{y_A\cot\beta + y_B\cot\alpha + (x_A - x_B)}{\cot\alpha + \cot\beta} \end{array}\right\} \qquad (6-22)$$

在应用余切公式(6-22)时,要注意已知点和待定点必须按 A,B,P 逆时针方向编号,在 A 点的观测角编号为 α,在 B 点的观测角编号为 β。

(2)角度前方交会的观测检核

在实际工作中为了保证定点的精度,避免测角误差的发生,一般要求从三个已知点 A,B,C 分别向 P 点观测水平角 $\alpha_1,\beta_1,\alpha_2,\beta_2$ 作两组前方交会。如图 6-14 所示,按公式(6-22)计算出两组坐标 $P'(x'_P,y'_P)$ 和 $P''(x''_P,y''_P)$。当两组坐标较差符合规定要求时,取其平均值作为 P 点的最后坐标。

一般规范规定,两组坐标较差 e 不大于两倍比例尺精度,用公式表示为

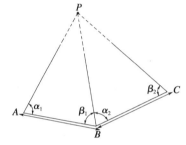

图 6-14 三点前方交会

$$e = \sqrt{\delta_x^2 + \delta_y^2} \leqslant e_P = 2 \times 0.1\,M(\text{mm}) \qquad (6-23)$$

式中: $\qquad \delta_x = x'_P - x''_P, \qquad \delta_y = y'_P - y''_P$

M——测图比例尺分母。

(3)角度前方交会计算实例(见表 6-9)

表 6-9　角度前方交会法坐标计算表

略　　　图		点号	x(m)	y(m)
	已知数据	A	116.942	683.295
		B	522.909	794.647
		C	781.305	435.018
	观测数据	α_1	59°10′42″	
		β_1	56°32′54″	
		α_2	53°48′45″	
		β_2	57°33′33″	

计算结果	(1) 由 I 计算得 $x'_P = 398.151$ m, $y'_P = 413.249$ m (2) 由 II 计算得 $x''_P = 398.127$ m, $y''_P = 413.215$ m (3) 两组坐标较差: $$e = \sqrt{\delta_x^2 + \delta_y^2} = \sqrt{(+0.024\ \text{m})^2 + (+0.034\ \text{m})^2} = 0.042\ \text{m}$$ $$e_P = 2 \times 0.1 \times 1\,000\ \text{mm} = 0.2\ \text{m}$$ $$e < e_P$$ (4) P 点最后坐标为 $x_P = 398.139$ m, $y_P = 413.232$ m

注:测图比例尺分母 $M = 1\,000$。

2) 距离交会

如图 6‑15 所示,A,B 为已知控制点,P 为待定点,测量了边长 D_{AP},D_{BP},根据 A,B 点的已知坐标及边长 D_{AP},D_{BP},通过计算求出 P 点坐标,这就是距离交会。随着电磁波测距仪、全站仪的普及应用,距离交会也成为加密控制点的一种常用方法。

(1) 距离交会的计算方法

① 计算已知边的 AB 边长和坐标方位角

与角度前方交会法相同,根据已知点 A,B 的坐标,按坐标反算公式计算边长 D_{AB} 和坐标方位角 α_{AB}。

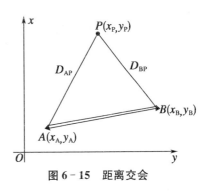

图 6‑15 距离交会

② 计算 $\angle BAP$ 和 $\angle ABP$

按余弦定理,得

$$\left. \begin{array}{l} \angle BAP = \arccos \dfrac{D_{AB}^2 + D_{AP}^2 - D_{BP}^2}{2 D_{AB} D_{AP}} \\[3mm] \angle ABP = \arccos \dfrac{D_{AB}^2 + D_{BP}^2 - D_{AP}^2}{2 D_{AB} D_{BP}} \end{array} \right\} \tag{6-24}$$

③ 计算待定边 AP、BP 的坐标方位角

$$\left. \begin{array}{l} \alpha_{AP} = \alpha_{AB} - \angle BAP \\[2mm] \alpha_{BP} = \alpha_{AB} + 180° + \angle ABP \end{array} \right\} \tag{6-25}$$

④ 计算待定点 P 的坐标

$$\left. \begin{array}{l} x_P = x_A + \Delta x_{AP} = x_A + D_{AP} \cos \alpha_{AP} \\[2mm] y_P = y_A + \Delta y_{AP} = y_A + D_{AP} \sin \alpha_{AP} \end{array} \right\} \tag{6-26}$$

$$\left. \begin{array}{l} x_P = x_B + \Delta x_{BP} = x_B + D_{BP} \cos \alpha_{BP} \\[2mm] y_P = y_B + \Delta y_{BP} = y_B + D_{BP} \sin \alpha_{BP} \end{array} \right\} \tag{6-27}$$

以上两组坐标分别由 A,B 点推算,所得结果应相同,可作为计算的检核。

(2) 距离交会的观测检核

在实际工作中为了保证定点的精度,避免边长测量错误,一般要求从三个已知点 A,B,C 分别向 P 点测量三段水平距离 D_{AP},D_{BP},D_{CP},作两组距离交会。计算出 P 点的两组坐标,当两组坐标较差满足公式(6‑23)要求时,取其平均值作为 P 点的最后坐标。

（3）距离交会计算实例（见表6-10）

表6-10　距离交会坐标计算表

略图		已知数据（m）	x_A	1 807.041	y_A	719.853
			x_B	1 646.382	y_B	830.660
			x_C	1 765.500	y_C	998.650
		观测数据（m）	D_{AP}	105.983	D_{BP}	159.648
			D_{CP}	177.491		

D_{AP}与D_{BP}交会			D_{BP}与D_{CP}交会		
$D_{AB}(m)$	195.165		$D_{BC}(m)$	205.936	
α_{AB}	145°24′21″		α_{BC}	54°39′37″	
$\angle BAP$	54°49′11″		$\angle CBP$	56°23′37″	
$\Delta x_{AP}(m)$	−1.084	$\Delta y_{AP}(m)$　105.977	$\Delta x_{BP}(m)$　159.575	$\Delta y_{BP}(m)$	−4.829
$x'_P(m)$	1 805.957	$y'_P(m)$　825.830	$x''_P(m)$　1 805.957	$y''_P(m)$	825.831
$x_P(m)$	1 805.957		$y_P(m)$	825.830	
辅助计算	$\delta_x=0$ mm $\delta_y=-1$ mm	$e=\sqrt{\delta_x^2+\delta_y^2}=1$ mm$<e_P=2\times0.1M=200$ mm			

注：测图比例尺分母$M=1\,000$。

6.5　高程控制测量

高程控制测量,可采用水准测量和电磁波测距三角高程测量。测区的高程系统,宜采用1985年国家高程基准,在已有高程控制网的地区测量时,可沿用原高程系统。当测区联测有困难时,亦可采用假定高程系统。小地区高程控制测量一般采用三、四等水准测量和三角高程测量。

1）三、四等水准测量

三、四等水准测量除用于国家高程控制网的加密外,还可用于建立小地区首级高程控制。

三、四等水准路线的布设,在加密国家控制点时,多布设为附合水准路线、结点网的形式;在独立测区作为首级高程控制时,应布设成闭合水准路线形式;而在山区、带状工程测区,可布设为水准支线。三、四等水准测量的主要技术要求详见表6-12和表6-12。

表6-11　三、四等水准测量主要技术要求

等级	路线长度（km）	水准仪型号	水准尺	观测次数		往返较差、附合或环绕闭合差	
				与已知点联测	附合或环绕	平地（mm）	山地（mm）
三等	≤50	DS1	因瓦	往返各一次	往一次	$12\sqrt{L}$	$4\sqrt{n}$
		DS3	双面		往返各一次		
四等	≤16	DS3	双面	往返各一次	往一次	$20\sqrt{L}$	$6\sqrt{n}$

注：① 结点之间或结点与高级点之间,其路线的长度不应大于表中规定的0.7倍。

② L为往返测段、附合或环绕的水准路线长度（单位为km）,n为测站数。

表 6‑12　三、四等水准测量观测的技术要求

等级	视线长度（m）	前后视距差（m）	前后视距累积差（m）	视线离地面最低高度（m）	基辅分划读数差（mm）	基辅分划高差之差（mm）
三等	100	3	6	0.3	1.0	1.5
	75				2.0	3.0
四等	100	5	10	0.2	3.0	5.0

注：当进行三、四等水准观测，采用单面标尺变更仪器高度时，所测两高差应与黑红面所测高差之差的要求相同。

（1）三、四等水准测量的观测与记录方法

采用水准尺为配对的双面尺，在测站应按以下顺序观测读数，读数应填入记录表的相应位置（表 6‑13）。

表 6‑13　三、四等水准测量记录手簿

测站编号	点号	后尺 下丝 上丝	前尺 下丝 上丝	方向及尺号	水准尺读数（m） 黑面	水准尺读数（m） 红面	K+黑一红	平均高差（m）	备注
		后视距	前视距						
		视距差 d（m）	∑d（m）						
		(1)	(4)	后	(3)	(8)	(14)		K 为尺常数；
		(2)	(5)	前	(6)	(7)	(13)		$R_5 = 4.787$
		(9)	(10)	后一前	(15)	(16)	(17)	(18)	$R_6 = 4.687$
		(11)	(12)						
1	BM.1‑TP.1	1.536	1.030	后 5	1.242	6.030	−1		
		0.947	0.442	前 6	0.736	5.422	+1		
		58.9	58.8	后一前	+0.506	+0.608	−2	+0.507 0	
		+0.1	+0.1						
2	TP.1‑TP.2	1.954	1.276	后 6	1.664	6.350	+1		
		1.373	0.694	前 5	0.985	5.773	−1		
		58.1	58.3	后一前	+0.679	+0.577	+2	+0.678 0	
		−0.2	−0.1						
3	TP.1‑TP.3	1.146	1.744	后 5	1.024	5.811	0		
		0.903	1.449	前 6	1.622	6.308	+1		
		48.6	49.0	后一前	−0.598	−0.497	−1	−0.597 5	
		−0.4	−0.5						
4	TP.3‑A	1.479	0.982	后 6	1.171	5.859	−1		
		0.864	0.373	前 5	0.678	5.465	0		
		61.5	60.9	后一前	+0.493	+0.394	−1	+0.493 5	
		+0.6	+0.1						

测站编号	点号	后尺 下丝 上丝	前尺 下丝 上丝	方向及尺号	水准尺读数（m）		K＋黑一红	平均高差（m）	备注
		后视距	前视距		黑面	红面			
		视距差 d（m）	$\sum d$（m）						
				后			.		
				前					
				后－前					
每页校核		$\sum(9)=227.1$ $-)\sum(10)=227.0$ =＋0.1 ＝4 站(12) 总视距＝$\sum(9)+\sum(10)=454.1$	$\sum[(3)+(8)]=29.151$ $-)\sum[(6)+(7)]=26.989$ ＝2.162		$\sum[(15)+(16)]$ ＝2.162		$\sum(18)=+1.081$ $2\sum(18)=+2.162$		

① 后视黑面，读取下、上、中丝读数，记入(1)，(2)，(3)中。

② 前视黑面，读取下、上、中丝读数，记入(4)，(5)，(6)中。

③ 前视红面，读取中丝读数，记入(7)中。

④ 后视红面，读取中丝读数，记入(8)中。

以上(1)，(2)，…，(8)表示观测与记录的顺序。这样的观测顺序简称为"后—前—前—后"，其优点是可以大大减弱仪器下沉误差的影响。四等水准测量测站观测顺序也可为"后—后—前—前"的顺序观测。

(2) 测站计算与检核

① 在每一测站，应进行以下计算与检核工作：

a. 视距计算

$$后视距离：(9)=(1)-(2)$$

$$前视距离：(10)=(4)-(5)$$

前、后视距离差：(11)＝(9)－(10)。该值在三等水准测量时不得超过 3 m，四等水准测量时不得超过 5 m。

b. 同一水准尺黑、红面中丝读数的检核

同一水准尺红、黑面中丝读数之差，应等于该尺红、黑面的常数 K(4.687 或 4.787)，其差值为

$$前视尺：(13)=(6)+K-(7)$$

$$后视尺：(14)=(3)+K-(8)$$

(13)，(14)的大小在三等水准测量时不得超过 2 mm，四等水准测量时不得超过 3 mm。

c. 高差计算及检核

$$黑面所测高差：(15) = (3) - (6)$$

$$红面所测高差：(16) = (8) - (7)$$

黑、红面所测高差之差：

$$(17) = (15) - (16) \pm 0.100 = (14) - (13)$$

该值在三等水准测量中不得超过 3 mm，四等水准测量时不得超过 5 mm。式中 0.100 为单、双两根水准尺红面底部注记之差，以米为单位。

$$平均高差：(18) = \frac{(15) + [(16) \pm 0.100]}{2}$$

② 记录手簿每页应进行的计算与检核

a. 视距计算检核

后视距离总和减前视距离总和应等于末站视距累积差，即

$$\sum(9) - \sum(10) = 末站(12)$$

检核无误后，算出总视距为

$$总视距 = \sum(9) + \sum(10)$$

b. 高差计算检核

红、黑面后视总和减红、黑面前视总和应等于红、黑面高差总和，还应等于平均高差总和的两倍。

对于测站数为偶数：

$$\sum[(3) + (8)] - \sum[(6) + (7)] = \sum[(15) + (16)] = 2\sum(18)$$

对于测站数为奇数：

$$\sum[(3) + (8)] - \sum[(6) + (7)] = \sum[(15) + (16)] = 2\sum(18) \pm 0.100$$

三、四等水准测量的记录、计算与检核实例见表 6 - 13。

③ 水准路线成果的整理计算

外业成果经验核无误后，按第 2 章水准测量成果计算的方法，经高差闭合差的调整后，计算各水准点的高程。

2）三角高程测量

在地形起伏较大的地区及位于较高建筑物上的控制点，用水准测量方法测定控制点的高程较为困难，通常采用三角高程测量的方法。随着光电测距仪器的普及，电磁波测距三角高程测量也得到广泛应用。《工程测量规范》对其技术要求做了规定，其高程测量的精度可以达到四等水准测量的精度。

（1）三角高程测量的原理

三角高程测量是根据已知点高程及两点间的竖直角和距离，通过应用三角公式计算两点间的高差，求出未知点的高程。

如图 6-16 所示，已知 A 点高程 H_A，欲测定 B 点高程 H_B，可在 A 点安置仪器，在 B 点竖立觇标或棱镜，用望远镜中丝瞄准觇标的顶点，测得竖直角 α，量取桩顶至仪器横轴的高度 i（仪器高）和觇标高 v，根据 AB 之间的平距 D，即可算出 A，B 两点间的高差为

$$h_{AB} = D\cos\alpha + i - v \qquad (6-28)$$

若用测距仪测得斜距 S，则

$$h_{AB} = S\cos\alpha + i - v \qquad (6-29)$$

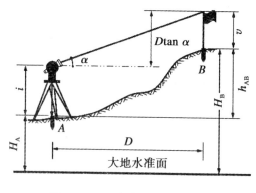

图 6-16　三角高程测量原理

B 的高程为

$$H_B = H_A + h_{AB} = H_A + D\cos\alpha + i - v \qquad (6-30)$$

或

$$H_B = H_A + h_{AB} = H_A + S\cos\alpha + i - v \qquad (6-31)$$

当两点距离较远时，即应考虑地球曲率和大气折光的影响。

三角高程测量一般应进行往返观测，即由 A 向 B 观测（称为直觇），再由 B 向 A 观测（称为反觇），这种观测称为对向观测（或双向观测）。这样，取对向观测的高差平均值作为高差最后成果时，可以抵消地球曲率和大气折光的影响，所以三角高程测量大多采用对向观测法。

（2）三角高程测量的观测与计算

三角高程测量根据使用仪器不同而分为电磁波测距三角高程测量与经纬仪三角高程测量。对于电磁波测距三角高程控制测量，测量规范分为两级，即四等和五等三角高程测量。三角高程控制宜在平面控制点的基础上布设成三角高程网或高程导线，也可布置为闭合或附合的高程路线。测距仪三角高程测量的主要技术要求如表 6-14 所示。

表 6-14　测距仪三角高程主要技术要求

等级	仪器	测回数		指标较差（"）	竖直角较差（"）	对向观测高差较差（mm）	附合或环形闭合差（mm）
		三丝法	中丝法				
四等	DJ2	—	3	$\leqslant 7$	$\leqslant 7$	$40\sqrt{D}$	$20\sqrt{\sum D}$
五等	DJ2	1	2	$\leqslant 10$	$\leqslant 10$	$60\sqrt{D}$	$30\sqrt{\sum D}$
图根	DJ6		1			$\leqslant 400D$	$0.1H_d\sqrt{n}$

注：① D 为测距边长度（单位为 km），n 为边数。
　　② H_d 为等高距（单位为 m）。

三角高程测量的观测与计算如下：

① 测站上安置仪器，量仪器高 i 和标杆或棱镜高度 v，读数至毫米。

② 用经纬仪或测距仪采用测回法观测竖直角 1～3 个测回。前后半测回之间的较差及指标差如果符合表 6-14 的规定，则取其平均值作为结果。

③ 应用式（6-28）至式（6-31）计算高差及高程

采用对向观测法且对向观测高差较差符合表 6-14 要求时,取其平均值作为高差结果。采用全站仪进行三角高程测量时,可先将大气折光改正数参数及其他参数输入仪器,然后直接测定测点高程。

④ 闭合或附合的三角高程计算

对于闭合或附合的三角高程路线,应利用对向观测的高差平均值计算路线高差闭合差,符合闭合差限值规定时,进行高差闭合差调整计算,推算出各点的高程。

6.6 GPS 控制测量简介

1) GPS 系统的构成

GPS 是全球定位系统(Global Positioning System)英文名称的缩写,它是美国 1973 年开始研制的全球性卫星定位和导航系统,具有实时提供空间三维位置、三维运行速度和时间信息的功能。GPS 整个系统由下列三大部分组成:

(1) 空间部分

GPS 的空间部分由 21 颗工作卫星和 3 颗在轨备用卫星组成,记作(21+3)GPS 星座。如图 6-17 所示,24 颗卫星均匀分布在 6 个等间隔的轨道面内,每个轨道面上分布有 4 颗卫星在运行。轨道面相对赤道面的夹角为 55°,轨道面平均高度为 20 183 km,卫星运行周期为 11 小时 58 分钟。这样的分布和运行,在地球上任何地点、任何时间都有不少于 4 颗、最多可达 11 颗卫星可供观测使用。GPS 卫星的作用是向用户连续不断地发送导航定位信号。每颗卫星连续向地面发播两个频率的载波无线电信号,载波 L1 和 L2 的波长分别为 19 cm 和 24 cm,L1 载波上调制有精密的 P 码和非精密的捕获码(C/A 码),L2 载波上调制了基本单位为 1 500 比特长的数据码(也称卫星电文),简称 D 码。卫星电文向用户提供的信息,有卫星工作状态、卫星的日程表、时钟校正信息、星历表参数及专用电文等。在利用 GPS 卫星信号进行导航定位时,为了解测站点的三维坐标,需观测 4 颗 GPS 卫星。

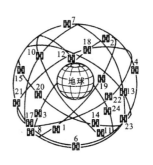

图 6-17 GPS 系统空间部分

(2) 地面控制部分

地面控制部分包括一个主控站、三个注入站和五个监测站。其中,主控站设在美国本土,负责管理和协调整个地面控制系统的工作。即根据各监测站的观测资料计算各卫星的星历以及卫星钟改正数,编制导航电文。主控站还负责将偏离轨道的卫星进行纠正,必要时用备用卫星代替失效的卫星;三个注入站的任务是将主控站算出的卫星星历、钟差、卫星电文和遥控指令等注入相应卫星的存储系统内,构成信息的基本部分;监测站是在主控站控制下的数据采集中心。全球共有五个监测站,分布在美国本土和三大洋的美军基地上,主要任务是为主控站提供观测数据。每个监测站均用 GPS 接收机接收可见卫星播发的信号,并由此确定站卫距离数据,连同气象数据传送到主控站。

(3) 用户设备部分

用户部分主要是 GPS 信号接收机。其主要功能是接收 GPS 卫星发播的信号,以获得导航电文和定位信息及观测值,经接收机中的计算机数据处理后就可计算出接收机的位置,甚至三维速度和时间。GPS 接收机按用途可分为导航型接收机、测地型接收机和授时型接收机,按载波频率分为单频接收机和双频接收机。测绘领域主要是测地型接收机。GPS 测地型接收机用于精密相对定位时,其双频接收机精度可达 5 mm+1 ppm·D,单频接收机在一定距离内精度可达 10 mm+2 ppm·D。用于差分定位时其精度可达厘米级。

GPS 测量不受时间和气象条件的限制,可以进行全天候的观测,具有高精度三维定位、测速及定时功能。测点间无需通视,不必造标,控制点的位置可以根据需要设置,因而可以大大降低测量费用。GPS 测量一次定位时间较短,大大提高了工作效率。另外,GPS 定位是在国际统一的坐标系统中计算的,因此全球不同地点的测量成果相互关联。GPS 的问世吸引了世界各国众多科学家的广泛兴趣和普遍关注,也导致了测绘行业发生根本性的变革。目前已被广泛地应用于高精度的大地测量、精密工程测量、地壳及建筑物形变监测以及其他许多领域。随着微电子技术的迅速发展和数据处理方法的不断完善,GPS 系统的用户接收机的体积、重量、价格、功耗等方面将会有较大幅度的下降,精度将进一步提高,用途将更趋广泛,已成为日常测绘工作的重要组成部分。可以预见,GPS 技术在各个领域中的应用将进一步普及。

2) GPS 定位的基本原理

利用 GPS 进行定位是以 GPS 卫星和用户接收机天线之间的距离(或距离差)为基础,并根据已知的卫星瞬时坐标确定用户接收机所对应的三维坐标位置。接收机和卫星之间的距离 l 与卫星坐标(x_s, y_s, z_s)、接收机三维坐标(x, y, z)间的关系式为

$$l^2 = (x_s - x)^2 + (y_s - y)^2 + (z_s - z)^2 \tag{6-32}$$

式中卫星坐标可根据导航电文求得,故该式包含接收机坐标三个未知数。实际上因接收机钟差改正是未知数,所以接收机必须同时至少测定四颗卫星的距离才能解算出接收机的三维坐标值(如图 6-18 所示)。

依据测距原理,其定位原理与方法一般有伪距法定位、多普勒定位、载波相位测量定位、卫星射电干涉测量四种方法。现介绍常用的伪距定位和载波相位测量定位方法。

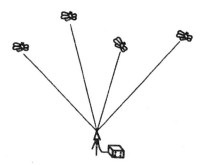

图 6-18　GPS 定位原理

(1)伪距定位

伪距定位是测量 GPS 卫星的伪噪声码从卫星到达用户接收机天线的传播时间,进而计算出距离。由于此距离受到大气介质效应(如电离层时延、对流层时延以及多路径效应等)和接收机与卫星时钟不同步的影响,并不是几何距离,所以称为伪距观测量。如果用户接收机接收了四颗以上的 GPS 卫星信号,即测得了四个以上的伪距值,且从导航电文中获得了卫星坐标,可按距离交会法解算出测站点的三维坐标。

(2)载波相位测量

载波相位测量的基本原理是测定来自 GPS 卫星的载波信号和接收机产生的同频参考信号之间的相位差 $\Delta \varphi$。将各测站所得的瞬时载波相位观测值进行各种组合可以消除大部分误差影响,从而获得较高的精度。若一台接收机同时测出四颗卫星的距离,以测定的距离进行空间后方交会,可得接收机所在位置。

伪距定位法精度较低,而载波相位测量定位精度较高。但载波相位测量测后数据处理工作量较大,而伪距定位法可进行实时定位。

思考与练习

1. 控制测量有何作用? 控制网分为哪几种?

2. 导线有哪几种布设形式? 各在什么情况下采用?

3. 选定导线点应注意哪些问题? 导线的外业工作有哪些?

4. 导线坐标计算时应满足哪些几何条件? 闭合导线与附合导线在计算中有哪些异同点?

5. 一闭合导线 ABCDA 的观测数据如图 6-19 所示,已知数据 $x_A = 500.00$ m,$y_A = 1\,000.00$ m,试用表格解算各导线点坐标。

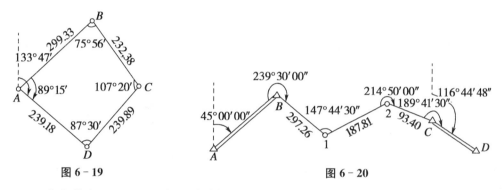

图 6-19   图 6-20

6. 一附合导线 AB12CD 的观测数据如图 6-20 所示,已知数据 $x_B = 200.00$ m,$y_B = 200.00$ m,$x_C = 155.37$ m,$y_C = 756.06$ m,试用表格解算导线点坐标。

7. 如图 6-21 所示为前方交会,已知数据 $x_A = 500.000$,$y_A = 500.000$,$x_B = 526.825$,$y_B = 433.160$,观测值 $\alpha = 90°03'24''$,$\beta = 50°35'23''$,试求 P 点坐标。

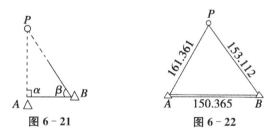

图 6-21   图 6-22

8. 距离交会数据见图 6-22,已知 A,B 点的坐标为 $x_A = 500.000$,$y_A = 500.000$,$x_B = 615.825$,$y_B = 596.160$,试计算 P 点坐标。

9. 用三、四等水准测量建立高程控制时如何观测、记录和计算?

10. 在什么情况下采用三角高程测量? 如何观测和计算?

11. 三角高程测量时,已知 A,B 两点间平距为 375.11 m。在 A 点观测 B 点:$\alpha = +4°30'$,$i = 1.50$ m,$v = 1.80$ m;在 B 点观测 A 点:$\alpha = -4°18'$,$i = 1.40$ m,$v = 2.40$ m。求 A,B 两点间的高差。

12. GPS 系统由哪些部分构成? 其定位的基本原理是什么?

7 地形图测绘与应用

重点提示：本章主要学习地形图的基础知识，了解地物、地貌在地形图上的表示方法，基本掌握大比例尺地形图的测绘方法，了解地形图在工程建设中的应用。

7.1 地形图的基本知识

地面上有明显轮廓的，包括天然形成或人工建造的各种固定物体，如房屋、道路、桥梁和农田等称为地物。地球表面高低起伏的形态，如高山、丘陵、平原、洼地等称为地貌。地物和地貌总称为地形。

测量工作要遵循"先控制后碎部"的原则，因此对于地形图的测绘，应先根据测图目的及测区的具体情况建立平面及高程控制，然后根据控制点进行地物和地貌的测绘。通过野外实地施测，将地面上各种地物和地貌沿垂直方向投影到水平面上，并按一定的比例尺用地形图图式规定的符号和注记将其缩绘在图纸上，这种表示地物的平面位置和地貌起伏情况的图称为地形图。在图上主要表示地物平面位置的地形称为平面图。图7-1为1∶1 000比例尺的地形图示意图。

7.1.1 地形图的比例尺

地形图上任一线段的长度与地面上相应线段的实地水平长度之比称为地形图比例尺。

1) 比例尺的种类

(1) 数字比例尺

数字比例尺是用分子为1，分母为整数的分数表示。设图上一线段长度为d，相应实地的水平长度为D，则该地形图的比例尺为

$$\frac{d}{D} = \frac{1}{\dfrac{D}{d}} = \frac{1}{M} = 1 : M \qquad (7-1)$$

式中 M 为比例尺分母。M 越大，比例尺的值就越小；M 越小，比例尺的值就越大。如数字比例尺 1∶500＞1∶1 000。当图上10 mm代表地面上5 m的水平长度时，该图的比例尺为1∶500。比例尺的分母实际上就是实地水平长度缩绘到图上的缩小倍数。

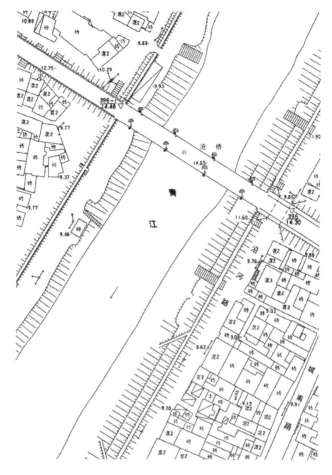

图 7-1　1∶1 000 地形图示意图

（2）图示比例尺

为了便于用分规直接在图上量取线段的水平距离，以及减小由于图纸伸缩而引起的误差，在绘制地形图时，常在图纸的下方绘制图示比例尺。最常见的图示比例尺为直线比例尺。图 7-2 为 1∶1 000 的直线比例尺，取 2 cm 为基本单位，每个基本单位所代表的实际长度为 20 m，在直线比例尺上可直接读到基本单位的 1/10，估读到 1/100。

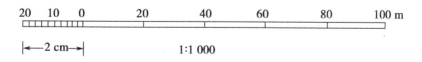

图 7-2　直线比例尺

2）地形图按比例尺的分类

通常称 1∶100 万，1∶50 万，1∶20 万为小比例尺地形图；1∶10 万，1∶5 万，1∶2.5 万为中比例尺地形图；1∶10 000，1∶5 000，1∶2 000，1∶1 000，1∶500 为大比例尺地形图。

中比例尺地形图系国家的基本比例尺地形图，由国家专业测绘部门负责测绘，目前均用航空摄影测量方法成图；小比例尺地形图一般由中比例尺地图缩小编绘而成。

城市和工程建设一般需要使用大比例尺地形图,其中比例尺为1:500和1:1000的地形图一般用全站仪、经纬仪或平板仪等测绘;比例尺为1:2000和1:5000的地形图一般用由1:500或1:1000的地形图缩小编绘而成。大面积1:5000～1:500的地形图也可以用航空摄影测量方法成图。

3)比例尺的精度

通常人们用肉眼能分辨的图上最小距离为0.1mm,如果地形图的比例尺为1:M,则将图上0.1mm所表示的实地水平长度0.1M(mm)称为比例尺精度。根据比例尺的精度,可以确定测绘地形图时测量距离的精度。例如,在测绘1:500比例尺的地形图时,其比例尺精度为0.05m,故实际量距只需取到0.05m,因为小于0.05m的距离在图上不能表示。另外,当设计确定了地形图上要表示的实际最短长度时,根据比例尺的精度可以计算出测图比例尺。例如,在某项工程建设中要求在地形图上能反映出地面上的最短距离为0.10m,则选用的比例尺不得小于$\frac{0.1\ mm}{0.10\ m} = \frac{1}{1\ 000}$。

表7-1 不同比例尺地形图的比例尺精度

比　例　尺	1:500	1:1 000	1:2 000	1:5 000	1:10 000
比例尺精度(m)	0.050	0.10	0.20	0.50	1.0

表7-1为不同比例尺地形图的比例尺精度。从表中可以看出,比例尺越大,表示的地物和地貌越详细,比例尺精度就越高,但是一幅图所能包含的实地面积也就越小,而测绘工作量及测图成本也会成倍地增加。因此,在工程规划、设计、施工和竣工过程中,应根据工程实际需要,参照表7-2选择不同比例的地形图进行测绘。

表7-2 地形图比例尺的选用

比例尺	用　途
1:10 000	城市总体规划、厂址选择、道路选线、区域布置、方案比较
1:5 000	
1:2 000	城市详细规划设计及工程项目初步设计
1:1 000	建筑设计、城市详细规划、工程施工、竣工图
1:500	

7.1.2　地形图的分幅和编号

为了便于测绘、拼接、使用和保管地形图,需要将各种比例尺的地形图进行统一的分幅和编号。由于图纸的尺寸有限,不可能将测区内的所有地形都绘制在一幅图内,需要进行分幅。地形图的分幅方法分为两类:一类是按经纬线分幅的梯形分幅法(又称为国际分幅);另一类是按坐标格网分幅的矩形分幅法。前者用于国家基本地形图的分幅,后者则用于工程建设大比例尺地形图的分幅。

1）梯形分幅和编号

（1）1:100万比例尺地图的分幅和编号

按国际上的规定,1:100万的世界地图实行统一的分幅和编号。即自赤道向北或向南分别按纬差4°分成横列,各列依次用 A,B,…,V 表示;自经度180°开始起算,自西向东按经差6°分成纵行,各行依次用1,2,…,60 表示。每一幅图的编号由其所在的"横列-纵行"的代号组成。例如,图7-3所示为1:100万比例尺的分幅与编号,设某地的经度为东经117°46′45″,纬度为北纬39°44′15″,则其所在的1:100万比例尺图的图号为 J-50。

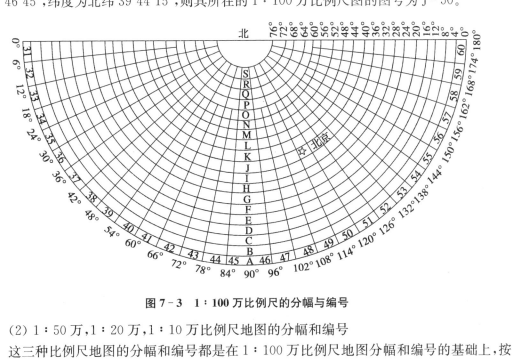

图 7-3 1:100万比例尺的分幅与编号

（2）1:50万,1:20万,1:10万比例尺地图的分幅和编号

这三种比例尺地图的分幅和编号都是在1:100万比例尺地图分幅和编号的基础上,按照表7-3中相应的纬差和经差进行划分。每幅1:100万的图,按经差、纬差可划分成四幅1:50万的图,分别用 A,B,C,D 表示。如某处所在的1:50万图的编号为 J-50-A,A 区域如图7-4所示。

每幅1:100万的图,按经差1°、纬差40′可划分成36幅1:20万的图,分别用[1],[2],…,[36]表示。如某处所在的1:20万图的编号为 J-50-[3],见图7-4中阴影线的图幅。

每幅1:100万的图,按经差30′、纬差20′可划分成144幅1:10万的图,分别用1,2,…,144表示。如某处所在的1:10万图的编号为 J-50-5,见图7-5中阴影线的图幅。

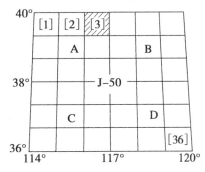

图 7-4 1:50万和1:20万地图的
分幅和编号

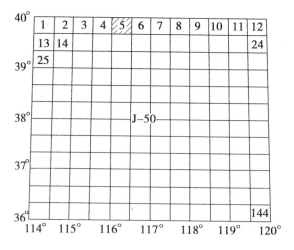

图 7 - 5 1：10 万地图的分幅和编号

（3）1：5 万、1：2.5 万和 1：1 万比例尺图的分幅和编号

这三种比例尺图的分幅和编号都是以 1：10 万比例尺图为基础的,其划分的经差和纬差见表 7 - 3 所示。

每幅 1：10 万的图,按经差和纬差划分成四幅 1：5 万的图,分别在 1：10 万的图号后面写上各自的代号 A,B,C,D。如某地所在 1：5 万的图幅编号为 J - 50 - 5 - B,如图 7 - 6 所示。

每幅 1：5 万的图又可分为四幅 1：2.5 万的图,分别以 1,2,3,4 编号。如某地所在 1：2.5 万的图幅编号为 J - 50 - 5 - B - 2,见图 7 - 6 中阴影线的图幅。

每幅 1：10 万的图,按经差和纬差分为 8 等份,可划分为 64 幅 1：1 万的图,分别用 (1),(2),…,(64) 进行编号。某地所在 1：1 万的图幅编号为 J - 50 - 5 - (15),见图 7 - 7 中阴影线的图幅。

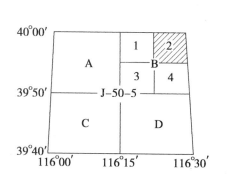

图 7 - 6 1：5 万和 1：2.5 万地图的分幅和编号

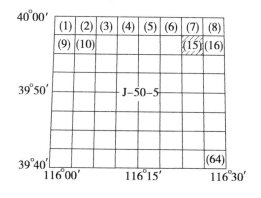

图 7 - 7 1：1 万地图的分幅和编号

表 7-3　各种比例尺按经度和纬度分幅

比 例 尺	图幅大小		1：100 万、1：10 万、1：5 万、1：1 万图幅内的分幅数	分幅代号
	纬差	经差		
1：100 万	4°	6°	1	行 A,B,…,V,列 1,2,…,60
1：50 万	2°	3°	4	A,B,C,D
1：20 万	40′	1°	36	[1],[2],[3],…,[36]
1：10 万	20′	30′	144	1,2,3,…,144
1：10 万	20′	30′	1	
1：5 万	10′	15′	4	A,B,C,D
1：1 万	2′30″	3′45″	64	(1),(2),(3),…,(64)
1：5 万	10′	15′	1	
1：2.5 万	5′	7′30″	4	1,2,3,4
1：1 万	2′30″	3′45″	1	
1：5 000	1′15″	1′52.5″	4	a,b,c,d

（4）1：5 000 比例尺图的分幅和编号

按经纬线分幅的 1：5 000 比例尺图是在 1：1 万比例尺图的基础上进行分幅和编号,每幅 1：1 万的图分成四幅 1：5 000 的图,并分别在 1：1 万图的图号后面写上各自的代号 a,b,c,d 作为编号。如某地所在 1：5 000 的图幅编号为 J-50-5-(15)-a,见图 7-8 中阴影线的图幅。

2）1：500～1：2 000 大比例尺地形图的矩形分幅和编号

根据 GB/T 7929-1995《1：500 1：1 000 1：2 000 地形图图式》规定,1：2 000～1：500 比

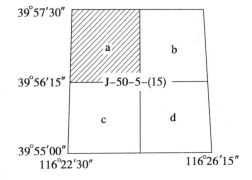

图 7-8　1：5 000 地图的分幅和编号

例尺地形图一般采用 50 cm×50 cm 正方形分幅或 40 cm×50 cm 矩形分幅,几种大比例尺地形图的图幅大小如表 7-4 所示。根据需要也可以采用其他规格的分幅,如 1：2 000 地形图可采用经纬度统一分幅。地形图编号一般采用图廓西南角坐标公里数编号法,也可选用流水编号法或行列编号法等。

表 7-4　几种大比例尺图的图幅大小

比 例 尺	图幅大小（cm×cm）	实地面积（km²）	1：5 000 图幅内的分幅数	每平方公里图幅数
1：5 000	40×40	4	1	0.25
1：2 000	50×50	1	4	1
1：1 000	50×50	0.25	16	4
1：500	50×50	0.062 5	64	16

采用图廓西南角坐标公里数编号法时 x 坐标在前,y 坐标在后,中间用短线连接。1:500 地形图取至 0.01 km(如 10.40 - 21.75),1:1 000,1:2 000 地形图取至 0.1 km(如 10.0 - 21.0)。

带状测区或小面积测区,可按测区统一顺序进行编号,一般从左到右、从上到下用数字 1,2,3,4,…编定,如图 7 - 9(a)所示的"化纤 - 15",其中"化纤"为测区地名。

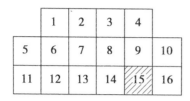 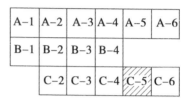

(a)   (b)

图 7 - 9　大比例尺地形图的分幅和编号

行列编号法一般以代号(如 A,B,C,D,…)为横行,由上到下排列,以数字 1,2,3,…为纵列,从左到右排列来编定,先行后列,如图 7 - 9(b)中的 C - 5。

采用国家统一坐标系时,图廓间的公里数根据需要加注代号和百公里数,如 X:^{43}27.8,Y:^{374}57.0。

有时根据用户的需求,在某些测区需要测绘几种不同比例尺的地形图,在这种情况下,为便于地形图的测绘、编绘、存档管理与应用,应以最小比例尺的矩形分幅地形图为基础进行地形图的分幅与编号。如测区内要分别测绘 1:500,1:1 000,1:2 000,1:5 000 比例尺的地形图,则应以 1:5 000 比例尺的地形图为基础,进行 1:2 000 和大于 1:2 000 地形图的分幅和编号。如图 7 - 10 所示,设 1:5 000 图幅的西南角坐标为 $x = 32.0$ km,$y = 56.0$ km,其编号为 34 - 56。1:2 000 图幅的编号是在 1:5 000 图幅编号后面加上罗马数字 Ⅰ,Ⅱ,Ⅲ,Ⅳ,如图上甲图幅的编号为 32 - 56 - Ⅰ;1:1 000 图幅的编号是在 1:2 000 图幅编号后面加罗马数字,如图上乙图幅的编号为 32 - 56 - Ⅳ - Ⅱ;1:500 图幅的编号是在 1:1 000 图幅编号后面加罗马数字,如图上丙图幅的编号为 32 - 56 - Ⅳ - Ⅲ - Ⅲ。

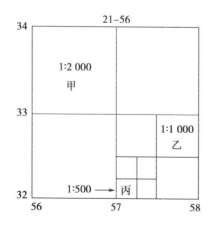 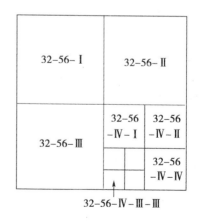

图 7 - 10　1:500～1:2 000 地形图分幅和编号

7.1.3 地形图图外注记

1) 图名

图名即本图幅的名称。每幅地形图都应标注图名,通常以图幅内最著名的地名、厂矿企业、村庄或最突出的地物、地貌等的名称作为图名。图名一般标注在地形图北图廓外上方的中央。

2) 图号

为了区别各幅地形图所在的位置,每幅地形图上都编有图号。图号就是该图幅相应分幅方法的编号,标注在北图廓上方的中央、图名的下方,如图 7-11 所示。

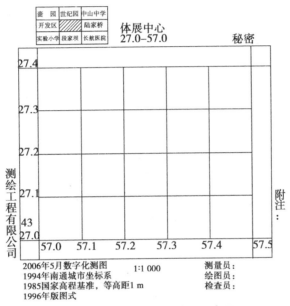

图 7-11 地形图图外注记示意图

3) 图廓和坐标格网线

图廓是地形图的边界线,有内、外图廓线之分。内图廓就是坐标格网线,也是图幅的边界线,用 0.1 mm 细线绘出。在内图廓线内侧,每隔 10 cm 绘出 5 mm 的短线,表示坐标格网线的位置。外图廓线为图幅的最外围边线,用 0.5 mm 粗线绘出。内、外图廓线相距 12 mm,在内外图廓线之间注记坐标格网线坐标值。对于中小比例尺地形图,在其图廓内还绘有经纬线格网,由经纬线格网可以确定点的地理坐标。

4) 接图表

为了说明本幅图与相邻图幅之间的关系,便于索取相邻图幅,在图幅左上角列出相邻图幅的图名或图号,中间一格画有斜线代表本图幅,如图 7-11 所示。此外,有些地形图还把相邻图幅的图号分别注在东、西、南、北图廓线中间,进一步说明与四邻图幅的相互关系。

5) 三北方向线关系图

在中、小比例尺图的南图廓线右下方,还绘有真子午线 N、磁子午线 N' 和纵坐标轴 X 三者之间的角度关系图,称为三北方向线。如图 7-12 所示,从图中可看出,磁偏角 $\delta = -1°36'$

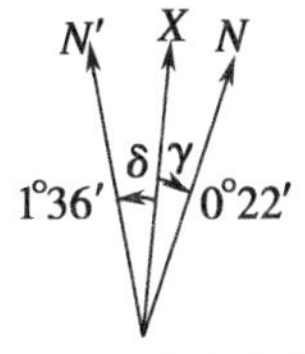

图 7-12 三北方向线关系图

（西偏），子午线收敛角 $\gamma = -0°22'$（纵坐标轴 X 位于真子午线 N 以西）。利用该关系图，可根据图上任一方向的坐标方位角计算出该方向的真方位角和磁方位角。

6）坡度比例尺

坡度比例尺是一种在地形图上量测地面坡度和倾角的图解工具。如图 7-13 所示，它是按以下关系制成的：

$$i = \tan \alpha = \frac{h}{dM} \qquad (7-2)$$

式中：i——地面坡度；

α——地面倾角；

h——等高距；

d——相邻等高线平距；

M——比例尺分母。

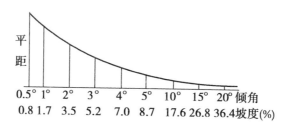

图 7-13 坡度比例尺

使用坡度比例尺时，用分规卡出图上相邻等高线的平距后，在坡度比例尺上使分规的一针尖对准底线，另一针尖对准曲线，即可在尺上读出地面坡度 i（百分比值）及地面倾角 α（度数）。

7）投影方式、坐标系统、高程系统

每幅地形图测绘完成后，都要在地形图外图廓左下方标注本图的投影方式、坐标系统和高程系统，以备日后使用时参考。地形图都是采用正投影的方式完成的。坐标系统是指该幅图是采用何种平面直角坐标系统完成的，如 1980 年国家大地坐标系、城市坐标系或独立平面直角坐标系。高程系统是指本图所采用的高程基准，如 1985 年国家高程基准系统或相对高程系统。

8）成图方法

地形图成图的方法主要有野外数字测量成图、平板仪测量成图及航空摄影成图三种，成图方法应标注在外图廓左下方。此外，还应标注测绘单位、成图日期、作业员、检查员、制图员等内容，供日后用图参考。

7.1.4　地形图图式

地形图上表示地物类别、形状、大小及位置的符号称为地物符号。表 7-5 列举了一些地物符号，这些符号摘自 GB/T 7929-1995《1:500　1:1 000　1:2 000 地形图图式》。表中各符号旁的数字表示该符号的尺寸，以"mm"为单位。根据地物形状大小和描绘方法的不同，地物符号可分为以下几种。

表 7-5 常用地物、地貌符号和注记

编号	符号名称	图　　例	编号	符号名称	图　　例
1	坚固房屋 4—房屋层数	坚4　　　1.5	11	灌木林	0.5　1.0
2	普通房屋 2—房屋层数	2　　　1.5	12	菜　地	2.0　2.0　10.0　10.0
3	窑洞 1—住人的 2—不住人的 3—地面下的	1　2.5　2 2.0 3	13	高压线	4.0
4	台　阶	0.5　0.5　0.5	14	低压线	4.0
5	花　圃	1.5　1.5　10.0　10.0	15	电　杆	1.0　o
6	草　地	1.5　0.8　10.0　10.0	16	电线架	
7	经济作物地	0.8　3.0 蔗　10.0　10.0	17	砖、石及混凝土围墙	10.0　10.0　0.5
8	水生经济作物地	3.0　藕 0.5	18	土围墙	0.5 10.0　0.3
9	水稻田	0.2 2.0　10.0　10.0	19	栅栏、栏杆	1.0 10.0
10	旱　地	1.0 2.0　10.0　10.0	20	篱　笆	1.0 10.0

编号	符号名称	图　例	编号	符号名称	图　例
21	活树篱笆	3.5　0.5　10.0 · ○○○ · ○○○ · ○○○ · ○○○ · 1.0　0.8	31	水　塔	2.0 3.0 ⊡ 1.0 1.2
22	沟　渠 1—有堤岸的 2—一般的 3—有沟渠的	1 2 ——— 0.3 3	32	烟　囱	3.5 1.0
			33	气象站(台)	3.0 4.0 1.2
23	公　路	0.3 0.3 沥砾	34	消火栓	1.5 1.5 ⊖ 2.0
24	简易公路	8.0　　2.0	35	阀　门	1.5 1.5 ○ 2.0
25	大车路	0.15 ——— 碎石 0.3	36	水龙头	3.5 1.0 2.0 1.2
26	小　路	4.0　　1.0 0.3 — — — —	37	钻　孔	3.0 ⊙ 1.0
27	三角点 凤凰山—点名 394.468—高程	凤凰山 △ ——— 394.468 3.0	38	路　灯	2.5 1.0
28	图根点 1—埋石的 2—不埋石的	1 2.0 □ N16 ———— 84.46 2 1.5 ○ D25 ———— 2.5 62.74	39	独立树 1—阔叶 2—针叶	1.5 1 3.0 ○ 0.7 2 3.0 0.7
			40	岗亭、岗楼	90° 3.0 1.5
29	水准点	Ⅱ京石5 2.0 ⊗ ———— 32.804	41	等高线 1—首曲线 2—计曲线 3—间曲线	0.15 1 87 0.3 2 85 0.15 6.0 3 1.0
30	旗　杆	1.5 4.0 ⌐ 1.0 ○ 1.0	42	高程点 及其注记	0.5·158.3

1）地物符号

（1）比例符号

地物的形状和大小均按测图比例尺缩小，并用规定的符号绘在图纸上，这种地物符号称为比例符号，如房屋、农田等。在表7-5中，从1号到12号都是比例符号。

（2）非比例符号

有些地物，如导线点、水准点、水龙头、路灯等，轮廓较小，无法将其形状和大小按比例缩绘到图上，而采用相应的规定符号表示，这种符号称为非比例符号。非比例符号只能表示地物的位置和类别，不能用来确定地物的尺寸。在表7-5中，27号至40号均为非比例符号。

非比例符号的中心位置与地物实际中心位置随地物的不同而异，在测图和用图时要注意以下几点：

① 规则的几何图形符号，如圆形、三角形或正方形等，以图形几何中心点代表实地地物中心位置，如水准点、三角点、钻孔等。

② 宽底符号，如烟囱、水塔等，以符号底部中心点作为地物的中心位置。

③ 底部为直角形的符号，如独立树、风车、路标等，以符号的直角顶点代表地物中心位置。

④ 几种几何图形组合成的符号，如气象站、消火栓等，以符号下方图形的几何中心代表地物中心位置。

⑤ 下方没有底线的符号，如亭、窑洞等，以符号下方两端点连线的中心点代表实地地物的中心位置。

（3）半比例符号

地物的长度可按比例尺缩绘，而宽度按规定尺寸绘出，这种符号称为半比例符号。用半比例符号表示的地物都是一些带状地物，如管线、公路、铁路、围墙、通讯线路等。在表7-5中，13号至26号都是半比例符号。这种符号的中心线一般表示其实地地物的中心位置，但是城墙和垣栅等，地物中心位置在其符号的底线上。

在地形图上，对于某个具体地物，究竟是采用比例符号还是非比例符号，主要由测图比例尺决定。测图比例尺越大，用比例符号描绘的地物就越多；测图比例尺越小，则用非比例符号表示的地物就越多。例如用1：500到1：2 000比例尺测图时，对公路可以测出其实际宽度；用1：5 000与1：10 000比例尺测图或编图时，则公路应使用线状符号绘制。

（4）地物注记

用文字、数字或特定符号对地物加以说明称为地物注记。如城镇、工厂、河流、道路的名称，桥梁的尺寸及载重量，江河的流向、流速及深度，道路的去向，森林、果树的类别等，都是以文字或特定符号加以说明。

2）地貌符号

地貌是指地表面的高低起伏形态，如山地、丘陵和平原等。地貌的表示方法很多，大比例尺地形图中常用等高线表示地貌。用等高线表示地貌不仅能表示出地面的高低起伏，而且可根据它求得地面的坡度和高程等。

（1）等高线的概念

等高线是由地面上高程相等的相邻各点连成的闭合曲线。如图 7-14 所示，设想有一座位于平静湖水中的小山，与水面相交形成的水涯线为一闭曲线（等高线），闭曲线的形状随小山与水面相交的位置而定，闭曲线上的高程必然相等。例如，当水面为 53 m 时，闭曲线上的任一点的高程为 53 m；当水位下降 1 m 或 2 m 后，则水涯线的高程分别为 52 m 和 51 m。将这些水涯线垂直投影到水平面 H 上，并按规定的比例尺缩绘到图纸上，就得到一张用等高线表示该小山的地貌图了，这些等高线的形状和高程客观地显示了小山的空间形态。

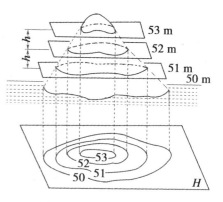

图 7-14　等高线的概念

（2）等高距和等高线平距

相邻等高线之间的高差称为等高距，也称为等高线间隔，用 h 表示。在同一幅地形上，等高距相同。相邻等高线之间的水平距离称为等高线平距，用 d 表示。h 与 d 的比值就是地面坡度 i，即

$$i = \frac{h}{dM} \tag{7-3}$$

式中：M——比例尺分母。

由于在同一幅地形图上等高距 h 是相同的，所以地面坡度 i 与等高线平距 d 成反比。地面坡度较缓，其等高线平距较大，等高线显得稀疏；地面坡度较陡，其等高线平距较小，等高线十分密集。因此，可根据等高线的疏密判断地面坡度的缓与陡。即在同一幅地形图上，如果等高线平距 d 越大则坡度 i 越小，反之则坡度 i 越大；如果等高线平距相等，则坡度均匀。

对于同一比例尺的地形图，如果选择等高距过小，会使图上的等高线过密，有可能影响地形图的清晰表达，还会成倍地增加测绘工作量；如果等高距过大，则不能正确反映地面的高低起伏状况。所以，基本等高距的大小应根据测图比例尺与测区地形情况来确定。等高距的选用可参见表 7-6。

表 7-6　地形图的基本等高距

地　形　类　别	比　例　尺			
	1:500	1:1 000	1:2 000	1:5 000
平地（地面倾角：$\alpha < 3°$）	0.5	0.5	1	2
丘陵（地面倾角：$3° \leqslant \alpha < 10°$）	0.5	1	2	5
山地（地面倾角：$10° \leqslant \alpha < 25°$）	1	1	2	5
高山地（地面倾角：$\alpha \geqslant 25°$）	1	2	2	5

3）用等高线表示的几种典型地貌

地面的形状虽然复杂多样，但都可看成是由山头、洼地（盆地）、山脊、山谷、鞍部或陡崖和峭壁组成的。如果掌握了典型的等高线特点，将有助于读图、用图和测图，就能比较容易

地根据地形图上的等高线分析和判断地面的起伏状态。

(1) 山头和洼地的等高线

山头和洼地(又称盆地)的等高线都是一组闭合曲线。如图 7-15(a)所示,山头内圈等高线高程大于外圈等高线的高程,洼地则相反(如图 7-15(b)所示)。这种区别也可用示坡线表示。示坡线是垂直于等高线并指示坡度降落方向的短线,往外标注的是山头,往内标注的则是洼地。

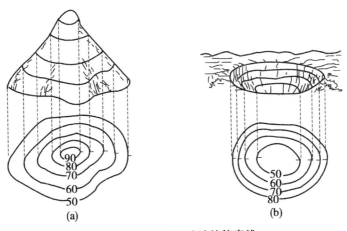

图 7-15 山头和洼地的等高线

(2) 山脊与山谷的等高线

顺着一个方向延伸的高地称为山脊,山脊上最高点的连线称为山脊线。山脊的等高线是一组凸向低处的曲线,如图 7-16(a)所示。

在两山脊间沿着一个方向延伸的洼地称为山谷,山谷中最低点的连线称为山谷线。山谷的等高线是一组凸向高处的曲线,如图 7-16(b)所示。

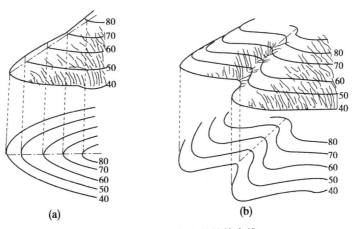

图 7-16 山脊与山谷的等高线

山脊线、山谷线与等高线正交。山脊线又称为分水线,山谷线又称为集水线。在区域规划和工程建筑设计时经常要考虑到地面的水流方向、分水线、集水线等问题,因此山脊线和山谷线在测形图测绘和应用中具有重要的意义。

（3）鞍部的等高线

相邻两山头之间呈马鞍形的低凹部分称为鞍部,是两个山脊和两个山谷会合的地方。鞍部的等高线由两组相对的山脊和山谷的等高线组成,即在一圈大的闭合曲线内套有两组小的闭合曲线,如图7-17所示。

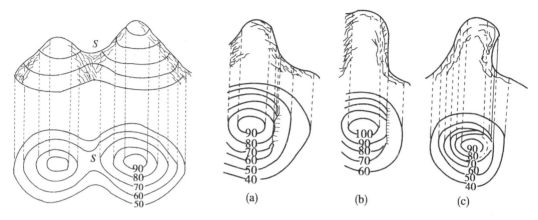

图7-17　鞍部的等高线

图7-18　陡崖和悬崖的表示

（4）陡崖和悬崖

坡度在70°~90°的陡峭崖壁称为陡崖。陡崖处的等高线非常密集,甚至会重叠,因此在陡崖处不再绘制等高线,改用陡崖符号表示,如图7-18(a)和(b)所示。

上部向外突出、中间凹进的陡崖称为悬崖,上部的等高线投影到水平面时与下部的等高线相交,下部凹进的等高线用虚线表示,如图7-18(c)所示。

了解和掌握了典型地貌的等高线的表示方法之后,就不难读懂等高线表示的复杂地貌。图7-19为一综合性地貌的透视图及相应的地形图,可对照前述基本地貌的表示方法参照阅读。

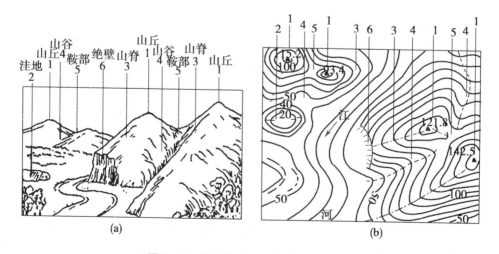

图7-19　综合地貌及其等高线表示方法

4）等高线的分类

为了更详尽地表示地貌的特征,地形图上常用下面四种类型的等高线(如图7－20所示)。

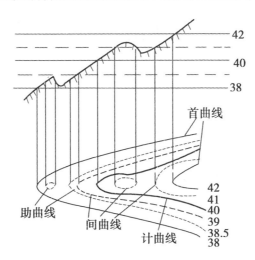

图 7－20　四种等高线的表示方法

（1）首曲线

在同一幅地形图上,按规定的基本等高距描绘的等高线称为首曲线,也称基本等高线。首曲线用 0.15 mm 的细实线描绘。图 7－20 中所示的是高程为 38 m 和 42 m 的等高线。

（2）计曲线

凡是高程能被五倍基本等高距整除的等高线称为计曲线,也称加粗等高线。为了计算和读图的方便,计曲线要加粗描绘并注记高程。计曲线用 0.3 mm 粗实线绘出。图 7－20 中所示的是高程为 40 m 的等高线。

（3）间曲线

为了显示首曲线不能表示出的局部地貌,按二分之一基本等高距描绘的等高线称为间曲线,也称半距等高线。间曲线用 0.15 mm 的细长虚线表示。图 7－20 中所示的是高程为 39 m 和 41 m 的等高线。间曲线一般用于反映平缓山顶、鞍部、微型地貌及倾斜变化的地段,描绘时可不闭合。

（4）助曲线

用间曲线还不能表示出的局部地貌,可按四分之一基本等高距描绘的等高线称为助曲线。助曲线用 0.15 mm 的细短虚线表示。图 7－20 中所示的是高程为 38.5 m 的等高线。助曲线一般用于反映平坦地段的地面起伏,描绘时可不闭合。

5）等高线的特性

从上面的叙述中可概括出等高线具有以下几个特性:

（1）在同一等高线上各点的高程相等。我们把等高线的这一特性称为等高线的等高特性,简称等高性。

（2）等高线应是自行闭合的连续曲线,每一条等高线不在图内闭合就在图外闭合。我们把等高线的这一特性称为等高线的闭合特性,简称闭合性。

（3）除在悬崖峭壁外,等高线不能相交。我们把等高线的这一特性称为等高线不相交特性,简称非交性。

(4)在等高距不变的情况下,平距愈小,即等高线愈密,则坡度愈陡;反之,如果等高线的平距愈大,则等高线愈疏,则坡度愈缓。当几条等高线的平距相等时,表示坡度均匀。我们把等高线的这一特性称为等高线的密陡稀缓性。

(5)等高线通过山脊线及山谷线必须改变方向,而且与山脊线、山谷线正交。我们把等高线的这一特性称为等高线的正交特性,简称正交性。

7.2 测图前的准备工作

1)收集资料

要完成地形图测量任务,在测绘地形图前必须进行必要的准备工作,如抄录测区内所有的控制点资料(平面位置和高程位置)、收集已有的图件、准备测图规范及地形图图式、了解测区其他情况、准备和检查测量仪器及工具、绘制坐标格网及展绘控制点等。

2)选用图纸

地形图测绘应选用质地较好的图纸,如聚酯薄膜、普通优质绘图纸等。聚酯薄膜是一面打毛的半透明图纸,其厚度约为 0.07~0.1 mm,经过热定型处理,变形率小于 0.2‰,且坚韧耐湿,沾污后可洗,在图纸上着墨后可直接复晒蓝图。但聚酯薄膜图纸怕折、易燃,在测图、使用和保管时应注意。对于临时性测图,应选择质地较好的绘图纸,可直接固定在图板上进行测图。

3)绘制坐标格网

为了准确地将图根控制点展绘在图纸上,首先要在图纸上精确地绘制 10 cm×10 cm 的直角坐标方格网。坐标格网可以用绘图仪(在 Auto CAD 等绘图软件下绘制)、坐标仪或者坐标格网尺等专用仪器进行绘制,还可以到测绘仪器用品商店购买印制好坐标方格网的聚纸薄膜图纸。这里介绍一种用对角线绘制坐标方格网的方法。

如图 7-21 所示,先在图纸上画出两条对角线,以交点 M 为圆心,取适当长度为半径画弧,在对角线上交得 A,B,C,D 点,用直线连接各点,得矩形 ABCD。再从 A,B 两点起沿 AD,BC 方向每隔 10 cm 定一点;再从 A,D 两点起沿 AB,DC 方向每隔 10 cm 定一点。连接各对应边的相应点,即得坐标格网。

不论是自己绘制的还是从测绘仪器商店购买的坐标格网图纸,都应进行检查。检查方法是首先将直尺边沿方格的对角线方向放置,检查各方格网的角点是否在同一条直线上(图中 ab 直线),其偏离不应大于 0.2 mm;再检查各个方格的对角线长度应为 14.14 mm,允许误差为 ±0.3 mm;最后检查图廓对角线长度与理论长度之差应在允许值 ±0.3 mm 范围内。若误差超过允许值,则应将格网进行修改或重绘。

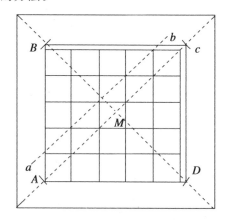

图 7-21 对角法绘制坐标方格网

根据测区的地形图分幅,确定各幅图纸的范围(坐标值),并在坐标格网外边注记坐标值。

4)展绘控制点

展绘控制点前,应抄录测区的控制点平面及高程成果。展绘控制点时,首先要确定控制点所在的方格。如图 7-22 所示,控制点 A 的坐标 $x_A = 764.30$ m,$y_A = 566.15$ m,可确定其位于 $klmn$ 方格内。从 k,n 两点向上用比例尺量 64.30 m,得出 a,b 两点,再从 k,l 两点向右量 66.15 m,得出 c,d 两点,连接 ab 和 cd,其交点即为控制点 A 在图上的位置。用同样方法将其他各控制点展绘在图纸上。最后用比例尺量取相邻控制点之间的图上距离与已知距离进行比较,作为展绘控制点的检核,最大误差在图上 ±0.3 mm 范围内,否则控制点位应重新展绘。经检查无误后,按图式规定绘出控制点符号并注记点号和高程,高程注记到毫米。

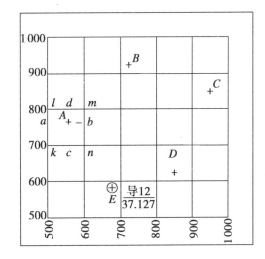

图 7-22 控制点的展绘

5)检查和校正仪器

(1)测量仪器视距乘常数应在(100±0.1)以内。直接量距使用的皮尺等除在测图前检验外,作业过程中还应经常检验。测图中因测量仪器视距乘常数不等于 100 或量距的尺长改正引起的量距误差在图上大于 0.1 mm 时,应加以改正。

(2)垂直度盘指标差不应超过 ±1′。

(3)比例尺尺长误差不应超过 ±0.2 mm。

(4)量角器直径不应小于 20 cm,偏心差不应大于 0.2 mm。

地形测图开始前除了上述工作以外,对于较大测区的地形测量时,在测图之前还应编写地形图测量技术设计书,踏勘了解测区的地形情况、平面和高程控制点的位置及完好情况,拟定作业计划等。

7.3   测量和选择碎部点的基本方法

在地形图测绘中,决定地物、地貌位置的特征点称为地形特征点,也称为地形点或碎部点。测量碎部点可采用极坐标法、方向交会法、距离坐标法、直角坐标法、方向距离交会法、RTK-GPS 法,其中极坐标法是最常用的一种,RTK-GPS 法是目前最快的一种,而其他方法在特殊情况下也可得到灵活运用。在街坊内部设站困难时,也可用几何作图等综合方法进行。

7.3.1 测量碎部点的基本方法

碎部点的正确选择是保证成图质量和提高测图效率的关键。下面分别介绍碎部点测量和选择的一般方法。

1）极坐标法

极坐标法是测量碎部点最常用的一种方法。如图7-23所示，在测站点 A 上设置全站仪、经纬仪或平板仪，通过测量定向点 B 至碎部点1方向间的水平角 β_1 和水平距离 D_1，就可以确定碎部点1的平面位置。同样，在测站上观测碎部点2的角度和边长（β_2，D_2），又可以确定2的平面位置。这种测量碎部点的方法称为极坐标法。

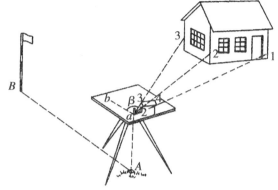

图7-23 极坐标法测绘碎部点

2）方向交会法

当碎部点不能到达或量距困难时，可用方向交会法来测定。如图7-24所示，欲测定河对岸的特征点1,2,3等，自 A，B 两控制点对河对岸的点1,2,3等量距不方便，这时可先将仪器安置在 A 点，经过对点、整平和定向以后，测定1,2,3各点的方向，并在图板上画出其方向线，然后再将仪器安置在 B 点，按同样方法再测定1,2,3点的方向，在图板上画出方向线，则其相应方向线的交会点即为1,2,3点在图板上的位置。

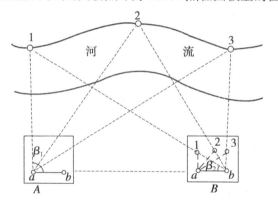

图7-24 方向交会法测绘碎部点

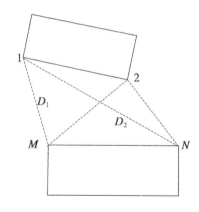

图7-25 距离交会法测绘碎部点

3）距离坐标法

在测绘完主要地物后，再测定隐蔽在建(构)筑群内的一些次要的地物点，特别是这些点与测站不通视时，可用距离交会法测绘这些点的位置。如图7-25所示，图中 M，N 为已测地物点，欲测定1,2两点的位置，可先用皮尺分别量出地物点 M，N 到地物点1的水平距离 D_1，D_2，然后按测图比例尺算出图上相应的长度。在图上以 M 为圆心，用两脚规按 D_1 长度为半径作圆弧，再在图上以 N 为圆心，用 D_2 长度为半径作圆弧，两圆弧相交可得点1。同法可交会出点2。连接图上的1,2两点即得地物一条边的位置。如果再量出房屋宽度，就可以在图上用推平行线的方法绘出该地物。

4）直角坐标法

如图 7 - 26 所示，设 A,B 为两控制点或已测建（构）筑物的两角点，地物点 1，2，3 靠近 AB，以 AB 方向为基准线，找出地物点在 AB 线上的垂足，用皮尺分别量取地物点到基准线的垂距 y_1 和控制点到垂足的距离 x_1，便可定出点 1。同法可定出 2，3 等点。直角坐标法适用于测站点不通视的次要地物靠近基准线或主要地物，且在垂距较短的情况下测绘地形。

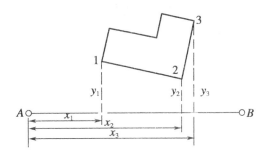

图 7 - 26　直角坐标法测绘碎部点

5）方向距离交会法

测站点与碎部点通视但量距不方便，而已测定的地物点到碎部点的距离便于量取，可以利用方向距离交会法来测绘次要地形点。方向仍从测站点出发来测定，而距离是从图上已测定的地物点出发来量取，按比例尺缩小后，用分规卡出这段距离，从该点出发与方向线相交，即得欲测定的地物点。这种方法称为方向距离交会法。

如图 7 - 27 所示，设 A,B 为两控制点，P 为已测定的地物点，现要测定 1，2 两点的位置，从测站点 A 上测定 1，2 两点的角度，在图上画出方向线，从 P 点出发量取水平距离 D_{P_1} 与 D_{P_2}，按比例求得图上的长度，即可通过距离与方向交会得出 1，2 两点的图上位置。

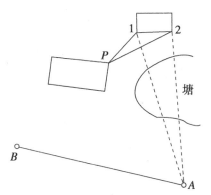

图 7 - 27　方向距离交会法测绘碎部点

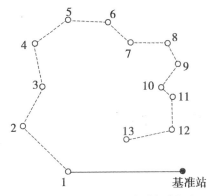

图 7 - 28　RTK - GPS 法测定碎部点

6）RTK - GPS 法

GPS 测量碎部点采用的是准动态相对定位模式，作业方式如下：

（1）在测区选择一基准点（如图 7 - 28 所示），并在其上安置一台接收机，连续跟踪所有卫星。

（2）置另一台流动的接收机于起始点 1 观测数分钟，以便快速确定整周未知数。

（3）在保持对所测卫星连续跟踪的情况下，流动的接收机依次迁到 2，3，…流动点各观测数秒钟。

该作业模式要求作业时必须至少有四颗以上分布良好的卫星可供观测；在观测过程中，流动接收机对所测卫星信号不能失锁，一旦发生失锁现象，应在失锁后的流动点上将观测时间延长至数分钟；流动点与基准站相距目前一般应不超过 15 km。

该作业模式在地形开阔的地带测定碎部点效率很高。在作业过程中即使偶然发生失锁,只要在失锁的流动点上延长观测数分钟,仍可继续按该模式作业。

上述几种方法应视现场情况灵活选用,实际工作中一般以极坐标法为主,再配合其他几种方法进行测绘。

7.3.2 碎部点的选择

1) 地物特征点的选择

地物测绘的质量和速度在很大程度上取决于立尺人员能否正确合理地选择地物特征点。地物特征点主要是地物轮廓的转折点,如房屋的房角、围墙、电力线的转折点,道路河岸线的转折点、交叉点,电杆、独立树的中心点等。连接这些特征点,便可得到与实地相似的地物形状。由于地物形状极不规则,一般规定凡主要建筑物轮廓线的凹凸长度在图上大于0.4 mm时都要表示出来。例如对于1:500的测图,主要地物轮廓凹凸大于0.2 m时应在图上表示出来。

以下按1:500和1:1 000比例尺测图的要求提出一些取点原则。

(1)对于房屋,可只测定其主要房角点(至少三个),然后量取有关的数据,按几何关系用作图方法画出轮廓线。

(2)对于圆形建筑物,可测定其中心位置并量其半径后作图绘出;或在其外廓测定三点,然后用作图法定出圆心作圆。

(3)对于公路,应实测两侧边线,而大路或小路可只测其一侧的边线,另一侧边线可按量得的路宽绘出;对于道路转折处的圆曲线边线,应至少测定三点(起点、终点和中点)。

(4)围墙应实测其特征点,按半比例符号绘出其外围的实际位置。

2) 地貌特征点的选择

地貌特征点就是地面坡度及方向变化点,应选在最能反映地貌特征的山顶、鞍部、山脊(线)、山谷(线)、山坡、山脚等坡度变化及方向变化处。根据这些特征点的高程勾绘等高线,即可将地貌在图上表示出来。此外,为了能真实地表示实地情况,在地面平坦或坡度无明显变化的地区,碎部点(地形点)的最大间距和测定碎部点的最大视距,对一般地区、城镇建筑区应分别符合表7-7和表7-8的规定。

表7-7 一般地区地形点最大间距和最大视距

测图比例尺	地形点的最大间距 (m)	最大视距(m)	
		主要地物点	次要地物点和地形点
1:500	15	60	100
1:1 000	30	100	150
1:2 000	50	180	250
1:5 000	100	300	350

表7-8 城镇建筑区地形点最大间距和最大视距

测图比例尺	地形点的最大间距 (m)	最大视距(m)	
		主要地物点	次要地物点和地形点
1:500	15	50(实量)	70
1:1 000	30	80	120
1:2 000	50	120	200

7.4 碎部测量

目前常用的碎部测量方法有经纬仪测绘法、光电测距仪测绘法和全站仪测绘法等。另外常规的地形测图方法还有平板仪（大平板、小平板）测绘法，但在土木工程生产实践中已经用得较少。

7.4.1 经纬仪测绘法

1）测站的测绘工作

经纬仪测绘法的实质就是按极坐标法测定碎部点并绘制地形。测绘时先将经纬仪安置在控制点上，绘图板安置于测站旁，用经纬仪测定碎部点的方向与已知方向之间的水平夹角；用视距测量方法测出测站到碎部点的水平距离及碎部点的高程；然后根据测定的水平角和水平距离，用量角器和比例尺将碎部点的位置展绘在图纸上，并在点的右侧注记其高程；最后对照实地情况，按照地形图图式规定的符号描绘地形。具体操作方法如下。

（1）安置仪器和图板

如图 7-29 所示，观测员将经纬仪安置在控制点 A 上，经对中、整平后，量取仪器高 i、竖盘指标差 δ，记录员将其填入碎部测量记录表中（参见表 7-9）。

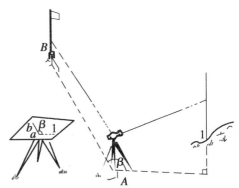

图 7-29 经纬仪测绘法

表 7-9 碎部测量记录表

测站：A　　后视点：B　　仪器高：1.42 m　　测站高程：207.40 m　　指标差 $\delta=0''$

测点	尺间隔 l(m)	中丝读数 v(m)	竖盘读数 L(° ′)	垂直角 α(° ′)	高差 h(m)	水平角 β(° ′)	水平距离 D(m)	高程 H(m)	备注
1	0.760	1.42	93 28	−3 28	−4.59	114 00	75.7	202.81	山脚
2	0.750	2.42	93 00	−3 00	−4.92	132 30	74.8	202.48	山脚
3	0.514	1.42	91 45	−1 45	−1.57	147 00	51.4	205.83	鞍部
4	0.257	1.42	87 26	+2 34	+1.15	178 25	25.6	208.55	山顶
⋮	⋮	⋮	⋮	⋮	⋮	⋮	⋮	⋮	⋮

（2）定向

后视另一控制点 B，置水平度盘读数为 $0°00'00''$。

（3）立尺

立标尺之前，立尺员应根据实际情况及本测站测量范围，与观测员、绘图员共同商定跑尺路线。立尺员应将标尺竖直,依次将标尺立在地物、地貌特征点上,并随时观察立尺点周围情况,弄清碎部点之间的关系,地形复杂时还需绘出草图,以协助绘图员做好绘图工作。跑尺时宜逆时针方向进行,避免已绘地物、地形压在量角器下。

(4) 观测

观测员将经纬仪瞄准 1 点处的标尺,读取视距间隔 l、中丝读数 v、竖盘读数 L 及水平角 β;同法观测 2,3,$\cdots$各点。在读取竖盘读数时,注意检查竖盘指标水准管气泡是否居中。

(5) 记录

记录员将读数依次填入记录表(如表 7-9 所示)。对重要碎部点的名称,如房角、山顶、鞍部等应在备注栏内说明,以便必要时查对。

(6) 计算

计算员依据视距间隔 l、中丝读数 v、竖盘读数 L 和竖盘指标差 δ、仪器高 i、测站高程 H_A,用视距测量计算公式计算出碎部点的水平距离和高程,填入手簿相应栏内。

(7) 绘图

绘图员将小平板安置在测站附近,使图纸上控制边方向与地面上相应控制边方向大致一致。连接图上相应控制点 a,b 并适当延长 ab 线,则 ab 为图上起始方向线。然后用细针将量角器的圆心插在图上测站点 a 处。

转动量角器,将量角器上等于 β 角值(碎部点 1 的水平角为 $114°00'$)的刻画线对准起始方向线 ab(如图 7-30 所示),此时量角器上零方向便是碎部点 1 的方向,然后根据所测的水平距离 75.7 m 用测图比例尺定出 1 点的位置,并在点的右侧注明其高程。当基本等高距为 0.5 m 时,高程注记应注至厘米;基本等高距大于 0.5 m 时可注至分米。同法,将其余各碎部点的平面位置及高程绘于图上。参照实地情况,按地形图图式规定的符号将地物和等高线绘制出来。绘图时要注意图面正确整洁,注记清晰,并做到随测点、随展绘、随检查。

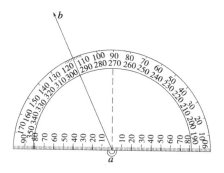

图 7-30 量角器展绘碎部点的方向

当测区面积较大时,可分成若干图幅分别进行测绘。为了相邻图幅的拼接,每幅图应测出图廓外 5 mm;自由图边(测区的边界线)在测绘过程中应加强检查,确保无误。

2) 碎部测量的几项检查

(1) 采用经纬仪测绘时,施测前应对竖盘指标差进行检测,其值应小于 $1'$;仪器对中的偏差不应大于图上 0.05 mm。

(2) 在测站安置好仪器后,以较远的一点标定方向,用其他点(控制点或已测明显地物点)2~3 个进行检查。采用经纬仪测绘时,其角度检测值与原角值之差不应大于 $2'$。当偏差超限时,应检查测站点、方向点是否展错、对错。

(3) 测站测图过程中或测站结束时,应随时检查定向点方向,以发现经纬仪度盘变动或图板是否碰动。采用经纬仪测绘时,归零差不应大于 $4'$。当归零差或偏差超限时,应重新定向并重测。

(4) 检查另一测站高程,其较差不应大于 1/5 基本等高距。

(5) 采用量角器配合经纬仪测图,当定向边长在图上短于 10 cm 时,应以正北或正南方向作为起始方向。

（6）测站工作结束后，应检查地物、地貌是否错测、漏测，各类地物名称和地理名称等是否清楚齐全，在确保没有错误和遗漏后可迁至下一站。

（7）用极坐标法测得碎部点位置后，要有选择的直接丈量明显地物点间距离，如房屋边长、电杆间距等，并与图上距离核对。

3）地形图绘制

当碎部点展绘到图纸上后，就可以对照实地随时描绘地物和等高线。

（1）地物描绘

各种地物要按地形图图式规定的符号表示。如房屋按其轮廓用直线连接，而道路、河流、境界等应按自然形状连接成光滑的曲线；对于不能按比例描绘的地物，应按相应的非比例符号表示。为了表明地物的特征和种类，还需要配合一定的文字、数字加以说明，如房屋的结构、层数，公路的技术等级代码、路面性质，单位、学校、道路、河流的名称等。

（2）等高线的勾绘

地貌主要用等高线来表示。对于不能用等高线表示的特殊地貌，如悬崖、峭壁、陡坎、冲沟等，则用图式规定的符号表示。勾绘等高线的方法有解析法、图解法和目估法。山区测绘时，首先在图上测绘出山脊线、山谷线等地性线，根据地性线和碎部点的高程勾绘等高线。由于图上等高线的高程都是等高线距的整数倍，而所测碎部点的高程并非整倍数，因此，需要在相邻两碎部点间用内插法定出等高线所通过的位置。实际工作中多采用"先取头定尾，后中间等分"的目估法描绘等高线。如图 7-31 所示，地面上两碎部点 C 和 A 的高程分别是202.8 m 和 207.4 m，若取等高距为 1 m，则其间有五条等高线通过，按照平距与高差成正比例的关系，先目估出高程为 203 m 的 m 点和高程为 207 m 的 q 点，然后通过将 mq 的距离四等分，分别定出高程为 204 m，205 m，206 m 的 n,o,p 点。同法可定出其他相邻的两碎部点间的等高线应通过的位置。最后将高程相等的相邻点连接成光滑曲线，即可绘制出等高线（如图 7-32 所示）。

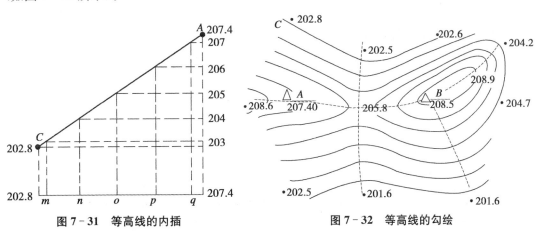

图 7-31 等高线的内插　　　　图 7-32 等高线的勾绘

勾绘等高线时，要对照实地情况，先画计曲线，后画首曲线，并注意等高线通过山脊线、山谷线的走向。地形图等高距的选择与测图比例尺和地面坡度有关，参见表 7-10。

表 7 - 10 等高距选择表

地面倾斜角	比 例 尺			
	1 : 500	1 : 1 000	1 : 2 000	1 : 5 000
0°~6°	0.5 m	0.5 m	1 m	2 m
6°~15°	0.5 m	1 m	2 m	5 m
15°以上	1 m	1 m	2 m	5 m

注：等高距为 0.5 m 时，地形点高程可注至"cm"，其余均注至"dm"。

7.4.2 光电测距仪测绘法

光电测距仪测绘地形图与经纬仪测绘法基本相同，所不同的是用光电测距来代替经纬仪视距法。

先在测站上安置测距仪，量出仪器高，后视另一控制点进行定向，使水平度盘读数为 $0°00'00''$。

立尺员将测距仪的单棱镜装在专用的测杆上，并读出棱镜标志中心在测杆上的高度 v，可使 $v=i$。立尺时要将棱镜面向测距仪立于碎部点上。

观测员将经纬仪瞄准棱镜标志中心，测出斜距 L、竖直角 α，读出水平度盘读数 β，并做记录。

计算员将 α，L 输入计算器，计算平距 D 和碎部点高程 H；然后，与经纬仪测绘法一样，将碎部点展绘于图上。

7.4.3 全站仪测绘法

全站仪结合自动成图方法由全站型电子测量系统与电子计算机配以打印、绘图等设备组成，从而实现了从野外、成果整理直至绘图的一体化作业流程。

全站型电子测量系统是由光电测距装置与电子经纬仪相结合的电子速测仪，配以电子数据终端记录器的自动化、数字化的三维坐标测量系统。电子速测仪有组合式及整体式两类，前者由电子经纬仪与红外测距仪组合，后者是电子速测仪（在电子经纬仪内置一光电测距仪成一整体）。

现对全站型电子测量系统作简要介绍。全站型电子速测仪作碎部点三维坐标测量时，观测值为斜距 D、水平角 β 及 α（天顶距即竖盘读数），自动计算及显示测站点坐标系 x,y,z 的值。

先在测站上安置全站仪，量出仪器高 i，后视另一控制点进行定向，输入后视方向方位角或后视点坐标，然后将仪器高和棱镜高输入。

1）距离、角度和高差模式

一般全站仪可以自定义测量模式，如果没有现成的计算机成图软件，测量时可以设定水平距离、水平角和高差测量模式进行碎部测量，具体方法与测距仪相似。

2）坐标模式

坐标模式就是直接测出碎部点的三维坐标，可以将数据存储于全站仪中，然后利用数据接口将数据传输到计算机中，利用专用的计算机成图软件进行绘图；也可以按直角坐标法直接在绘图板上绘图。

7.5 地形图的拼接、整饰、检查和验收

1) 地形图的拼接

地形图接边差不应大于规范规定的平面、高程中误差的 $2\sqrt{2}$ 倍,小于限差时可平均配赋,但应保持地物、地貌相互位置和走向的正确性,超过限差时则应到实地检查纠正。

当测区面积较大时,整个测区必须划分为若干幅图进行施测。这样,在相邻图幅连接处,由于测量和绘图误差的影响,无论是地物轮廓线还是等高线,往往不能完全吻合。如图 7 - 33 所示,两图幅相邻边的衔接情况,房屋、道路、等高线都有误差。

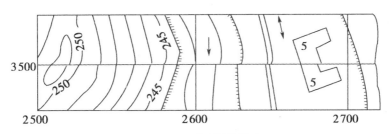

图 7 - 33 地形图的拼接

当用不透明的图纸测图时,拼接图纸的方法是首先用宽约 5 cm 的透明图纸蒙在左图幅的图边上,用铅笔把坐标格网线、地物、地貌勾绘在透明纸上,然后再把透明纸按坐标格网线位置蒙在右图幅衔接边上,同样用铅笔勾绘地物和地貌,同一地物和等高线在两幅图上不重合时就是接边误差。当用聚酯薄膜进行测图时不必勾绘图边,利用其自身的透明性,可将相邻两幅图的坐标格网线重叠,就可进行图形拼接。

若地物、等高线的接边误差不超过表 7 - 11 中规定的地物点平面位置中误差、等高线高程中误差的 $2\sqrt{2}$ 倍时,则可取其平均位置进行改正;若接边误差超过规定限差,则应分析原因,到现场检查予以纠正或重测。

表 7 - 11 地形图拼接允许误差

地区类别	点位中误差	邻近地物点间距中误差	等高线高程中误差(等高距)			
			平地	丘陵地	山地	高山地
城镇建筑区、工矿建筑区、平地、丘陵地	图上 0.5 mm	图上 0.4 mm	$h/2$	$2h/3$	h	h
山地、高山地、施测困难的旧街坊内部	图上 0.75 mm	图上 0.6 mm	$h/3$	$h/2$	$2h/3$	h

2) 地形图的检查

为了确保成图的质量,除施测过程中加强检查外,在地形图测完后,作业人员和作业小组必须对所完成的成果、成图资料进行严格的自检和互检,确认无误后方可上交。地形图的检查可分为室内检查和野外检查两部分。

（1）室内检查

① 图根控制点的密度应符合要求，位置恰当；各项较差、闭合差应在规定范围内；原始记录和计算成果应正确，项目填写齐全。

② 地形图图廓、方格网、控制点展绘精度应符合要求；测站点的密度和精度应符合规定。

③ 图幅拼接有无问题，接边精度是否符合要求等；图历表填写应完整清楚，各项资料齐全。

④ 地物、地貌各要素测绘应正确、齐全，取舍恰当，图式符号运用正确；轮廓线有无矛盾，等高线与地貌特征点的高程是否相符。

如发现错误和疑点，不可随意修改，应给予记录，并到野外进行实地检查、修改。

（2）野外检查

野外检查是在室内检查的基础上进行重点抽查，检查方法分巡视检查和仪器检查两种。

① 巡视检查

检查时应携带测图板，根据室内检查的重点有计划地确定巡视路线，进行实地对照查看。主要查看地物、地貌各要素测绘是否正确、齐全，取舍是否恰当，等高线的勾绘是否逼真，图式符号运用是否正确等。如发现问题应当场解决，否则应设站检查纠正。

② 仪器检查

仪器检查是在室内检查和野外巡视检查的基础上进行的。除对发现的问题进行补测和修正外，还要对本测站所测地形进行检查，看所测地形图是否符合要求。如果发现点位的误差超限，应按正确的观测结果修正。仪器检查量每幅图一般为 10% 左右。

3）地形图的整饰

地形图经过拼接和检查后，还应按规定的地形图图式符号对地物、地貌进行清绘和整饰，使图面更加合理、清晰、美观。整饰的顺序是先图框内后图框外，先注记后符号，先地物后地貌。图上的地物符号、注记、等高线等均应按图式规定的符号、大小、字体进行描绘和书写。图廓外应按图式要求书写图名、比例尺、坐标系统和高程系统、施测单位、测绘者和施测日期等；如果是独立坐标系统，还需画出指北方向。

4）地形图的验收

验收是由委托人对各项成果资料进行检查，以鉴定其是否合乎规范及有关技术指标的要求（或合同要求）。验收时，首先检查成果资料是否齐全，然后在全部成果中抽出一部分作全面的内业、外业检查，其余则进行一般性检查，以便对全部成果质量作出正确的评价。对成果质量的评价一般分优、良、合格和不合格四级。对于不合格的成果，应按照双方合同约定进行处理，或返工重测，或经济赔偿，或既赔偿又返工重测。

5）提交资料

地形测图全部工作结束后，应提交下列资料：

（1）图根点展点图、水准路线图、埋石点点之记、测有坐标的地物点位置图、观测与计算手簿、成果表。

（2）地形原图、图历簿、接合表、裱板测图的接边纸。

（3）技术设计书、质量检查验收报告及精度统计表、技术总结等。

7.6 地形图识读与分析

地形图是进行土木工程建设项目可行性研究的重要资料,是土木工程规划、设计和施工过程中必不可少的基础性资料。工程规划、设计、施工人员借助地形图,可以了解自然和人文地理、社会经济诸方面对工程建设的综合影响,使勘测、规划、设计能充分利用地形条件,进而优化设计和施工方案,有效地节省工程造价;利用地形图还可获取所需的坐标、高程、距离、面积、坡度等数据,进行工程量的概算等工作。近年来,随着计算机技术的迅速发展,数字地形图在工程建设的全过程中得到了广泛运用。正确地应用地形图,是土木工程管理技术人员必须具备的基本技能。

为了正确地应用地形图,首先必须学会识读地形图,在对地形图有了初步了解后再进行详细的地形分析;其次,还应掌握地形图的基本知识,熟悉地形图图式中主要符号的表示方法。识读地形图宜采用从图外到图内,从整体到局部,先概略后细节,由定性到定量的方法逐步深入。

7.6.1 地形图识读

1)图外注记识读

根据地形图图廓外的注记,可以了解地形的基本情况。从地形图的比例尺可以知道该地形图反映地物、地貌的详略;从图廓坐标可以确定图幅所在的位置、面积和长宽;通过图幅接合图表可以了解与相邻图幅的关系;了解地形图的坐标系统、高程系统、等高距、测图方法等对正确用图有很重要的参考作用。

对于大比例尺地形图,一般采用国家统一规定的高斯平面直角坐标系(1980年国家坐标系),城市地形图一般采用城市坐标系,工程项目总平面图大多采用施工坐标系。

自1956年起,我国统一规定以黄海平均海水面作为高程起算面,所以绝大多数地形图都属于这个高程系统。我国自1987年启用"1985国家高程基准",全国均以新的水准原点高程为准。但也有若干老的地形图和有关资料,使用的是其他高程系或假定高程系,如长江中下游一带常使用吴淞高程系。为避免工程上应用的混淆,在使用地形图时应严加区别。通常,地形图所使用的坐标系统和高程系统均用文字注明于地形图的左下角。

对地形图的测绘时间和图的类别要了解清楚。地形图反映的是测绘时的现状,因此要知道图纸的测绘时间,对于未能在图纸上反映的地面上的新变化,应组织力量予以修测与补测,以免影响设计工作。

如图7-34所示,图幅的正上方注有图名黄金村和图号10-20;图幅的正下方注有比例尺;图幅的

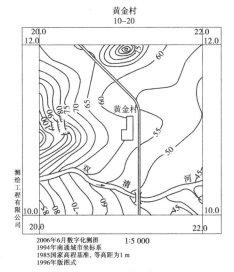

图7-34 地形图识读

左下方注有平面坐标系统、高程系统、基本等高距以及采用的地形图图式版本等内容。

2）地物识读

地物识读之前,要知道地形图使用的是哪一种图式,要熟悉一些常用的地物符号表示方法,了解符号和注记的确切含义。根据地物符号,了解主要地物的分布情况,如村庄名称、公路走向、河流分布、地面植被、农田、山村等。

由图 7-34 可以看出黄金村东侧有一条公路,在村的南面有一条流向由西向东的双清河,河上有一座桥,图的西半部有一些土坎。

3）地貌识读

地貌和土质是土木工程建设进行勘测、规划、设计的基本依据之一。地貌识读前,首先要正确理解等高线的特性,要知道等高距是多少,然后根据等高线的疏密判断地面坡度及地形走势;根据等高线的形状识别山头、山脊、山谷、盆地和鞍部;还应熟悉特殊地貌如陡崖、冲沟、陡石山等的表示方法,从而对整个地貌特征作出分析评价。土质主要包括沙地、戈壁滩、石块地、龟裂地等。

由图 7-34 可以看出整个地形西高东低,逐渐向东平缓,北边有一小山,等高距为 5 m。

7.6.2 地形分析

地形分析的目的是在满足各项工程建设对用地要求的前提下,能充分合理地利用原有地形,美化环境,节省工程造价。

城市规划、建设与地形的关系十分密切。地形对建筑、道路、绿化、给排水和美感等方面也有很大的关系,同时也给城市建设和管理者提出了一系列新的课题。由于生产和人口高度集中引起的用地日益紧张以及城市设计和建设水平的不断提高,对城市用地的地形分析就显得日益重要。

地形分析就是对地形基本特征的分析,包括地形的长度、宽度、线段和地段的坡度等。

（1）按自然地形和各项工程建设对地面坡度的要求,在地形图上根据等高距和等高线平距可计算出地面坡度。如图 7-35 所示是将地面坡度分为 2% 以下,2%～5%,5%～8% 及 8% 以上四类,分别用不同的符号表示在图上,同时计算出各类坡度区域的面积。

（2）根据自然地形画出分水线、集水线和地表面流水方向,从而确定汇水面积和考虑排水方式。

（3）画出冲沟、沼泽、沙地、滑坡等地段,以便结合水文和地质条件来考虑该地区的适用情况。

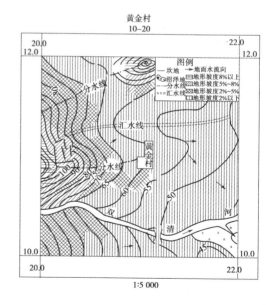

图 7-35 地形分析

7.7 地形图应用的基本内容

7.7.1 在地图上量算点的坐标和高程

1）量算点的坐标

如图 7-36 所示，欲确定图上 A 点的坐标，首先根据图廓坐标的标记和 A 点在图上的位置绘出坐标方格 $abcd$，再按地形图比例尺（1∶1 000）量出 ag 和 ae 的长度：

$$ag = 66.3\ \text{m}, \quad ae = 50.1\ \text{m}$$

则 A 点的坐标为

$$x_A = x_a + ag = 5\,100\ \text{m} + 66.3\ \text{m} = 5\,166.3\ \text{m}$$

$$y_A = y_b + ae = 1\,100\ \text{m} + 50.1\ \text{m} = 1\,150.1\ \text{m}$$

为了检核坐标量算的正确性，还应量出 ab 和 ad 的长度。在图纸使用过程中会产生伸缩变形，导致方格网中每个方格的边长往往不等于其理论值 $l\,(l = 10\ \text{cm})$。为了使量算的坐标值更精确，可采用下式进行计算：

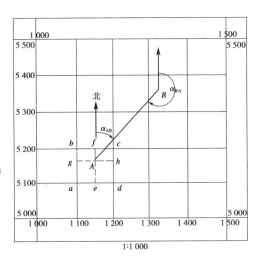

图 7-36 在地图上确定点的坐标

$$
\left.
\begin{aligned}
x_A &= x_a + \frac{l}{ab}agM \\
y_A &= y_a + \frac{l}{ad}aeM
\end{aligned}
\right\}
\tag{7-4}
$$

式中：M——比例尺分母。

2）量算点的高程

地形图上任一点的高程可根据等高线或高程注记点求得。如图 7-37 所示，如果所求点正好位于等高线上（如图中的 A 点），则高程与所在的等高线高程 30 m 相同；如果所求点不在等高线上（如图中的 B 点），通过 B 点作一条垂直于两条等高线的直线，分别交等高线于 m，n 两点，在图上量取 mn 和 mB 的长度，则 B 点的高程为

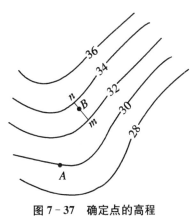

图 7-37 确定点的高程

$$H_B = H_m + \frac{mB}{mn}h \tag{7-5}$$

式中：H_m——m 点的高程；

　　　h——等高距。

设等高距为 2 m,$\frac{mB}{mn}$ 的比值为 0.8,则 B 点的高程为

$$H_B = H_m + H_{mB} = 32\ \text{m} + 0.8 \times 2\ \text{m} = 33.6\ \text{m}$$

在图上求某一点的高程,通常可根据相邻等高线的高程目估确定。例如,图中 B 点的高程可估计为 33.5 m,其高程的精度低于等高线本身的精度。规范中规定:在平坦地区等高线的高程中误差不应超过 1/3 等高距;丘陵地区不应超过 1/2 等高距;山区不应超过一个等高距。由此可见,如果等高距为 1 m,则较平坦地区等高线本身的高程误差允许为 0.3 m,丘陵地区为 0.5 m,山区为 1 m。所以可以用目估确定点的高程。

7.7.2　在地形图上量算两点间的水平距离

1) 根据两点的坐标计算

当距离较长时,可用两点的坐标计算距离。如图 7 - 36 所示,先求出 A,B 两点坐标 (x_A, y_A) 和 (x_B, y_B),然后按下式计算水平距离:

$$D_{AB} = \sqrt{(x_B - x_A)^2 + (y_B - y_A)^2} \tag{7-6}$$

2) 在图上直接量取

用卡规在图上卡在 A,B 两点上,与图示比例尺进行比较,即可得出 AB 的水平距离。当精度要求不高时,可用比例尺在图上直接量取。

7.7.3　在地形图上量算直线的坐标方位角

1) 解析法

如图 7 - 36 所示,先求出 A,B 两点的坐标,然后按下式计算坐标方位角:

$$\alpha_{AB} = \arctan \frac{y_B - y_A}{x_B - x_A} = \arctan \frac{\Delta y_{AB}}{\Delta x_{AB}} \tag{7-7}$$

计算时,要依据 Δx_{AB}、Δy_{AB} 的符号来判定 AB 直线所在的象限。

2) 图解法

当精度要求不高时,可用量角器在图上直接量取坐标方位角。如图 7 - 36 所示,通过 A,B 两点分别作坐标纵轴的平行线,然后将量角器的中心分别对准 A,B 两点量出直线 AB 的坐标方位角 α'_{AB} 和直线 BA 的坐标方位角 α'_{BA},则直线 AB 的坐标方位角为

$$\alpha_{AB} = \frac{1}{2}(\alpha'_{AB} + \alpha'_{BA} \pm 180°) \tag{7-8}$$

7.7.4　在地形图上量算直线的坡度

设地面上两点平距离为 D,高差为 h,而高差与水平距离之比称为坡度,用 i 表示。若地形图上求得 AB 直线的长度 d(m)以及两端点的高程 H_A,H_B 后,则直线的坡度为

$$i = \frac{h}{D} = \frac{H_B - H_A}{dM} \tag{7-9}$$

式中：M——地形图比例尺分母。

坡度有正负号之分，"＋"表示上坡，"－"表示下坡，常用百分率（％）或千分率（‰）表示。

7.7.5　在地形图上量算图形的面积

在工程建设中，常常需要在地形图上量算某一区域的面积，如地籍测量中的宗地面积、房产测绘中分层分户面积、道路工程中的土方填挖断面面积、汇水面积等。下面介绍几种常用的量算面积方法。

1）解析法

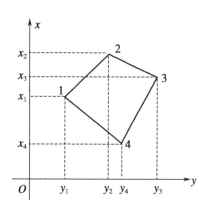

如果图形边界为任意多边形，且各顶点的坐标已经在图上量出或在实地测定，则可以利用多边形各顶点的坐标用解析法计算出面积。如图 7-38 所示，四边形 1234 的每一条边及其两端点向 y 轴的坐标投影线（图中虚线）和 y 轴都可以组成一个梯形，四边形的面积 A 等于这些梯形面积的和或差。设各顶点坐标为 $1(x_1, y_1)$，$2(x_2, y_2)$，$3(x_3, y_3)$ 和 $4(x_4, y_4)$，则计算公式为

$$A = \frac{1}{2}[(x_1+x_2)(y_2-y_1)+(x_2+x_3)(y_3-y_2)-(x_4+x_1)(y_4-y_1)-(x_3+x_4)(y_3-y_4)]$$

图 7-38　解析法计算图形面积

整理后得

$$A = \frac{1}{2}[y_1(x_4-x_2)+y_2(x_1-x_3)+y_3(x_2-x_4)+y_4(x_3-x_1)]$$

若四边形各顶点投影于 x 轴时，则为

$$A = \frac{1}{2}[x_1(y_4-y_2)+x_2(y_1-y_3)+x_3(y_2-y_4)+x_4(y_3-y_1)]$$

若图形为 n 边形，则一般式形式为

$$A = \frac{1}{2}\sum_{i=1}^{n}y_i(x_{i-1}-x_{i+1}) \quad (x_0=x_n, x_{n+1}=x_1) \tag{7-10}$$

$$A = \frac{1}{2}\sum_{i=1}^{n}x_i(y_{i+1}-y_{i-1}) \quad (y_0=y_n, y_{n+1}=y_1) \tag{7-11}$$

分别应用上面两个公式计算图形面积，其结果可相互检核。使用公式时，应注意到图形中的点号是按顺时针进行编号的。若逆时针编号，则计算面积值不变，符号相反。

对于轮廓为曲线的图形进行面积量算时，可采用以折线代替曲线进行估算。这时取样点的密度决定了量算面积的精度，当对量算精度要求较高时应加大取样点的密度。该方法适用于计算机自动进行面积计算。

2）几何图形法

图 7-39 是一个不规则的图形,可将图形分成三角形、梯形或平行四边形等最简单的几何图形,用比例尺量取所需要的面积计算元素(长、宽、高),根据三角形、矩形、梯形等几何图形的面积计算公式计算其面积,则各图形面积之和就是所要求的面积。

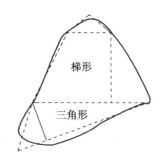

图 7-39　几何图形法量算图形面积

3）透明方格网法

如图 7-40 所示,将透明方格纸覆盖在待量算的图形上,分别数出在图形内的整方格数 n_1 和不足一整格的方格数 n_2。设每一个小方格的面积为 a,则图形的总面积为

$$A = \left(n_1 + \frac{1}{2}n_2\right)aM^2 \tag{7-12}$$

式中：M——比例尺分母。

实际计算时应注意 a 的单位,当 $a=1\ \text{mm}^2$ 时,总面积应为 $A \times 10^{-6}\ \text{m}^2$。

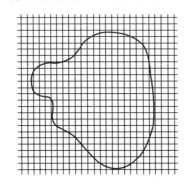

图 7-40　透明方格网法量算图形面积

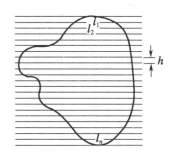

图 7-41　平行线法量算图形面积

4）平行线法

如图 7-41 所示,将绘有间距为 h 的平行线透明纸覆盖在待量算的图形上,并转动透明纸,使平行线与图形的上、下边线重叠。每相邻两平行线间的图形可近似为梯形,梯形的高为 h,梯形的底分别为 $l_1, l_2, \cdots, l_n$,则各个梯形的面积为

$$A_1 = \frac{1}{2}h(0 + l_1)$$

$$A_2 = \frac{1}{2}h(l_1 + l_2)$$

$$\vdots$$

$$A_n = \frac{1}{2}h(l_{n-1} + l_n)$$

$$A_{n+1} = \frac{1}{2}h(l_n + 0)$$

总面积为

$$A = A_1 + A_2 + \cdots + A_n + A_{n+1} = h \sum l \qquad (7-13)$$

除了上述方法外,还可以用电子求积仪测定图形面积。求积仪是一种专门用来量算图形面积的仪器,其优点是量算速度快,操作简便,适用于各种不同几何图形的面积量算,而且能保持一定的精度要求。对该仪器设定图形比例尺和计量单位后,用跟踪放大镜中心准确地沿着图形的边界线顺时针移动一周后回到起点,其显示值即为图形的实地面积。为了提高精度,对同一面积要重复测量两次以上,取其均值。

7.8 地形图在工程设计中的应用

7.8.1 按设计线路绘制纵断面图

纵断面图是反映指定方向地面起伏变化的剖面图。在道路、管道等工程设计中,为进行填、挖土石方量的概算,合理确定线路的纵坡,均需较详细地了解沿线路方向上地面起伏的变化情况。

如图 7-42 所示,利用地形图绘制纵断面图时,首先要确定方向线 MN 与等高线交点 $1,2,\cdots,9$ 的高程及各交点至起点 M 的水平距离,再根据点的高程及水平距离按一定的比例尺绘制成纵断面图。具体步骤如下。

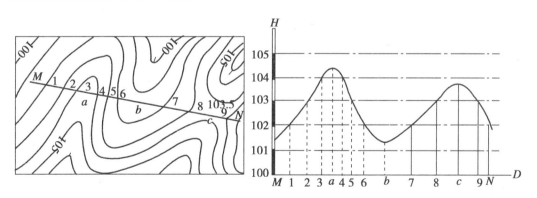

图 7-42 按设计线路绘制纵断面图

(1) 绘制直角坐标轴线,横坐标轴 D 表示水平距离,其比例尺与地形图的比例尺相同;纵坐标轴 H 表示高程。为了明显地表示地面起伏变化情况,高程比例尺往往比平距比例尺放大 10~20 倍,在纵轴上注明标高,标高的起始值选择要恰当,使断面图位置适中。

(2) 用卡规在地形图上分别量取 $M1,M2,\cdots,MN$ 的距离,再在横坐标轴 D 上以 M 为起点,量出长度 $M1,M2,\cdots,MN$ 以定出 $1,2,\cdots,N$ 点。

(3) 根据等高线或碎部点高程按比例内插法求得各点高程,对各点作横轴的垂线,在垂线上按各点的高程对照纵轴标注的高程确定各点在剖面上的位置。

（4）用光滑的曲线连接各点，即得已知方向线 $M-a-b-c-N$ 的纵断面图。

绘断面图时，还必须将方向线 MN 与山脊线、山谷线、鞍部的交点 a,b,c 绘在断面图上。

7.8.2 按规定坡度在地形图上选择线路

在道路、管道等工程设计中，一般要求按规定坡度选定一条最短路线。如图 7 - 43 所示，设从公路旁 A 点到山头 B 点选定一条路线，限制坡度为 4％，地形图比例尺为 1∶2 000，等高距为 1 m。具体方法如下。

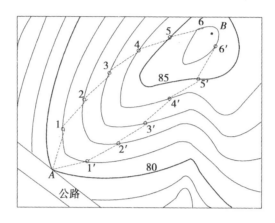

图 7 - 43　按规定坡度在地形图上选择线路

（1）确定线路上两相邻等高线间的最小等高线平距：

$$d = \left| \frac{h}{iM} \right| = \frac{1 \text{ m}}{0.04 \times 2\ 000} = 12.5 \text{ mm}$$

（2）先以 A 点为圆心，以 d 为半径，用圆规画弧，交 81 m 等高线于 1 点；再以 1 点为圆心，同样以 d 为半径画弧，交 82 m 等高线于 2 点；依次到 B 点。连接相邻点，便得同坡度路线 $A—1—2—\cdots—B$。

在选线过程中，有时会遇到两相邻等高线间的最小平距大于 d 的情况，即所作圆弧不能与相邻等高线相交，说明该处的坡度小于指定的坡度，则以最短距离定线。

在图上还可以沿另一方向定出第二条线路 $A—1'—2'\cdots—B$，可作为方案的比较。在实际工作中，还需在野外考虑工程上其他因素，如少占或不占耕地、避开不良地质构造、减少工程费用等，最后确定一条最佳路线。

7.8.3 确定汇水面积

当道路跨越河流或沟谷时，需要修建桥梁或涵洞。桥梁或涵洞的孔径大小取决于河流或沟谷的水流量，而水流量的大小又取决于汇水面积。把地面上某区域内的雨水汇集于同一山谷或河流，并通过某一断面（如桥梁），这一区域的面积称为汇水面积。由于雨水是沿山脊线（分水线）向两侧山坡分流，所以汇水面积的边界线是由一系列的山脊线连接而成的。

如图 7 - 44 所示,一条公路通过山谷,拟在 m 处建桥梁或涵洞。量算由山脊线和公路上的线段所围成的封闭区域 $a—b—c—d—e—f—g—a$ 的面积,再结合当地的气象水文资料,便可进一步确定流经公路 m 处的水量,为桥梁或涵洞的孔径设计提供依据。确定汇水面积的边界线时,应注意以下两点:

(1) 边界应与山脊线一致,且与等高线垂直。

(2) 边界线是经过一系列的山脊线、山头和鞍部的曲线,并在河谷的指定断面(如公路中心线)形成闭合环线。

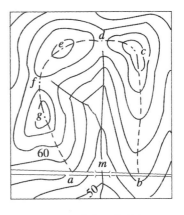

图 7 - 44　确定汇水面积

7.9　平整场地中的土石方估算

在土木工程建设中,通常要对拟建地区的自然地表加以改造,按设计要求整理成水平地面或倾斜地面,使改造后的地面能够进行建(构)筑物修建,满足交通运输、地下管线铺设及排泄地表水的需要。这些改造地表的工作称为平整场地。在场地平整工作中,为了使填挖土石方量保持基本平衡,常要借助地形图进行土石方量的概算,以便对不同的方案进行比较。场地平整的方法很多,本节主要介绍等高线法、断面法及方格网法三种方法。

1) 等高线法

等高线法是从场地设计高程的等高线开始,分别量出各等高线所包围的面积,将相邻两条等高线所包围的面积的平均值乘以等高距,即为相邻两条等高线间的土方量,再求和即为总土方量。

如图 7 - 45 所示,地形等高距为 2 m,要求平整场地后的地面设计高程为 55 m(图中虚线),分别求出 55 m,56 m,58 m,60 m,62 m 五条等高线所围成的面积 A_{55},A_{56},A_{58},A_{60},A_{62},则可计算出每一层的土方量为

$$V_1 = \frac{1}{2}(A_{55} + A_{56}) \times 1$$

$$V_2 = \frac{1}{2}(A_{56} + A_{58}) \times 2$$

$$\vdots$$

$$V_5 = \frac{1}{3}A_{62} \times 0.8$$

总挖土方量为

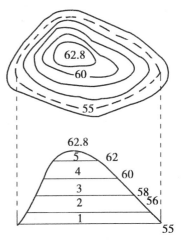

图 7 - 45　等高线法估算土石方量

$$\sum V_W = V_1 + V_2 + V_3 + V_4 + V_5$$

等高线法可用于估算水库的库容量,也可用于地面起伏较大且仅计算挖方量的场地。

2) 断面法

在线路设计、施工过程中,沿中线至两侧一定范围内带状区域的土石方量计算常用断面法来估算。这种方法是在线路中线方向以一定的间隔绘出断面图,先求出各断面由设计高程线与地面高程线围成的填、挖面积,然后计算相邻断面间的填(挖)土方量,最后求和即为总填(挖)土方量。

如图 7-46 所示,在 1:1 000 地形图中等高距为 1 m,施工场地设计标高为 47 m,先在地形图上绘出互相平行且间距为 l 的断面方向线 1-1,2-2,…,5-5,断面间隔视工程设计、施工需要一般为 10~40 m,按一定的比例尺绘制相应的断面图(纵、横轴比例应尽量一致,常用比例尺为 1:100 或 1:200),将设计高程线展绘在断面图上(如图 7-46 中的 1-1,2-2 断面),然后在断面图上分别求出各断面的设计高程线与地面高程线包围的填、挖方面积 A_T,A_w,最后计算两断面间的填、挖土石方量。例如,断面 1-1,2-2 间的土石方量如下:

填方:
$$V_T = \frac{1}{2}(A_{T_1} + A_{T_2})l$$

挖方:
$$V_W = \frac{1}{2}(A_{W_1} + A_{W_2})l$$

同法计算其他两相邻断面间的土石方量,最后将所有的填、挖方量分别累加,便得总的填、挖土石方量。

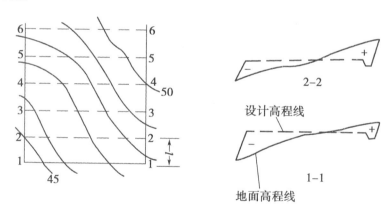

图 7-46 断面法计算土石方量

3) 方格网法

(1) 将场地平整为水平面

如图 7-47 所示为 1:1 000 地形图,拟将原地面平整成某一高程的水平面,使填、挖土石方量基本平衡,步骤如下。

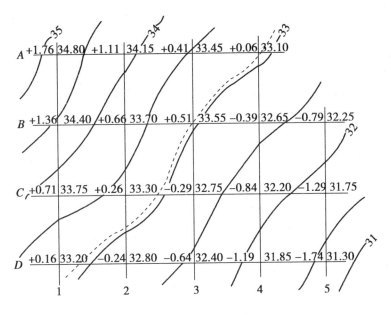

图 7-47　将场地平整为水平面

① 绘制方格网

在地形图上拟平整场地内绘制方格网,方格大小根据地形复杂程度、地形图比例尺以及土石方概算精度而定,一般边长为 5 m,10 m 或 20 m。图 7-47 中方格为 20 m×20 m。

② 求各方格顶点的地面高程

根据地形图上的等高线,用内插法或目估内插求出各方格顶点的地面高程,并标注在方格点的右上方。

③ 计算设计高程

设计高程应根据工程的具体要求来确定。大多数工程要求填挖土石方量大致平衡,这时设计高程的计算方法是先分别求出各方格四个顶点的高程的平均值,即各方格的平均高程 H_i,然后将各方格的平均高程求和并除以方格总数 n,即得到设计高程:

$$H_{设} = \frac{H_1 + H_2 + \cdots + H_n}{n}$$

为提高设计高程的精度,可根据方格顶点的地面高程及各方格顶点在计算每格平均高程时出现的次数进行计算。从图 7-47 中可以看出:方格网的角点 $A1, A4, B5, D1, D5$ 的地面高程在计算设计平均高程时只用到一次;边点 $A2, A3, B1, C1, C5, D2, D3, D4$ 的高程用了两次;拐点 $B4$ 的高程用了三次;中间点 $B2, B3, C2, C3, C4$ 的高程用了四次。因此,将上式按各方格顶点的地面高程在计算中出现的次数进行调整后的设计高程为

$$H_{设} = \frac{\sum H_{角} + 2\sum H_{边} + 3\sum H_{拐} + 4\sum H_{中}}{4n} \tag{7-14}$$

根据图 7-47 中数据,求得设计高程为 $H_{设} = 33.04$ m。

④ 计算填、挖高度

各方格顶点地面高程与设计高程之差为该点的填、挖高度,即

$$h = H_{地} - H_{设} \qquad (7-15)$$

式中：h 为"＋"表示挖深，为"－"表示填高，并将 h 值标注于相应方格顶点左上角。

⑤ 确定填、挖边界线

根据设计高程，在地形图上用内插法绘出 33.04 等高线（见图 7-47 中虚线），该线就是填、挖边界线。

⑥ 计算填、挖土石方量

设角点、边点、拐点和中点的填、挖土方量分别为 $V_角$，$V_边$，$V_拐$，$V_中$，方格各顶点填、挖高度分别为 $h_角$，$h_边$，$h_拐$，$h_中$，方格实际面积为 $A_格$，各方格填、挖土方量计算如下：

$$\left. \begin{array}{l} V_角 = h_角 \times \dfrac{1}{4} A_格 \\[2mm] V_边 = h_边 \times \dfrac{2}{4} A_格 \\[2mm] V_拐 = h_拐 \times \dfrac{3}{4} A_格 \\[2mm] V_中 = h_中 \times \dfrac{4}{4} A_格 \end{array} \right\} \qquad (7-16)$$

将所计算的填、挖方量分别累加，得出总的填、挖土石方量。实际计算时，可在 Excel 表格软件中按方格线依次计算填、挖方量，然后再计算填方量总和、挖方量总和（计算见表 7-12）。从表 7-12 中可知，总填方量和总挖方量相差 6 m³。其原因，一是计算取位；二是在 20 m 见方的方格内地面会有起伏，而计算土方时则将表面近似为一个平面。在实际工程中，若计算出的填、挖土方量之差小于总土方量的 5%～10% 是正常的，可认为满足填、挖方平衡的要求，反之应分析原因。

表 7-12 土石方计算表

点 号	挖深（m）	填高（m）	所占面积（m²）	挖方量（m³）	填方量（m³）
A1	1.76	0.00	100	176	0
A2	1.11	0.00	200	222	0
A3	0.41	0.00	200	82	0
A4	0.06	0.00	100	6	0
B1	1.36	0.00	200	272	0
B2	0.66	0.00	400	264	0
B3	0.51	0.00	400	204	0
B4	0.00	−0.39	300	0	−117
B5	0.00	−0.79	100	0	−79
C1	0.71	0.00	200	142	0
C2	0.26	0.00	400	104	0
C3	0.00	−0.29	400	0	−116
C4	0.00	−0.84	400	0	−336
C5	0.00	−1.29	200	0	−258

点　号	挖深(m)	填高(m)	所占面积(m²)	挖方量(m³)	填方量(m³)
D1	0.16	0.00	100	16	0
D2	0.00	−0.24	200	0	−48
D3	0.00	−0.64	200	0	−128
D4	0.00	−1.19	200	0	−238
D5	0.00	−1.74	100	0	−174
Σ				1 488	−1 494

（2）将场地平整为一定坡度的倾斜面

如果设计的倾斜面要求通过一些不能改变高程的地物点，如已建道路中心线上的高程点、永久性大型建筑物室外地坪高程点等（如图 7 - 48 所示，设 a,b,c 三点为控制高程点，其地面高程分别为 54.6 m，51.3 m 和 53.7 m，要求将原地形改造成通过 a,b,c 三个固定高程点的倾斜面），问题的解决在于如何按设计条件绘出设计等高线，其方法如下。

① 确定设计等高线的平距

过 a,b 两点作直线，用内插法在 ab 直线上求出高程为 54 m，53 m，52 m 等点的位置，也就是设计等高线应经过 ab 直线上的相应位置，如 d,e,f 等点。

② 确定设计等高线的方向

在 ab 直线上用内插法求出一点 k，使其高程等于 c 点的高程，过 kc 连一直线，则 kc 方向就是设计等高线的方向。

③ 插绘设计倾斜面的等高线

过 $d,e,f,g,\cdots$ 各点做 kc 的平行线（见图 7 - 48 中的虚线），即为设计倾斜面的等高线。过设计等高线和原图上同名高程的等高线交点的连线（如图 7 - 48 中连接 $1,2,3,4,5$ 等点），就可得到填、挖边界线。图中绘有短线的一侧为填土区，另一侧为挖土区。

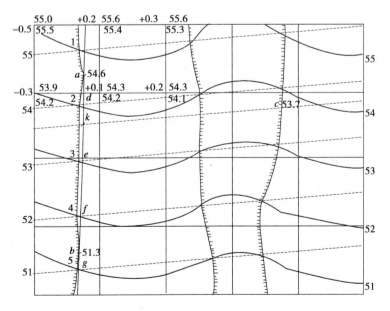

图 7 - 48　将场地平整为通过固定点的倾斜面

④ 计算填、挖土石方量

填挖土石方量的计算方法同前,不同之处是各方格顶点的设计高程是根据设计等高线内插求得的,并标注在方格顶点的右下方,其地面高程和填挖高度仍注记在方格顶点的右上方和左上方。

(3) 将场地平整为一定坡度的倾斜面

如果将原地形改造成某一坡度的倾斜面,一般可根据填挖土方量基本平衡的原则,在确定了倾斜平面的坡度、倾斜方向及设计高程起算点后,即可在地形图上绘出设计倾斜面的等高线。如图 7 - 48 所示,试将原场地平整为从北到南坡度为 $-i_1\%$、从西到东坡度为 $-i_2\%$ 的倾斜面,其方法如下:

① 绘制方格网并求方格顶点的地面高程并标注在图上。

② 计算各方格顶点的设计高程。

如果没有设计起算点的高程,则可根据填挖土石方量基本平衡的原则,使用将场地整平为水平面的方法计算场地设计高程并作为起算点的设计高程。

根据起算点设计高程、方格点间距和设计坡度,自设计高程点起沿方格方向向四周推算有关点的设计高程,用设计高程绘制设计等高线,根据设计等高线内插求得各方格角点设计高程并标注在方格网顶点的右下角。推算设计高程时应进行以下两项检核:

a. 从一个角点起沿边界逐点推算一周后到起点,即设计高程应闭合。

b. 对角线各点设计高程的差值应完全一致。

③ 设计等高线与原地面同名等高线交点即为不填不挖点,称为零点,相邻零点连线即为填挖边界。

④ 方格顶点填挖高度的计算、填挖土方量的计算与将场地整平为水平面时的方法相同。

上述三种土石方量估算方法各有特点,应根据场地地形条件和工程要求选择合适的方法。当实际工程土石方估算精度要求较高时,往往要到现场实测方格网点的高程、断面图或地形图,同时使用较小的方格网边长、等高距、断面间距以提高土石方量的计算精度。

7.10 数字地形图的应用

电子计算机的飞速发展和电子测量仪器的日益广泛应用,促进了地形测量的自动化和数字化进程。数字地形图是以磁介质为载体,用数字形式记录的地形信息,它打破了传统的纸载地形图习惯,为工程应用开辟了快捷灵活的新途径。

数字地形图可以通过全站仪数字化测图、数字摄影测量、卫星遥感测量和其他地面数字测图方法获得,并可以供计算机处理、远程传输和各方共享。

对于工程建设来说,数字地形图在计算机软、硬件的支持下,可以根据需要输出多种不同比例尺的地形图和专题图,提取各种地形数据,如量测各类控制点和特征点的坐标、高程、各点间的水平距离、直线的方位角和两点间的坡度,还能设计坡度线等。

有了数字地形图,可利用计算机三维图形处理功能建立起数字地面模型,也就是相当于恢复地面立体的形态。利用这种模型,可以获得不同比例尺的单线地形图、地形断面图、地形立体透视图;确定汇水范围和计算汇水面积;确定场地平整的填挖边界和计算填挖土方量;线路工程如铁路、公路、输电缆在勘测设计时,可以进行自动选线,绘制带状地形图、纵横断面图;还可以用于土地使用现状分析、土地规划管理和灾情分析等。

数字地形图已广泛应用于国民经济和国防建设各个方面,如工程勘测、建筑设计、施工放样、城市规划、土地管理、房产管理、环境监测、交通导航、土地利用与调查、草地和森林保护等。

思考与练习

1. 什么是比例尺精度?它在测绘工作中有何作用?

2. 地物符号有几种?各有何特点?

3. 何谓等高线?在同一幅图上,等距、等高线平距与地面坡度三者之间关系如何?

4. 等高线有哪些基本特征?

5. 测图前应准备哪些工作?控制点展绘后,怎样检查其正确性?

6. 根据表 7-13 中的数据,计算各碎部点的水平距离及高程。

表 7-13　碎部测量记录表

测站:A　　后视点:B　　仪器高:1.48 m　　测站高程:42.95 m　　指标差 $\delta=0''$

测点	尺间隔 l(m)	中丝读数 v(m)	竖盘读数 L(° ′)	垂直角 α(° ′)	高差 h(m)	水平角 β(° ′)	水平距离 D(m)	高程 H(m)	备注
1	0.552	1.48	83 36			48 05			
2	0.409	1.78	87 51			56 25			
3	0.324	1.48	93 45			247 50			
4	0.675	2.48	98 12			261 35			

7. 简述经纬仪测绘法在一个测站测绘地形图的工作步骤。

8. 为了确保测绘地形图的质量,应采取哪些措施?

9. 如图 7-49 所示,图中点画线表示山脊线,虚线表示山谷线,根据图上各碎部点的平面位置和高程,试勾绘等高距为 1 m 的等高线。

10. 设 A 点位于东经 118°46′,北纬 32°18′,试写出 1:100 万~1:1 万地形图的图号。

11. 设 A 点的坐标为 $X_A=55.742$ km,$Y_A=69.874$ km,试写出其在大比例尺图1:5 000 中的图号,并写出 54-68-Ⅱ 的东邻和北邻 1:2 000 地形图的图幅编号。

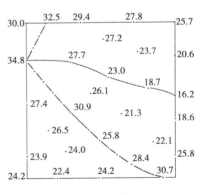

图 7-49　勾绘等高线练习

12. 简述地形图识读的方法和内容。

13. 地形图在工程建设中有哪些应用?

14. 现有一多边形地块,在地形图上求得各边界特征点的坐标为 A(2 500.00,2 500.0),B(2 375.58,2 593.68),C(2 363.72,2 615.82),D(2 472.13,2 674.14),E(2 514.47,2 610.48),试计算该地块的占地面积。

15. 试比较土方估算的三种方法有何异同点,它们各适用于什么场合?

16. 图 7-50 为某地 1:1 000 地形图局部,试在图中完成如下作业:

(1) 求控制点 N3 和 N5 的坐标;

(2) 求直线 N3 到 N5 的距离和坐标方位角;

(3) 绘制直线 AB 间的纵断面图;

(4) 计算水库在图中部分的面积(平行线法);

(5) 将自 B 点向东、向南各 40 m 的范围平整成平地,确定场地高程,并估算填、挖土石方量。

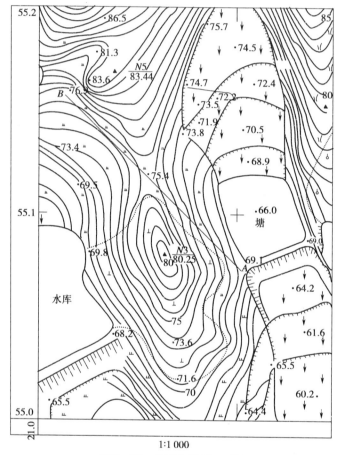

图 7-50 思考与练习 15 图

第三篇 施工测量实务

8 施工测量的基本工作

重点提示：通过本章学习，了解施工测量的概念，掌握距离、角度、高程、点的平面位置、坡度直线的测设方法。

8.1 施工测量概述

施工测量（测设，俗称放样）是把图纸上设计好的建筑物、构筑物的平面位置和高程按设计要求以一定的精度测设到地面上，作为施工的依据，并在施工过程中进行一系列的测量工作，以衔接和指导各工序间的施工。

施工测量贯穿整个施工过程。从场地平整、建筑物定位、基础施工到构件安装等都要进行施工测量，以使各部分尺寸、位置符合设计要求。有些工程竣工后，为了便于维修和扩建，还必须测出竣工图。此外，对一些特殊的建筑物建成后，还要定期进行变形观测，掌握形变规律，为设计、维护和使用提供资料。

施工测量的基本任务是正确地将各种建筑物的位置（平面及高程）在实地标定出来，而距离、角度和高程是构成位置的基本要素。因此，在施工测量中，经常需要进行距离、角度和高程测设工作，距离、角度和高程是测设的基本工作。

8.2 水平距离、水平角和高程的测设

8.2.1 水平距离的测设

在地面上丈量两点间的水平距离时，首先用尺子量出两点间的距离，再进行必要的改正，以求得准确的实际水平距离。而测设水平距离时，其程序恰恰相反。水平距离的测设就是将设计所需的长度在实地标定出来，一般需要从一已知点出发，沿指定方向量出已知距离，从而标定出该距离的另一端点。量距既可用钢尺也可用全站仪。

1）钢尺量距测设水平距离

如图 8-1 所示，设 A 为已知点，需在地面 AB 方向上将设计的水平距离 D 测设出来。当精度要求不高时，可用钢尺从已知点 A 沿已知方向定出另一端点 B'。为校核起见，通常

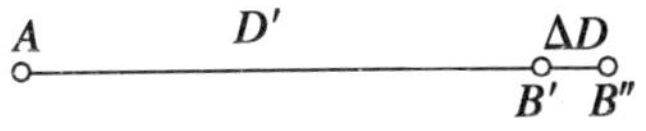

图 8-1 钢尺水平距离测设

放样两次,即用同样方法定出 B'',如果 B' 与 B'' 的距离在限差之内,则取 $B'B''$ 的中点作为 B,即得 $A—B$ 为测设距离。当测设精度要求较高时,可先根据设计水平距离 D,按一般方法在地面概略地定出 B' 点,然后精密丈量 AB' 的水平距离,并加入尺长、温度及倾斜改正数。求出 AB' 的水平距离 D',若 D' 不等于 D,则计算改正数 $\Delta D(\Delta D = D' - D)$,并进行改正,以标定 B 点位置。改正时,沿 AB 方向,以 B' 为准,当 $\Delta D < 0$ 时,向外改正;反之,则向内改正。

2)全站仪测距测设水平距离

如图 8-1 所示,在已知 A 点安置全站仪,使其进入放样测量模式,输入所需测设的水平距离,在 AB 方向上大致为设计水平距离 D 处竖立棱镜杆,屏幕即可显示棱镜所在位置与所需测设距离之差 ΔD,然后根据该显示差值沿 AB 方向向内或向外移动棱镜杆,直至显示差值为零,即可标定测设距离的所在位置。

8.2.2 水平角的测设

水平角的测设是根据水平角的设计值和一个已知方向,把该角度另一个方向测设在地面上。

1)一般方法

当测设水平角的精度要求不高时,可用经纬仪盘左、盘右取中数的方法测设。如图 8-2 所示,设地面上已有 AB 方向线,从 AB 按顺时针方向测设已知值 β 的水平角,方法如下:安置经纬仪于 A 点,盘左瞄准 B,读取水平读盘读数;松开水平制动螺旋,顺时针旋转照准部,使水平读盘读数增加 β 时在视线方向定出一点 C';纵转望远镜成盘右,瞄准 B,读取水平读盘读数,顺时针旋转照准部,使水平读盘读数增加 β 时在视线方向定出一点 C''。若 C' 与 C'' 不重合,取 $C'C''$ 的中点 C,则 $\angle BAC$ 就为要测设的 β 角。

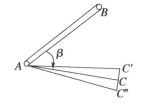

图 8-2 一般方法测设水平角

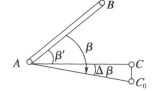

图 8-3 精确方法测设水平角

2)精确方法

当测设的水平角精度要求较高时,可采用作垂线改正的方法。如图 8-3 所示,在 A 点安置经纬仪,先用一般方法测设 β 角,定出 C 点,然后精确测量 $\angle BAC$(一般采用测回法),并计算较差 $\Delta \beta = \beta - \angle BAC$,同时用钢尺丈量 AC 的长度。根据 $\Delta \beta$ 和 AC 的长度,计算垂线距离 CC_0:$CC_0 = AC\tan \Delta \beta \approx AC\dfrac{\Delta \beta}{\rho}$,式中 $\rho'' = 206\,265''$。

过 C 点作 AC 的垂线,从 C 点沿垂线方向向外侧($\Delta \beta > 0$)或向内侧($\Delta \beta < 0$)量取 CC_0,定出 C_0 点,则 $\angle BAC_0$ 就是所测设的 β 角。为了校核,再用测回法测出 $\angle BAC_0$,其值与 β 角之差应小于限差。

8.2.3 高程测设

高程测设就是根据附近的已知水准点将设计的高程测设到地面上,一般采用的仍是水准测量的方法。

1）视线高程测设法

如图8-4所示，为测设一已知高程点 $H_设$，已知附近水准点的高程为 $H_水$，现要将设计高程测设在木桩 B 上，测设步骤如下：

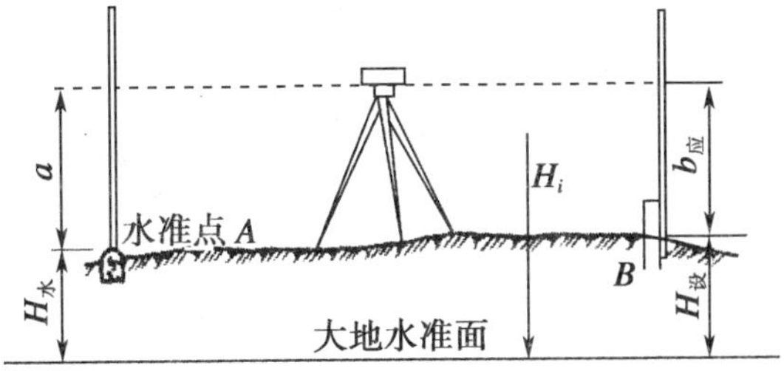

（1）安置水准仪于水准点 A 与木桩 B 之间，先在水准点 A 上立尺，读取尺上读数 a。

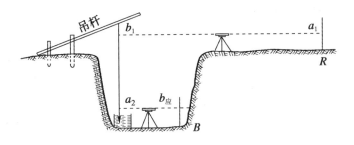

图8-4 视线高法测设高程

（2）计算水准仪的视线高程 H_i（$H_i = H_水 + a$）及木桩 B 点水准尺上的应读读数 $b_应$（$b_应 = H_i - H_设$）。

（3）在 B 点木桩侧面上下移动水准尺，直至水准仪视线在尺上的读数恰好等于 $b_应$，在木桩侧面沿尺底画一横线，即为设计高程 $H_设$ 所在的位置。

2）上下高程传递法

当需要向低处或高处传递高程时，由于水准尺长度有限，只用水准尺已无法测定高程，此时通常可用水准仪、水准尺结合悬挂钢尺的方法传递高程。

如图8-5所示，欲在深基坑内测设一点 B，其高程 $H_设$ 为已知。可先在基坑一侧的地面上打入两个大木桩，架设一吊杆，并将钢尺的末端固定在吊杆上，零端向下吊一10kg的重锤，将钢尺拉直（为防钢尺摆动，可将重锤放于水桶中），以代替水准尺，在地面和基坑下面各安置一台水准仪。设地面上的水准仪在 R 点上立尺的读数为 a_1，在钢尺上读数为 b_1，基坑水准仪在钢尺上读数为 a_2，则 B 尺上应读前视数为

$$b_应 = (H_R + a_1) - (b_1 - a_2) - H_设$$

用同样的方法，也可以从低处向高处测设已知高程点。如利用地面水准仪向楼层上面测设高程点时，一般是在楼梯间或在窗户的横档上支木杆，悬吊、固定钢尺。

图8-5 高程传递方法

8.3 平面点位的测设

测设点的平面位置的方法主要有直角坐标法、极坐标法、角度交会法和距离交会法，在实际中选用何种方法，可根据施工控制网的形式、控制点分布情况、地形情况及现场条件等具体分析，选择合适的测设方法。

8.3.1 直角坐标法

直角坐标法是按直角坐标原理确定某点的平面位置的一种方法。当建筑场地已有相互垂直的主轴线或矩形方格网时,常采用直角坐标法测设点的平面位置。

如图 8-6 所示,A,B,C,D 为某施工方格网或建筑基线内相邻的角点,其坐标均已知,而 1,2,3,4 为待测设的建筑物角点,其设计坐标也已知。以测设 1 点为例,首先计算 1 点相对 B 点的纵、横坐标增量 Δx_{B1},Δy_{B1}:

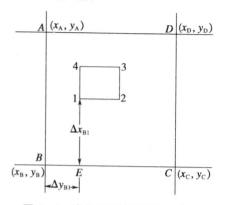

$$\Delta x_{B1} = x_1 - x_B$$

$$\Delta y_{B1} = y_1 - y_B$$

然后在 B 点安置经纬仪,照准 C 点,沿 BC 方向丈量 Δy_{B1} 定出 E 点;再在 E 点安置经纬仪,作 BC 的垂线,沿该垂线方向丈量 Δx_{B1},即可测设出 1 点的位置。同法即可定出 2,3,4 点。为保证测设的精度,距离应往返丈量,角度应用盘左、盘右取平均。

图 8-6 直角坐标法测设平面点位

8.3.2 极坐标法

极坐标法就是测设一个水平角和一条水平距离确定一个点位的方法。当被测设点附近有测量控制点,且已知点与待测设点之间的距离较近,便于量距时常采用极坐标法。

如图 8-7 所示,以控制点 A 为测站、控制点 B 为后视,测设建筑物的特征点 P。同样,首先根据控制点坐标和 P 点的设计坐标反算方位角,再计算测设的水平角和水平距离。依据的公式为

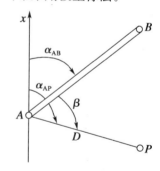

$$\alpha_{AB} = \arctan \frac{y_B - y_A}{x_B - x_A}$$

$$\alpha_{AP} = \arctan \frac{y_P - y_A}{x_P - x_A}$$

$$\beta = \alpha_{AP} - \alpha_{AB}$$

$$D_{AP} = \sqrt{(x_P - x_A)^2 + (y_P - y_A)^2}$$

图 8-7 极坐标法测设平面点位

或者用函数型计算器调用 Pol( )函数简化测设数据计算过程。

然后在 A 点安置经纬仪,以 B 点为零方向,测设水平角 β,定出 P 点的方向,再沿 AP 方向线测设水平距离 D,即可定出 P 的点位。同法定出建筑物其余各点,并作必要的校核。

【例 8-1】 如图 8-8 所示,地面上已有控制点 A,B,且 $x_A = 100.00$ m,$y_A = 100.00$ m,$x_B = 80.00$ m,$y_B = 150.00$ m,现在要在地面测设 P 点($x_P = 130.00$ m,

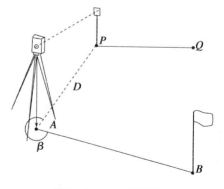

图 8-8 全站仪测设法

$y_P = 140.00 \text{ m})$，请计算测设数据。

【解】 测设数据计算可以根据公式计算，但是更方便的是调用函数型计算器的直角坐标转换为极坐标的函数 Pol( ) 来计算。

① 根据公式计算

$$\alpha_{AB} = \arctan \frac{y_B - y_A}{x_B - x_A} = \arctan \frac{150.00 - 100.00}{80.00 - 100.00} = \arctan \frac{5}{-2} = 111°48'05''$$

$$\alpha_{AP} = \arctan \frac{y_P - y_A}{x_P - x_A} = \arctan \frac{140.00 - 100.00}{130.00 - 100.00} = \arctan \frac{4}{3} = 53°07'48''$$

$$\beta = \alpha_{AP} - \alpha_{AB} + 360° = 53°07'48'' + 360° - 111°48'05'' = 301°19'43''$$

$$D_{AP} = \sqrt{(x_P - x_A)^2 + (y_P - y_A)^2}$$

$$= \sqrt{(130.00 - 100.00)^2 + (140.00 - 100.00)^2} = \sqrt{30^2 + 40^2} = 50 \text{ m}$$

② 应用函数型计算器调用 Pol( ) 函数计算

$$\text{Pol}(x_B - x_A, y_B - y_A) = \text{Pol}(80 - 100, 150 - 100) = (r = 53.851, \theta = 111°48'05'')$$

$$\text{Pol}(x_P - x_A, y_P - y_A) = \text{Pol}(130 - 100, 140 - 100) = (r = 50.000, \theta = 53°07'48'')$$

$$\beta = \alpha_{AP} - \alpha_{AB} + 360° = 53°07'48'' + 360° - 111°48'05'' = 301°19'43''$$

如果用全站仪按极坐标法测设点的平面位置则更为方便，甚至不需要预先计算放样数据。如图 8-8 所示，A，B 为已知控制点，P 为待测设的点。将全站仪安置在 A 点，瞄准 B 点，按提示分别输入测站点 A、后视点 B 及待测设点 P 的坐标后仪器即自动显示测设数据水平角 β 及水平距离 D。水平转动仪器直至角度显示为 $0°00'00''$，此时视线方向即为需测设的方向。在此视线方向上指挥持棱镜者前后移动棱镜，直到距离改正值显示为零，则棱镜所在位置即为所要测设的 P 点。

8.3.3 角度交会法

角度交会法是通过测设两个已知水平角而交会出待定点的平面位置的一种方法，又称为方向线交会法。当待定点离控制点很远或量距困难时，常采用此方法。

如图 8-9(a) 所示，根据控制点 A，B，C 的坐标和待定点 P 点的设计坐标，通过坐标反算得方位角 α_{AP}，α_{BP} 和 α_{CP}，再由控制点之间的已知方位角 α_{AB}，α_{BC}（及其反方位角 α_{BA}，α_{CB}）和方位角 α_{AP}，α_{BP} 和 α_{CP} 计算待测设的交会角值：

$$\beta_1 = \alpha_{AB} - \alpha_{AP}, \quad \beta_2 = \alpha_{BP} - \alpha_{BA}, \quad \beta_3 = \alpha_{CP} - \alpha_{CB}$$

然后，在 A，B 两点同时安置经纬仪，分别测设交会角 β_1，β_2，得到两条指向 P 点的方向线，其交点即为待定点 P 的位置。此外也可在控制点 A，B，C 同时安置经纬仪，分别测设交会角 β_1，β_2，β_3，从而得到三条指向 P 点的方向线。该三条方向线一般会交出一个误差三角形（见图 8-9(b)），则取该三角形内切圆的圆心作为 P 点的测设位置。在进行角度测设时，为了消除仪器的误差，均应采用盘左、盘右取平均的方法。同法可交会出建筑物的其余各点，并对测设出的各点进行必要的校核。

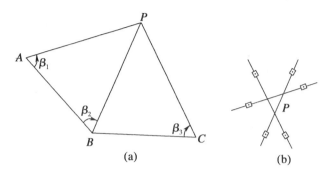

图 8 - 9　角度交会法测设平面点位

8.3.4　距离交会法

距离交会法是测设两段已知距离交会出点的平面位置的方法。当测设时不便安置仪器、测设精度要求不高,且距离小于一钢尺长度的情况下,常采用距离交会法。

具体做法:如图 8 - 10 所示,P 点为待测点,根据 P 点坐标及控制点 A,B 的已知坐标,利用坐标反算出测设距离 D_1,D_2,测设时分别用两把钢尺的零点对准控制点 A,B,以 D_1 和 D_2 为半径在地面上画弧,两弧顶交点即为待测点 P 的位置。

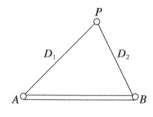

图 8 - 10　距离交会法测设点的平面位置

8.4　坡度线的测设

在平整场地、铺设管道及修筑道路等工程中,经常需要在地面上测设设计坡度线。坡度线的测设是根据附近水准点的高程、设计坡度和坡度端点的设计高程,应用水准测量的方法将坡度线上各点的设计高程标定在地面上。若设计坡度不大,可采用水准仪水平视线法;若设计坡度较大,可采用经纬仪倾斜视线法。

1) 水平视线法

如图 8 - 11 所示,A 为设计坡度线的起始点,其设计高程为 H_A,欲向前测设设计坡度为 i 的坡度线。自 A 点起,每隔一定距离 d (如取 $d = 10\,m$)打一木桩。在 A 点附近安置水准仪,读取 A 点标尺读数 b_A,然后依次在各木桩(桩号 $j=1,2,3,\cdots$)立尺,使各点自水准仪水平视线向下的读数分别为 $b_j = b_A - jdi$(注意:设计坡度 i 本身有正或负号),在木桩侧面沿标尺底部标注红线,即为设计坡度线的所在位置。各桩红线位置的设计高程分别为

$$H_j = H_A + jdi$$

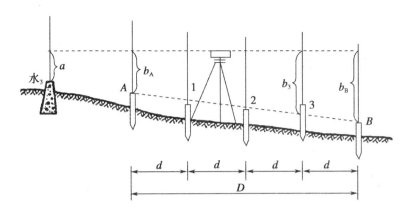

图 8 - 11　水平视线法坡度线测设

2) 倾斜视线法

如图 8 - 12 所示,由 A 点向 B 点测设设计坡度为 i 的坡度线。首先分别按设计坡度 i 在 A,B 两点上测设出设计高程 H_A 和 H_B($H_B = H_A + D_{AB}i$,D_{AB} 为 A—B 的水平距离)的所在位置。将水准仪安置在 A 点上,并量取仪器高 h。安置时,使一对脚螺旋位于 AB 方向上,另一对脚螺旋连线大致与 AB 方向垂直;转动经纬仪在 AB 方向上的脚螺旋,使 B 点标尺的读数正好等于仪器高 h,此时经纬仪的视线即与设计坡度线相平行。依次在各木桩(桩号 $j = 1,2,3,\cdots$,间距均为 d)立尺,使各点自经纬仪倾斜视线向下的读数均为仪器高 h,在木桩侧面沿标尺底部标注红线,即为设计坡度线的所在位置。

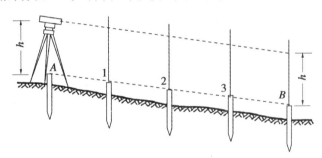

图 8 - 12　倾斜视线法坡度线测设

思考与练习

1. 测设的基本工作有哪几项? 测设与测量有何不同?

2. 欲在地面上测设一个直角 $\angle AOB$,先用一般方法测设出该直角,再用多个测回测得其平均角值为 $90°00'54''$,又知 OB 的长度为 $150.000\,\mathrm{m}$,问在垂直于 OB 的方向上,B 点应该向何方向移动多少距离才能得到 $90°$ 的角?

3. 建筑场地上水准点 A 的高程为 $138.416\,\mathrm{m}$,欲在待建房屋近旁的电线杆上测设出 ± 0 的标高,± 0 的设计高程为 $139.000\,\mathrm{m}$,设水准仪在水准点 A 所立水准尺上的读数为 $1.034\,\mathrm{m}$,试说明测设的方法。

4. A,B 为建筑场地已有的控制点,已知 $\alpha_{AB} = 300°04'$,A 点的坐标为 $x_A = 14.22\,\mathrm{m}$,$y_A = 86.71\,\mathrm{m}$;P 为待测设点,其设计坐标为 $x_P = 42.34\,\mathrm{m}$,$y_P = 85.00\,\mathrm{m}$。试计算用极坐标法从 A 点测设 P 点所需的数据。

9 建筑施工测量

重点提示：通过本章学习，要求学生能够掌握：① 民用和工业建筑的施工测量基本工作，即建筑物的定位和放线、基础工程测量、墙体工程测量；② 高层建筑施工竖向控制的方法；③ 建筑变形观测的方法和流程；④ 竣工测量的内容。

建筑施工测量的任务是在工程施工过程中将图纸上设计的建筑物、构筑物的平面位置和高程按设计要求的精度测设到实地上，并用各种标志表示在现场，指导施工生产工作。

9.1 建筑场地上的控制测量

建筑施工控制测量包括施工平面控制测量和施工高程控制测量。

对于大中型的施工项目，施工前应先建立场区控制网，再分别建立建筑物施工控制网；对于小规模或精度高的独立施工项目，可直接布设建筑物施工控制网。

9.1.1 场区平面控制网

场区的平面控制网有建筑方格网、导线或导线网、三角形网或 GPS 网等形式。随着全站仪在房屋建筑工程施工测量中大量使用，对于一个场地比较大的大中型房建项目建议布置成简单实用的导线或导线网，这样做的理由如下：

（1）导线或导线网能充分利用全站仪的坐标放样功能；导线点相比建立方格网、三角网工作量少，既能保证测量精度又简单实用。

（2）房建场地比较大的项目，如最常见的别墅群或者其他楼栋群一般都会依地势而建，导线点相比方格网和三角网来说可以随意根据地形选择建立在不易被破坏、被遮挡和视线较好的高地，在点位布置方面具有很大的优势。

（3）GPS 现在基本是由规划部分的测绘人员使用，房建施工项目一般不会配备这种仪器，所以建立 GPS 网也基本不会碰到。

建立导线网的等级和精度要求如下：

（1）建筑场地大于 1 km² 或重要工业区，宜建立相当于一级导线精度的平面控制网。

（2）建筑场地小于 1 km² 或一般性建筑区，可根据需要建立相当于二、三级导线精度的平面控制网（一、二、三级导线的主要技术要求和建立步骤参考第 4 章）。

（3）场地控制点埋设要稳固，不易被破坏，其做法如图 9-1 所示。

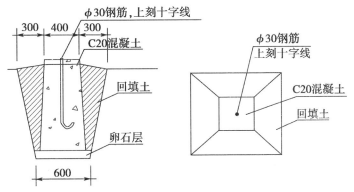

图 9 - 1　场区控制点示意图

9.1.2　场区高程控制网

在场地平面控制网建成导线网后,场地高程控制点可以利用已经建立好的平面控制导线点再按三等或四等水准测量的标准测定其高程,即每个导线点可以有三个坐标(X,Y,Z)。在塔吊基础开挖完成后,如果塔吊基础地基土地质条件较好,可以将高程测设到塔吊的标准节上用油漆标记,控制每个塔吊施工范围内楼栋的标高。

9.2　民用多层建筑施工测量

多层建筑施工测量可以分为+0.000 m 以下和+0.000 m 以上测量两个部分,+0.000 m 以下测量除桩基础外一般可按楼栋定位、基础开挖放线、引桩、基底抄平、垫层面轴线投测的顺序进行。

9.2.1　楼栋定位

多层房屋施工测量的第一步就是要进行楼栋定位,即运用在第 8 章中介绍的平面点位测设的基本方法,根据已建立好的场区控制网点(当不需要建立场区控制网时,利用当地规划部门给予的建设红线和给予的部分轴线点位)将房屋外墙轴线的交点用木桩测定于地上,并在桩顶钉上小钉作为标志。外墙轴线的交点称为轴线桩,图 9 - 2 为轴线桩示意图,如果不能及时引桩四周可用钢管临时围护。

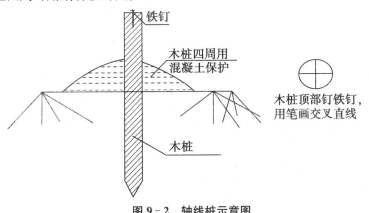

图 9 - 2　轴线桩示意图

9.2.2 基础开挖放线

房屋外墙轴线测定以后,再根据建筑物平面图将内部开间所有轴线都一一测出;然后检查房屋轴线的距离,其误差不得超过轴线长度的 1/2 000;最后根据中心轴线,用石灰在地面上撒出基槽开挖边线,边线宽度需留置适当工作面以便开挖。

9.2.3 引桩

轴线桩在基础开挖时将被挖除,所以在开挖前必须根据建筑物平面图和现场实际情况将已经复核过的可用来做控制线的纵横轴线(或者辅助轴线)引出轴线控制桩如图9-3所示;在多层楼房施工中,引桩是向上层投测轴线的依据;龙门板由于工作量较大,挖机进出场及土方堆放时容易被毁坏,因此已很少使用。引桩一般钉在基槽开挖边线2 m以外的地方,过远不利于用经纬仪往基槽内投测,过近不便于保护,实际距离需根据选择的开挖方式、开挖深度、地质情况和现场周边环境等灵活布置。

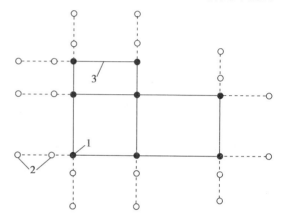

图9-3 轴线控制桩示意图
1—轴线桩;2—轴线控制桩(引桩);3—轴线

【例9-1】 某工程采用柱下独立基础,地质勘探报告显示部分持力层埋深达到4.9 m,且填土有近3 m均为新填土,施工时考虑到周边无相邻建筑物和成本,决定采用不予支护放坡开挖。开挖前将引桩设置在离基础边缘6 m处,结果开挖后出现地质异常,局部深度有6 m,当日晚下大雨,边坡垮塌,结果所布的几个轴线控制桩全部移位。

【分析】 引桩的实际距离一定要根据选择的开挖方式、开挖深度、地质情况和现场周边环境等灵活布置。在此例情况下,轴线控制桩要尽量远离基坑边缘以免被扰动,在开挖完成后进行轴线投测时可在坑边临时加设轴线控制桩。

在多层建筑施工中为便于向上投点,应在较远的地方测定,如附近有固定建筑物,最好把轴线投测在建筑物上。引桩是房屋轴线的控制桩,在一般小型建筑物放线中,引桩多根据轴线桩测设;在大型建筑物放线时,为了保证引桩的精度,一般都先测引桩,再根据引桩测设轴线桩。

9.2.4 基底抄平

引桩和灰线完成后就可以进行基础土方开挖,在土方开挖过程中需控制基槽的开挖深度。当基槽快挖到槽底设计标高且开挖进度较慢时应用水准仪在槽壁上测设一些水平的小木桩,使木桩的上表面离槽底的设计标高为一固定值;为施工时使用方便,一般在槽壁各拐角处和槽壁每隔3~4 m均测设一水平桩,必要时可沿水平桩的上表面拉上白线绳,作为清理槽底和打基础垫层时掌握高程的依据。如果开挖进度较快,应在坑边架设水准仪边测量边指挥开挖。当基槽下不是岩石时,一般在坑内打入钢筋头,用钢筋头顶部的高度控制垫层面的标高。

标高点的测量允许偏差为±10 mm。

9.2.5 垫层面轴线投测

垫层浇筑完成后,根据龙门板上的轴线钉或引桩,用经纬仪把轴线投测到垫层上去,然后在垫层上用墨线弹出轴线和基础(混凝土基础或墙基)边线,并将轴线延长用油漆标识。根据开挖方式,垫层面放线可分为以下几种情况。

(1) 非大开挖基础

墙下条形基础和柱下独立基础这两类浅基础如果地质条件好会一条槽、一个坑的开挖,开挖后相邻基础之间会留有土堆,造成在垫层面拉尺存在困难。为了放线方便,可以在土方开挖完成后用钢管沿建筑物外边搭设一圈简易的"龙门板"(见图9-4和图9-5)保证量尺时钢尺水平,利用轴线控制桩和钢尺将所有的轴线测设到水平杆上再挂线用线锤吊下基础中心点;再根据中心点弹出基础边线(用于木工支模)和柱边线(用于柱钢筋定位)。

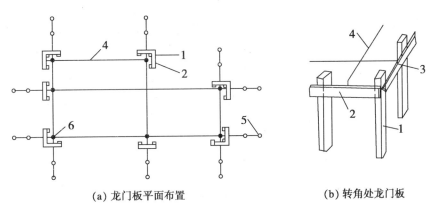

(a) 龙门板平面布置　　　　　(b) 转角处龙门板

图 9-4　龙门板设置示意图

1—龙门桩;2—龙门板;3—轴线钉;4—线绳;5—引桩;6—轴线桩

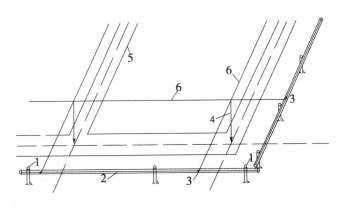

图 9-5　钢管搭设简易龙门板

1—钢管立杆;2—钢管水平杆;3—轴线标志;4—垂线;5—基槽边线;6—线绳

（2）大开挖基础

当基础采用大开挖时,可以直接用轴线控制桩将控制轴线投测后用钢尺或在坑底架设经纬仪将其余轴线和基础边线一一弹出。对于体型较为复杂的房屋可能+0.000 m以上由于剪力墙、楼梯间等的影响需要采用与基础不同的控制线,在垫层中线投测时就应该将+0.000 m控制线在垫层面上弹出,并在复核无误后用经纬仪将该控制线引出控制桩(方法同轴线控制桩),作为上部结构轴线投测的依据。

9.2.6 桩基础测量

桩基础属于深基础,造价较高,一般应用于高层建筑基础,除非地质条件复杂不能采用浅基础时才会用于多层房屋基础。其测量与浅基础的主要不同之处就是桩的定位,可以采用以下方法:

（1）统计出各桩的坐标排序后利用全站仪的坐标放样功能直接定位。

（2）先将轴线测设出来,用钢尺依据几何关系定位。

（3）底层面积较大,单边长度超过100 m(普通钢尺的量程)且无全站仪,为确保精度可以利用经纬仪的角度交会法进行定位。如图9-6,将经纬仪架设于轴线桩1上,以轴线桩2为后视,转角69°30′得方向线1;再将经纬仪架设于轴线桩2上,以轴线桩1为后视,转角53°8′得方向线2。方向线1和方向线2的交点即为桩位。

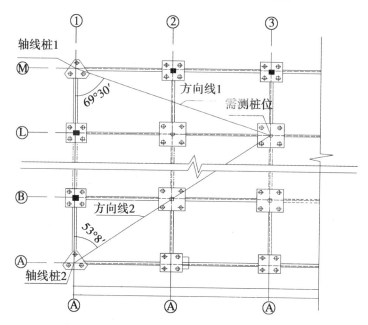

图9-6 经纬仪角度交会法测设桩位示意图

9.2.7 +0.000 m以上轴线投测

基础施工完毕土方回填前,应将垫层面上已标识保护好的轴线用线锤引上,或者通过把经纬仪安置在轴线控制桩上,后视墙柱底部的轴线标点,用正倒镜取中的方法将控制线投测到各层楼板边缘或柱顶上,再根据控制线测设其余轴线。每层楼板中心线应测设长线(列线)1～2条,短线(行线)2～3条,其投点允许偏差为±5 mm。然后根据由下层投测上来的轴线,在楼板上分间弹线。当各轴线投到楼板上之后,要用钢尺测量其间距作为校核,其相对误差不得大于1/2 000。经校核合格后,方可开始该层的施工。为了保证投测质量,使用的仪器一定要经检验校正,安置仪器一定要严格对中、定平。为了防止投点时仰角过大,经纬仪距建筑物的水平距离要大于建筑物的高度,否则应采用正倒镜延长直线的方法将轴线向外延长,然后再向上投点。

9.2.8 高程传递

多层建筑物施工中,要由下层梯板向上层传递标高,以便使楼板、门窗口、室内装修等工程的标高符合设计要求。标高传递一般可采用以下几种方法进行。

(1)利用皮数杆传递高程

对砖混结构可利用皮数杆传递高程,这是因为在皮数杆上自±0起,门窗口、过梁、楼板等构件的标高都已标明。一层楼砌好后,则从一层皮数杆起一层一层地往上接(见图9-7)。

(2)利用钢尺直接丈量

在标高精度要求较高时,可用钢尺沿某一墙角自±0或+50 cm线起向上直接丈量,把标高传递上去;然后根据由下面传递上来的高程立皮数杆,作为该层墙身砌筑和安装门窗、过梁及室内装修、地坪抹灰时掌握标高的依据。

(3)吊钢尺法

在楼梯间或者预留的200 mm×200 mm控制孔吊上钢尺,用水准仪读数把下层标高传到上层。

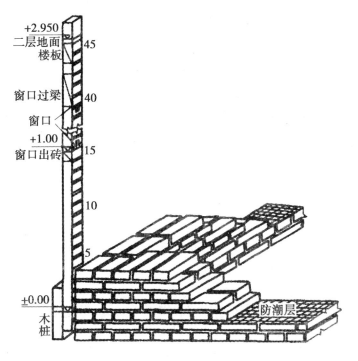

图9-7 皮数杆设置示意图

9.3 高层建筑施工测量

9.3.1 高层建筑施工测量概述

相比普通多层建筑来说,高层建筑层数多,高度高,其施工测量的主要任务就是要控制好垂直度,就是将建筑物的基础轴线准确地向高层引测,并保证各层相应轴线位于同一竖直平面内,控制好竖向偏差,使轴线向上投测偏差值不超限。

高层建筑竖向误差本层内不超过 5 mm,全楼累计误差不超过 $2H/10\,000$,且不应大于表 9 - 1 中数据。

表 9 - 1　高层建筑竖向误差控制标准

高　度(m)	全楼累计容许误差(mm)
$30 < H \leqslant 60$	10
$60 < H \leqslant 90$	15
$90 < H$	20

9.3.2 轴线投测

高层建筑外形可能为扇形、S 形、圆筒形、多面体形等较为复杂几何图形,所以在基础测量时选择适当的主控制线和竖向投测方法对保证测量精度和测量工作顺利进行至关重要。

高层建筑主控制线一般可以使其与设计柱列轴线平行,组成矩形轴线控制网。测设轴线时距离精度要求较高,一般不得低于 $1/10\,000$;测角用 J2 光学经纬仪按测回法测两测回,使纵横轴线交角与 90°角之差不小于 20″。

竖向投测方法主要有外控法和内控法两种。

1) 外控法

外控法是在建筑物外部,利用经纬仪,根据建筑物轴线控制桩来进行轴线的竖向投测,亦称作"经纬仪引桩投测法"。具体步骤同多层建筑,也就是在基础完工后,将经纬仪架设于主控线轴线控制桩上分别以正、倒镜两个盘位照准建筑物底部所设的轴线标志,逐层往上投测每层楼面上,取正、倒镜两投测点的中点作为该条主控制线的点;将所有的主要控制线分别投测到该楼面上,再根据主要控制线完成整个楼面的轴线测设工作。

外控法在高层建筑中使用一般要求经纬仪架设位置到基础边缘的距离要大于投测高度。当层数超过 10 层时,经纬仪向上投测的仰角增大,则投点误差也随着增大,投点精度降低,且观测操作不方便。因此,必须将主轴线控制桩引测到远处的稳固地点或者附近大楼的楼面上以减少仰角,提高测量精度。

外控法投测所用经纬仪必须经过严格的检验校正,尤其是照准部水准管轴应竖直于竖轴;投测时应严格整平。

2) 内控法

内控法是在建筑物内 +0.000 m 平面建立轴线控制网,在所选择的作为主控线交点位置预埋标志(可用钢板),以后在各层楼板形成轴线控制网的控制点的相应位置留设 200 mm×200 mm 的传递孔,在控制点上直接用垂准仪、重锤球或加了 90°转角长目镜的经纬仪通过预留孔将其点位垂直引投传递至任一楼层(见图 9 - 8 和图 9 - 9)。

投测点位和主控制线需根据建筑结构平面布置情况选择有代表性、无水平遮挡、测量方便的位置;单层面积较大、平面布置较为复杂的楼栋可以适当多设几个控制点。

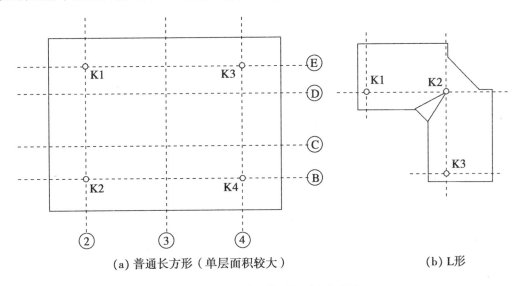

(a) 普通长方形 (单层面积较大)　　　　　　(b) L形

图 9-8　两种常见楼型投测点位设计

激光垂准仪或
经纬仪

底层投测点

图 9-9　内控法投测轴线示意图

9.3.3　高程传递

　　高层建筑的高程传递基本与多层建筑相同,可采用钢尺直接量尺或者吊钢尺法。如果塔吊基础沉降稳定,也可通过把标高测定到塔吊标准节上,再用水准仪从标准节引测到相应楼层。

9.4 工业建筑施工测量

9.4.1 工业厂房矩形控制网的测设

厂房是为工业生产服务的,其约占工业建筑总量的 80%,是工业建筑的主体。根据层数,厂房分为单层厂房和多层厂房。对于产品较重、外形较大且需要较大动力荷载及起重运输设备或以水平方向组织生产、工艺流程的项目,多采用单层厂房结构。厂房中应用较广泛的结构类型是装配式钢筋混凝土排架结构厂房。

凡工业厂房或连续生产系统工程,均应建立独立矩形控制网,作为施工放样的依据。厂房控制网常用的建立方法一般有下列两种。

1) 单一的厂房矩形控制网的测设

单一的厂房矩形控制网的测设只适用于一般中小型厂房。一般是先测出厂区控制网的一条边长,然后以这条长边作为基线推出其余三边;再在丈量矩形网各边长时,同时测出距离指标桩。此类厂房矩形控制网的精度要求,矩形边长精度为 1/20 000~1/10 000,矩形直角允许误差为 ±10″。

2) 主轴线组成的矩形控制网的测设

主轴线组成的矩形控制网的测设一般多用于大型厂房或系统工程。先根据厂区控制网定出矩形控制网的主轴线,然后根据主轴线测设矩形控制网。

图 9-10 为测设的控制网,先将长轴 AOB 测定于地面,再以长轴为基线测出短轴 COD 并进行方向改正,使纵横两轴线严格垂直,主轴线交角允许误差为 ±5″。轴线的方向调整好以后,应以 O 为起点精密丈量距离,确定纵横轴线各端点位置,主轴线长度精度为 1/50 000。

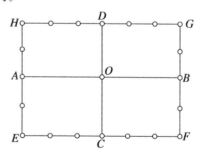

图 9-10 厂房矩形控制网测设

根据主轴线测设矩形控制网,在纵横轴线的端点 A,B,C,D 分别安置经纬仪,瞄准 O 点作起始方向,分别测设直角交会定出 E,F,G,H 四个角点。然后再精密丈量 AH,AE,BG 等各段距离,其精度要求与主轴线相同。若角度交会与测距精度良好,则所量距离的长度与交会定点的位置能相适应,否则应按照轴线法中所述方法予以调整。

为了便于以后进行厂房细部的施工放样,在测定矩形网各边长时应按施测方案确定的位置与间距测设距离指标桩。距离指标桩的间距一般等于厂房柱子间距的整倍数(但以不超过使用尺子的长度为限),要使指标桩位于厂房柱子行列线或主要设备中心线方向上,在距离指标桩上直线投点的允许偏差为 ±5 mm。

9.4.2 工业厂房柱列轴线和柱基测设

1) 工业厂房柱列轴线的测设

如图 9-11 所示,在厂房矩形控制网的精度符合要求后,可根据柱间距和跨间距用钢尺沿矩形网各边量出各轴线控制桩的位置并打入木桩,桩顶用钉子控制位置,作为测设基坑和施工安装的依据。

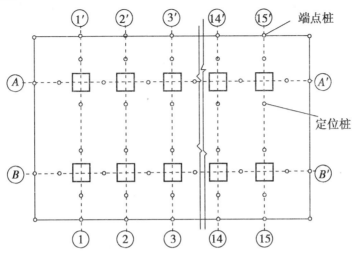

图 9 - 11　厂房柱列轴线测设

2) 柱基轴线的测设

根据厂房平面图将柱基纵横轴线投测到地面上,并根据基础图放出柱基挖土边线,用灰线把基坑开挖边线在实地标出。在离开挖边线约 0.5～1.0 m 处方向线上打入四个定位木桩,钉上小钉标示中线方向,供修坑立模之用。同法可放出全部柱基。

在进行柱基测设时,应注意定位轴线不一定都是通过基础中心线,厂房的柱基类型多,尺寸不同,放样时应认真核对。

3) 柱基施工测量

基坑开挖后,当基坑快要挖到设计标高时,应在基坑的四壁或者坑底边沿及中央打入小木桩,在木桩上引测同一高程的标高,以便根据标点拉线修整坑底和打垫层。

垫层打好以后,根据柱基定位桩用吊锤球的方法在垫层上放出基础中心线,并弹墨线用红漆标明,作为支模板的依据;然后将模板对准垫层上的定位线并用锤球校正;最后将柱基顶面设计标高测设在模板内壁上。

9.4.3　工业厂房构件的安装测量

1) 柱子的安装测量

柱子安装的测量工作是使柱子位置正确、柱身竖直、牛腿面符合设计高程。柱子吊装前应在柱身的三面弹出中心线并标记,将柱吊入杯口内用经纬仪校正柱身竖直,柱子校正应避免日照影响。方法如下:如图 9 - 12 所示,将经纬仪放置在柱基中心线上离柱基为 1.5 倍柱高,对准柱基中心线后固定,再抬高望远镜观测柱身中心线标记。若十字丝竖丝重合,则柱身竖直并灌浆固定。其允许误差应满足表 9 - 2 的要求。

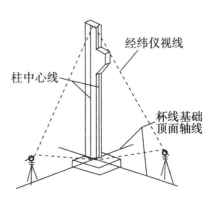

图 9 - 12　柱子安装测量

表 9-2　柱子安装测量允许偏差

测　量　内　容	测量允许偏差(mm)
钢柱垫板标高	±2
钢柱±0 标高检查	±2
预制钢筋混凝土±0 标高检查	±3
柱子垂直度	柱高 10 m 内，$H/1\,000 \leqslant 10$ 10 m 以上，$H/1\,000 \leqslant 20$

注：H 为柱子高度。

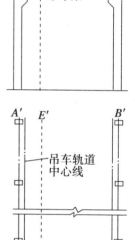

图 9-13　吊车轨道中心线的测设

2）吊车梁的安装测量

吊车梁安装测量的工作是将吊车梁按设计的标高准确地安装在牛腿上，并使梁的中线位置与吊车轨道的设计中心线在同一竖直面内。

吊车梁安装时先在地面上定出吊车梁中心线(亦即吊车轨道中心线)控制桩，然后用经纬仪将吊车梁中心线投测在每根柱子牛腿上并弹以墨线，投点误差为±3 mm。吊装时使吊车梁中心线与牛腿上中心线对齐。吊车梁的梁顶面标高用钢尺自柱身±0.000 标高量至梁面设计标高，在梁下加垫板用来调整梁面标高，使其符合设计要求，误差应在±(3～5)mm 之内。

3）吊车轨道的安装测量

吊车轨道安装测量的工作是保证轨道中心线和轨顶标高符合设计要求。

安装前先在地面上沿垂直于柱中心线的方向各量 1 m，如图 9-13 所示，得到 EE' 平行于轨道中心线。然后将经纬仪安置在 E 点，瞄准 E'，抬高望远镜向上投点。这时一人在吊车梁上横放一支 1 m 长的木尺，假使木尺一端在视线上，则另一端即为轨道中心线位置，并在梁面上画线表明。同法定出轨道中心线其他各点。吊车轨道校正中心线就位后，要用水准仪检查轨道顶标高是否符合设计要求，检查时在吊车轨道两轨接头处各测一点，中间每隔 6 m 测一点，允许误差为±2 mm。还要进行跨距检查，用钢尺精密丈量其跨距尺寸，实测值与设计值相差不得超过 3～5 mm,否则应予调整。

9.5　建筑物变形观测

随着建筑的修建层数不断增加和各种因素的影响，建筑的地基和基础所承受的荷载也在不断增加，引起建筑物变形。为了满足建筑安全、适用、耐久等功能的要求，我们在建筑物的施工过程中需要对建筑物进行变形观测。建筑物的变形有沉降、倾斜、裂缝及平移，本节建筑物变形观测主要讲述沉降观测。

建筑物的沉降观测是指用水准测量的方法周期性的测量基准点和沉降观测点之间的高差值,即沉降量。

1)沉降观测的基准点和沉降观测点的布置

建筑物沉降观测是根据基准点来对比测量的沉降量,故要求基准点应选在工程变形影响区域之外稳固可靠的位置。《工程测量规范》GB 50026－2007 规定每个工程至少应有三个基准点,以组成水准网。布设基准点时应考虑下列因素:

(1)水准点应尽量与观测点接近,其距离不应超过 100 m,以保证观测的精度。

(2)水准点应布设在受振区域以外的安全地点,以防止受到振动的影响。

(3)离公路、铁路、地下管道和滑坡至少 5 m,要避免埋设在低洼易积水处及松软土地带。

(4)为防止水准点受到冻胀的影响,水准点的埋设深度至少要在冰冻线下 0.5 m。

沉降观测点设在能反映建筑物变形特征的位置,埋设必须是稳固可靠且在观测周期内不被损坏。其观测的数量和位置应根据基础的构造、荷重以及工程地质和水文地质的情况而定。如房角、纵横墙连接处、沉降缝的两旁以及高层建筑物应沿其周围每隔 15～30 m 设点。沉降观测点的形式和设置方法应根据工程性质和施工条件来确定或设计。如图 9－14 所示,利用直径 20 mm 的钢筋,一端弯成 90°角,一端制成燕尾形埋入墙内;再如图 9－15 所示,用长 120 mm 的角钢,在一端焊一铆钉头,另一端埋入墙内,并以 1：2 水泥砂浆填实。

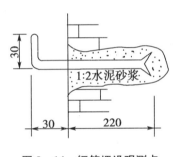

图 9－14 钢筋埋设观测点

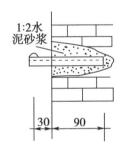

图 9－15 角钢埋设观测点

2)观测时间、观测精度要求及观测方法

(1)沉降观测时间

在较大荷重增加前后(如基础浇灌、回填土、安装柱子、安装房架、砖墙每砌筑一层楼、设备安装、设备运转、工业炉砌筑期间、烟囱每增加 15 m 左右等),均应进行观测;施工期间中途停工时间较长,应在停工时和复工前进行观测;当基础附近地面荷重突然增加,周围大量积水及暴雨后或周围大量挖方等,均应观测;工程投入生产后应连续进行观测,观测时间的间隔可按沉降量大小及速度而定,在开始时间隔短一些,以后随着沉降速度的减慢可逐渐延长,直到沉降稳定为止。

(2)观测精度要求及观测方法

沉降观测点的精度要求和观测方法可按表 9－3 进行选择。为了减少系统误差的影响,提高观测精度,应尽可能做到"四定":固定人员观测和整理成果;使用固定的水准仪及水准尺(每次监测前都应对其进行检核);使用固定的水准点。

表 9-3　沉降观测点的精度要求和观测方法

等级	点高程中误差（mm）	相邻点高差中误差（mm）	观测方法	适用范围	往返较差、附合或环线闭合差（mm）
一等	±0.3	±0.10	除宜按国家一等精密水准测量技术要求施测外，尚需设双转点，视线≤15 m，前后视视距差≤0.3 m，视距累积差≤1.5 m	变形特别敏感的高层建筑、工业建筑、高耸构筑物、重要古建筑、大型坝体、精密工程设施、特大型桥梁、大型直立岩体、大型坝区地壳变形监测等	$\leqslant 0.15\sqrt{n}$
二等	±0.5	±0.30	按国家一等水准测量技术要求施测	变形比较敏感的高层建筑、高耸构筑物、工业建筑、古建筑、特大型和大型桥梁、大中型坝体、直立岩体、高边坡、重要工程设施、重大地下工程、危害性较大的滑坡监测等	$\leqslant 0.30\sqrt{n}$
三等	±1.0	±0.50	按国家二等水准测量技术要求施测	一般性的高层建筑、多层建筑、工业建筑、高耸构筑物、直立岩体、高边坡、深基坑、一般地下工程、危害性一般的滑坡监测、大型桥梁等	$\leqslant 0.60\sqrt{n}$
四等	±2.0	±1.00	按国家三等水准测量技术要求施测或短视线三角高程测量	观测精度要求较低的建筑物、构筑物、普通滑坡监测、中小型桥梁等	$\leqslant 1.40\sqrt{n}$

注：表中 n 为测站数。

3）沉降观测成果整理

每次沉降观测应有专用的外业手簿，检查记录计算是否正确，精度是否合格，并进行误差分配，然后将观测高程列入沉降观测成果表中，计算相邻两次观测之间的沉降量，并注明观测日期和荷重情况。

为了更清楚地表示沉降、时间、荷重之间的相互关系，还要画出每一观测点的时间与沉降量的关系曲线及时间与荷重的关系曲线（见图 9-16 和图 9-17）。

时间与沉降量的关系曲线，系以沉降量为纵轴，时间为横轴，根据每次观测日期和每次下沉量按比例画出各点，然后将各点连接起来，并在曲线的一端注明观测点号。

时间与荷重的关系曲线，系以荷载的重量为纵轴，时间为横轴，根据每次观测日期和每次的荷载重量画出各点，然后将各点连接起来。

两种关系曲线可合画在同一个图上，以便能更清楚地表明每个观测点在一定时间内所受到的荷重及沉降量。

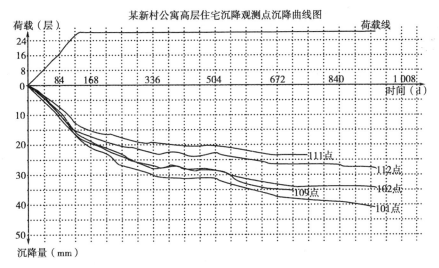

图 9‑16 某建筑各观测点时间‑荷载‑沉降量曲线图

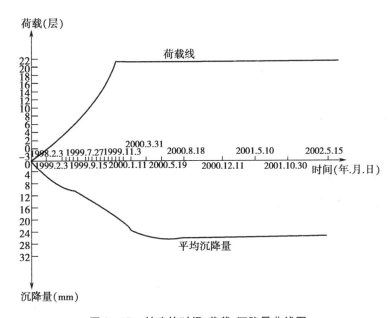

图 9‑17 某建筑时间‑荷载‑沉降量曲线图

9.6 竣工总平面图的编绘

竣工总平面图是根据设计图纸施工后实际情况的整体反映,竣工测量是检验建筑物的平面位置和高程是否符合设计要求。编绘竣工总平面图的目的是将施工过程中所涉及的设计变更情况通过竣工测量反映到竣工总平面图;将地下管道及隐蔽工程位置和标高测绘到竣工总平面图上,为日后检查和维修工作提供准确的位置;也为日后的改、扩建工程提供原有建筑物、构筑物、地上和地下各种管线及交通线路的坐标、高程等资料。竣工总平面图的编绘包括竣工测量和竣工总平面图的编绘两个方面的内容。

9.6.1 竣工测量

在一个单项工程完成时由施工单位组织竣工测量,提供单位工程的竣工测量成果。竣工测量的内容如下。

1）工业与民用建筑物

包括外墙轴线(或半径)交汇点坐标,各种管线进出口地位置和高程,并附房屋编号、结构层数、面积和竣工时间等资料。

2）地下管道

管道的起终点、交叉点、分支点及转折点的坐标,井盖、井底、沟槽和管顶等的高程,并附注管道及管井的编号、名称、管径、间距、坡度和流向。

3）公路及铁路

包括起止点、转折点、交叉点的坐标,曲线元素、桥涵等构筑物的位置和高程等。

4）架空管网

包括转折点、结点、支点、交叉点的坐标、支架间距、基础面高程等。

5）其他

竣工测量结束后应提供完整的资料,包括工程的名称、施工依据、施工成果等作为编绘竣工总平面图的依据。

9.6.2 竣工总平面图编绘

竣工总平面图上应包括施工控制点、建筑方格网点、矩形控制点、主轴线点、水准点和建筑物及构筑物的坐标和高程。

竣工总平面图编绘的一般规定如下:

（1）竣工总平面图系指在施工后施工区域内地上、地下建筑及构筑物的位置和标高等的编绘与实测图纸。

（2）对于地下管道及隐蔽工程,回填前应实测其位置及标高,作出记录,并绘制草图。

（3）竣工总平面图的比例尺宜为1∶500,其坐标系统、图幅大小、注记、图例符号及线条应与原设计图一致。原设计图没有的图例符号,可使用新的图例符号,并应符合现行总平面图设计的有关规定。

（4）竣工总平面图应根据现有资料及时编绘,重新编绘时应详细地实地检核。对不符之处,应实测其位置、标高及尺寸,按实测资料绘制。

（5）竣工总平面图编绘完毕,应经原设计及施工单位技术负责人的审核、会签。

（6）图纸编绘完毕,附必要的说明及图表,连同原始地形图、地质资料、设计图纸文件、设计变更资料、验收记录等合编成册。

9.7　某住宅小区施工测量实例

9.7.1　工程概况

本工程位于 Constantine 新城 18 号地块,总建筑面积为 162 680 m²,共 66 栋;基础均为十字交叉条基,上部结构全部为六层框剪,无地下室;共分 5 种楼型,其中 A 型 10 栋,B 型 26 栋,B′型 17 栋,C 型 6 栋,C′型 7 栋,且 2～7 栋独体楼栋以变形缝分开组成联体楼栋。所有楼房依地势而建,建筑总高度 17.82～19.35 m 不等,各栋的±0.000 由监理根据自然地面标高和地质情况现场确定。进场后设计院陆续移交了七个控制点(场内四个,场外三个,见表 9-4)。

表 9-4　当地设计院移交控制点位表

点号	X(m)	Y(m)	Z(m)	备　　注
ST14	847 724.84	333 390.51	764.58	场外,将毁坏
ST15	847 546.20	333 790.46	781.19	场外,将毁坏
ST17	847 159.47	333 700.07	765.94	场内,楼栋开挖边线内
ST20	847 034.12	333 626.89	763.42	场内,楼栋开挖边线内
ST21	846 993.14	333 649.89	764.56	场外,将毁坏
ST22	847 525.86	333 335.64	762.01	场内,楼栋开挖边线内
ST23	847 492.84	333 347.88	760.96	场内,楼栋开挖边线内

9.7.2　测量方案分析

(1) 由于设计院移交的控制点在后期的施工过程中将被破坏,本工程测量工作可分为场区控制网建立、±0.000 以下测量、±0.000 以上测量三部分;需在施工现场建立轴线控制网和标高控制网。

(2) 楼栋数量多,共有 66 栋且依地势而建,场内面积大多呈"L"形分布,如果采用方格网作为场区控制网一是费时费工,二是会影响机械和场内施工道路布置和后续土方开挖工作,三是方格网点位置高高低低会影响施测视线。根据以上分析决定采用已经移交的控制点,根据地势和施工平面布置情况设置导线网进行场区控制。

(3) 控制网点根据地势和施工总平面布置图选定在地势较高、视线较好且不易被破坏的地方。利用全站仪坐标放样功能将全站仪架设在相应控制点上,将各栋轴线点直接定位。

(4) 楼栋数量较多且基础结构形式均为十字交叉条形基础,楼栋控制如果采用龙门板控制,每栋架设龙门板不仅工作量很大,而且经现场勘察 60% 的地表下 15～30 cm 就是坚硬石灰岩,龙门板无法固定,若在设置轴线桩时采用木桩将无法打入。综合考虑,决定采用 50 cm 左右长的 14 mm 以上的钢筋头直接敲入,用笔标记中心后立即复核各轴线点定位情况,无误后将轴线控制桩引出,也可用钢筋头锯"一"字或者标记油漆用混凝土保护后围护(轴线控制桩只控制一个方向);开挖后在纵横轴线上分别架设经纬仪,向基槽内投测交出轴线交点,再根据轴线交点弹设其他墨线。

9.7.3 测量方案实施

1) 场区控制网

(1) 场区控制网建立的特点

① 本工程所有楼栋依地势而建,地势起伏不定,普通的方格网、三角网所设置的点往往相互不能通视。

② 场区面积只有约 0.14 km²,且呈 L 形分布。

③ 项目部配置了苏州一光 RTS-234 全站仪,其测距精度可达 3 mm+2 ppm,测角精度可达 2 s。

④ 设计院已给出一部分控制点,只是通视条件差且无法保留,因此只需在已有控制点的基础上新增一部分点就可以满足施工要求。

(2) 场区控制网建立的依据

① 设计院提供的七个测量控制点。

② 在建立控制网前首先应用全站仪复核业主提供的七个控制点,把仪器架在 ST17 上,整平对中后对准 ST15,然后复核 ST20,ST21。如没有偏差再补 K1,K2,K3,复核无误后再将仪器架到 K3 复核 ST22,ST23,ST14。如有偏差应及时通知设计院,以便把问题消灭在初始阶段。

(3) 控制点位的选定

① 控制点位要选在相邻两点间,能保持通视良好,其视线到障碍物的距离不宜小于 2 m,并保证三点以上相互通视。控制网点用一长度不少于 80 cm 的 φ30 钢筋作为标桩定好,在钢筋头上用钢锯锯一十字叉,标桩的埋深不得小于 50 cm。在标桩的周边用砖块砌一 50 cm×50 cm 的正方形围护,里面浇筑混凝土,以保证标桩的长期稳定。

② 本工程一区选定 K1,K2,K3,K4,K5 共五个点,二区选定 ST24,ST25,ST26,ST30,ST31 共五个点,其坐标见表 9-5 所示。

表 9-5　扩展后的场区控制点位成果表

点　号	X(m)	Y(m)	Z(m)	备　注
K1	846 378.15	333 649.75	767.83	场内
K2	847 337.15	333 507.80	763.38	场内
K3	847 589.05	333 345.34	764.07	场内
K4	847 560.06	333 345.34	764.52	场内
K5	847 575.32	333 345.38	763.02	场内
ST24	846 973.77	333 489.92	754.31	场内
ST25	847 129.02	333 557.59	758.80	场内
ST26	846 970.33	333 659.53	764.02	场外,可保留
ST30	847 260.01	333 483.97	760.83	场内
ST31	847 202.57	333 576.50	758.78	场内

（4）现场控制点的保护

现场控制网点要在现场各边轴线四角点做好防护架，以防人为或非人为的破坏，保证工程定位测设的准确性。复核应邀监理参加，并做好复核记录现场签字确认。

2）±0.000 以下测量方案

（1）建筑物平面控制与定位放线

① 本工程场区面积不大，不再布置二级控制网，直接利用场区控制点作为建筑物的平面控制网，用全站仪进行定位。

② 定位程序：定位楼栋轴线桩→技术复核→报监理复核→引桩。

③ 基础放线方法：根据楼栋平面布置特点，选择合适的轴线引出轴线控制桩作为该栋基础的主要控制线，基坑开挖完毕后将主控线用经纬仪投入基坑，再根据主控线放基础线，同时将上部结构主要控制线在垫层面上用墨线弹出，检查无误后两端用油漆标记。

（2）施工现场水准测量控制

① 本工程所有场区控制点既为平面控制点也为高程控制点。

② 根据建立的场区控制点将标高测设到施工用的塔吊标准节上，用来控制塔吊覆盖范围的楼栋基础±0.000（注：塔吊基础施工时地基全为坚硬岩石，可以不考虑沉降）。

③ 基础土方开挖完毕后，请监理复核 CFF，等 PV 签发后再进行基础施工。

3）±0.000 以上测量方案

（1）楼层平面施工放线

楼层施工放线采用外控法的吊线锤法进行竖向控制。

（2）楼层平面控制网的建立

① ±0.000 平面控制网的建立

条基地梁施工完成后，根据基础轴线控制网在防腐前将基础各轴线及上部结构主控线用线锤引测到基梁的混凝土面上，用 50 m 卷尺检查轴线标记与主控线标记之间的距离，无误后用油漆标记好。地坪施工后，根据主控线标记将主控线用墨线弹出，用经纬仪复核各主控线之间的角度并重新用 50 m 钢卷尺复核各轴线之间的距离，无误后取主控制线标记作为往上传递依据。

② ±0.000 以上平面控制网的建立

在施工各楼层楼板时，楼面放线均须利用±0.000 平面控制网进行控制。施工时用 7.5 kg 线锤均从底层楼面吊线至操作层楼面上，弹出墨线后用经纬仪及 50 m 卷尺检查角度和距离，无误后再以此为依据建立楼层控制网。控制网为了能保留到建筑装修完毕，应注意控制点的保护，用油漆标好。

③ 在向上引测轴线时要注意以下几点：

a. 线锤系锤型，且线孔与锤尖在同一垂直线上，吊线为没有扭曲的细铁丝。

b. 吊线时，线中间没有障碍，尤其没有侧向抗力；同时要避开风吹和震动，尤其是侧向风吹。

（3）高程控制

根据各塔吊标准节上的水准点，将+1.000 m 标高引测至底层周边柱子上（地基为岩石可不考虑沉降），每层高程测量时，均从底层柱高程控制点引测至外柱上，再从外柱上用 50 m 钢卷尺从所定点分别向上传递至各操作层。将水准仪安装在操作层校测由下面转递上来的标高点,误差在±3 mm 以内时即可作为楼层标高控制的依据,进行操作层各分项工程标高测量。

9.7.4 施工测量的注意事项

(1) 在测量之前应校核仪器,确定仪器的精度、灵敏度均能满足要求后才能测量。

(2) 由于全站仪的灵敏度比较高,受外界天气、温度的影响比较大,因此要尽量选择比较好的天气进行测量。

(3) 测量后控制点要保护好,一级控制点要保持到竣工验收后。

(4) 尽量保证每次测量、复核相同的点时同一人使用同一台仪器。

思考与练习

1. 建筑轴线控制桩有何作用? 龙门板有什么作用?

2. 校正工业厂房柱子时应注意哪些事项?

3. 高层建筑轴线投测和高程传递的方法有哪些?

4. 建筑变形测量的目的是什么? 主要包括哪些内容?

5. 变形观测周期是如何确定的?

6. 编制竣工总图的目的是什么? 有何作用?

10 路桥工程测量

重点提示：通过本章学习，要求学生能掌握道路中线测量的方法、圆曲线的测设、线路纵横断面图的测绘、道路和桥梁施工测量的工作内容及工作方法。

10.1 道路工程测量概述

道路修建之前，为了选择一条既经济又合理的线路，必须进行路线勘测。路线勘测工作分为初测和定测两个阶段进行。

初测阶段的任务是在指定范围内布设导线，测量路线各方案的带状地形图，收集沿线水文、地质及气候等有关资料，为编制比较方案等初步设计提供依据。

定测阶段的任务是在选定的线路上进行中线测量、曲线测量、纵横断面测量以及局部地形的测绘等，为路线纵坡设计、工程量计算等道路技术设计提供详细的测量资料。

初测和定测工作称为路线勘测设计测量。

勘测工作结束之后，根据施工所下达的任务书进行道路的施工，在道路施工过程中所进行的测量工作称为道路施工测量。

道路施工测量的主要工作是中线恢复测量、施工控制桩的测量、路基和路面放样以及道路竣工测量。

10.2 道路中线测量

道路的平面线型一般由直线和曲线组成（如图 10-1 所示）。中线测量就是根据道路选线中确定的定线条件，将线路中心线位置测设到实地上并做好相应标志，便于指导道路施工。其主要内容有测设中线上的交点和转点、测定线路转折角、钉里程桩和加桩、测设曲线主点和曲线里程桩等。

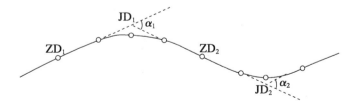

图 10-1 道路平面线型

10.2.1 测设线路交点和转点

在线路测设时应先定出线路的转折点,这些转折点称为交点(包括起点和终点),用 JD 表示,它是中线测量的控制点。

在定线测量中,当相邻两交点互不通视或直线较长时,需要在其连线或延长线上测定一点或数点,以供交点、测角、量距或延长直线瞄准使用,这样的点称为转点,用 ZD 表示。

1)测设线路交点

测设线路交点时,由于定位条件和实地情况不同,交点测设方法有以下几种。

(1)根据地物测设交点

如图 10-2 所示,JD_2 的位置已在图上选定,可在图上量出 JD_2 到两房角和电杆的距离。在现场根据相应的地物,用距离交会法测设出 JD_2。

(2)直接测设法

当线路定位条件是提供的交点坐标,且这些交点可直接由控制点测设,可事先算出有关测设数据,按极坐标法、角度交会法或距离交会法测设交点。

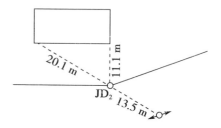

图 10-2 根据地物测设交点

(3)穿线交点法

穿线交点法是利用图上就近的导线点或地物点把中线的直线段独立地测设到地面上,然后将相邻直线延长相交,定出地面交点桩的位置。具体测设步骤如下。

① 放点

放点的方法有极坐标法和支距法。如图 10-3 所示,P_1,P_2,P_3,P_4 为图纸上定线的某直线段欲放的临时点,先在图上以附近的导线点 D_7,D_8 为依据,用量角器和比例尺分别量出 β_1,l_1,β_2,l_2 等放样数据,然后在现场用极坐标法将 P_1,P_2,P_3,P_4 标定出来。

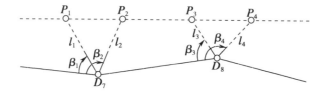

图 10-3 极坐标法放点

按支距法放点时,如图 10-4 所示,先在图上从导线点 D_6,D_7,D_8,D_9 作导线边的垂线,分别与中线相交,得 P_1,P_2,P_3,P_4 各临时点,用比例尺取相应的支距 l_1,l_2,l_3,l_4,然后在现场以相应导线点为垂足,用方向架定垂线方向,用钢尺量支距,测设出 P_1,P_2,P_3,P_4 各临时点。

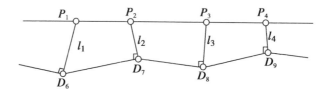

图 10-4 支距法放点

② 穿线

放出的临时各点,由于图解数据和测设工作中的误差,实际上并不严格在一条直线上(如图 10-5 所示)。这时可根据现场实际情况,采用目估法穿线或用经纬仪视准法穿线,通过比较和选择,查桩钉的点位是否在一条直线上,定出一条尽可能多地穿过或靠近临时点的直线 AB,最后在 A,B 点或其方向线上打下两个以上转点桩,随即取消临时点。若钉的临时桩偏差不大,则只需调整其桩位使其在一条直线上即可。

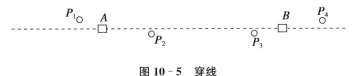

图 10-5　穿线

③ 交点

如图 10-6 所示,当两条相交直线 AB,CD 在地面上确定后,即可进行交点。在 B 点安置经纬仪,瞄准 A 点,倒转望远镜,在视线方向上接近交点 JD_2 的概略位置前后打下两个骑马桩,采用盘左、盘右分中法在这两个骑马桩上定出 a,b 两点并钉以小钉,挂上细线;在 CD 方向上同法定出 c,d 两点,挂上细线。在两细线的相交处打下木桩并钉以小钉,得 JD_2。

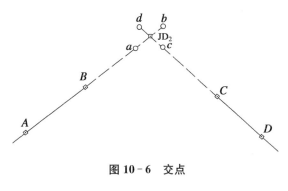

图 10-6　交点

2)线路转点的测设

(1)在两点间设置转点

如果两点间互相通视,通常采用盘左、盘右分中法测定转点,定点横向偏差每 100 m 不超过 10 mm,在限差内取中点作为所求转点。

如果 JD_5,JD_6 两点不通视,如图 10-7(a)所示,应先置仪器于任意点 ZD' 点,在 JD_6 附近定出 $JD_5 - ZD'$ 的延长点 JD_6',并量偏差 f,用视距法测定 a,b,则

$$e = \frac{a}{a+b} f \tag{10-1}$$

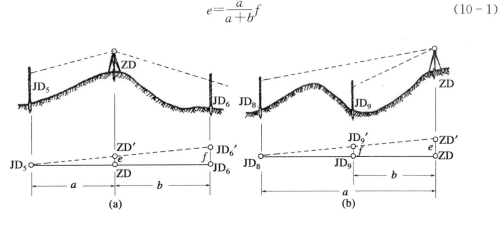

图 10-7　线路转点的测设

将 ZD' 按 e 值移动至 ZD,在 ZD 上安置经纬仪同上法,如果 f 不超限,则认为 ZD 为正确位置;若超限,重复上述步骤,直至符合为止。

(2) 在两交点延长线上设置转点

如图 10-7(b) 所示,JD$_8$-JD$_9$ 互不通视,在其延长线方向附近选一点 ZD',并在该点上安置经纬仪,瞄准 JD$_8$,用盘左、盘右分中法在 JD$_9$ 附近投点得 JD$_9'$,量出 f 值,用视距法测定 a,b,则

$$e = \frac{a}{a-b} f \qquad (10-2)$$

将 ZD' 按 e 值移动至 ZD,在 ZD 上安置经纬仪,重复上述工作,直至 f 符合要求后桩钉 ZD 点位,即为所求转点。

交点和转点桩钉完后均应做好标志,以备施工时恢复和查找之用。

10.2.2 线路转折角的测定

线路由一个方向偏转为另一方向时,偏转后的方向与原方向延长线的夹角称为转折角,又称转角或偏角,用 α 表示。转折角有左、右之分(如图 10-8 所示),当偏转后的方向位于原方向右侧时,称右转角 α$_R$;当偏转后的方向位于原方向左侧时,称左转角 α$_L$。在线路测量中,习惯上是通过观测线路的右角 β 计算转角 α。右角 β 的观测角常用 DJ$_6$ 按测回法观测一测回。当 β<180° 时为右转角,当 β>180° 时为左转角。右转角和左转角的计算公式为

$$\alpha_R = 180° - \beta \qquad (10-3)$$

$$\alpha_L = \beta - 180° \qquad (10-4)$$

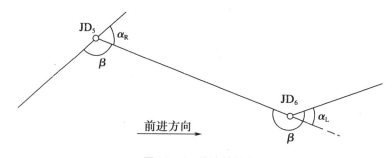

图 10-8　线路转折角

10.2.3 测设里程桩

1) 里程桩

里程桩亦称中桩,分为整桩和加桩两种。桩上写有桩号(亦称里程),表示该桩距路线起点的里程。如某加桩距路线起点的距离为 3 208.50 m,其桩号为 3+208.50。

(1) 整桩

整桩是由路线起点开始,每隔 20 m 或 50 m 设置一桩,百米桩和公里桩均属于整桩。整桩的书写实例如图 10-9 所示。

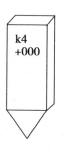
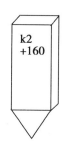
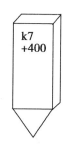

图 10-9　整桩

（2）加桩

加桩分为地形加桩、地物加桩、曲线加桩和关系加桩。地形加桩是在中线上地面坡度变化处和中线两侧地形变化较大处设置的桩；地物加桩是在中线上桥梁、涵洞等人工构筑物处以及与公路、铁路、渠道等相交处设置的桩；曲线加桩是在曲线的起点、中点、终点和细部点设置的桩；关系加桩是在转点和交点上设置的桩。

如图 10-10 所示，在书写曲线加桩和关系加桩时，应在桩号之前加写其缩写名称。

里程桩和加桩一般不钉中心钉，但在距线路起点每隔 500 m 的整倍数桩、重要地物加桩（如桥位桩、隧道定位桩）以及曲线主点桩，均钉大木桩并钉中心钉表示。

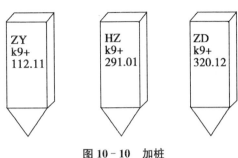

图 10-10　加桩

2）里程桩的钉设

钉里程桩一般用经纬仪定向，距离丈量视精度要求而定。高速公路用测距仪或全站仪；城镇规划路用钢尺丈量，精度应高于 1/3 000；一般情况下用钢尺丈量，但其精度不得低于 1/1 000。

桩号一般用红漆写在木桩朝向线路起始方向的一侧或附近明显地物上，字迹要工整、醒目。对重要里程桩如交点桩等应设置护桩（如图 10-11 所示），同时对里程桩和护桩要做好点之记工作。

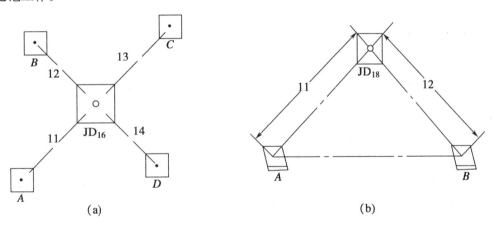

(a)　　　　　　　　　　　　　　(b)

图 10-11　交点桩的护桩

3）断链及其处理

如遇局部地段改线或分段测量，以及事后发现丈量或计算错误等，均会造成线路里程桩的不连续，称为断链。桩号重叠的称为长链，桩号间断的称为短链。发生断链时，应在测量成果和有关设计文件中注明，并在实地钉断链桩。断链桩不要设在曲线内或建筑物上，桩上应注明线路来向去向的里程和应增减的长度。一般在等号前后分别注明来向、去向里程，如 1+856.43＝1+900.00，即短链 43.57 m。

10.3　圆曲线的测设

当道路由一个方向转到另一个方向时,必须用曲线来连接。曲线的形式有多种,如圆曲线、缓和曲线、综合曲线和回头曲线等,如图 10 - 12 所示。

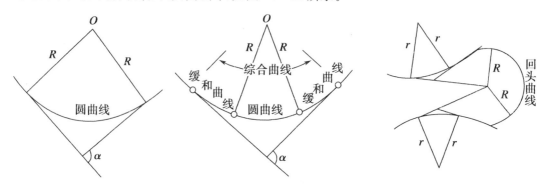

图 10 - 12　曲线的形式

其中圆曲线又称单曲线,是最常用的一种平面曲线。圆曲线的测设工作一般分两步进行:先定出圆曲线的主点,即曲线的起点(ZY)、中点(QZ)和终点(YZ);然后以主点为基础进行加密,定出曲线上其他各点,称为详细测设。

10.3.1　曲线主点的测设

1) 主点测设元素的计算

圆曲线的曲线半径 R、线路转折角 α、切线长 T、曲线长 L 和外矢距 E 是测设曲线的主要元素。由图 10 - 13 中几何关系可知,若 α,R 已知,则曲线元素的计算公式为

$$\left.\begin{aligned} T &= R\tan\frac{\alpha}{2} \\ L &= R\alpha\,\frac{\pi}{180°} \\ E &= R\left(\sec\frac{\alpha}{2}-1\right) \\ D &= 2T-L \end{aligned}\right\} \quad (10-5)$$

这些元素值可用计算器计算,亦可以查《公路曲线测设用表》求得。

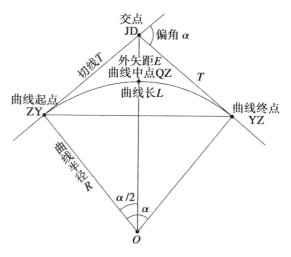

图 10 - 13　圆曲线元素

2) 圆曲线主点桩号的计算

圆曲线主点的桩号是根据交点桩号推算出来的,由图 10 - 13 可知:

$$\left.\begin{aligned}
\text{ZY 桩号} &= \text{JD 桩号} - T\\
\text{QZ 桩号} &= \text{ZY 桩号} + \frac{L}{2}\\
\text{YZ 桩号} &= \text{QZ 桩号} + \frac{L}{2}
\end{aligned}\right\} \tag{10-6}$$

桩号计算可用切曲差 D 来检核,其公式为

$$\text{JD 桩号} = \text{YZ 桩号} - T + D \tag{10-7}$$

【例 10-1】 某线路交点 $\text{JD}_1(1+385.50\ \text{m})$ 位置已定,测得转角 $\alpha_R = 42°25'$,圆曲线半径 $R = 120\ \text{m}$,求曲线元素 T,E,L 和 D 及曲线各主点的桩号。

【解】 曲线元素按式(10-5)计算,有

$$T = R\tan\frac{\alpha}{2} = 120\ \text{m} \times \tan\frac{42°25'}{2} = 46.57\ \text{m}$$

$$L = R\alpha\frac{\pi}{180°} = 120\ \text{m} \times \frac{42°25'}{180°}\pi = 88.84\ \text{m}$$

$$E = R\left(\sec\frac{\alpha}{2} - 1\right) = 120\ \text{m} \times \left(\sec\frac{42°25'}{2} - 1\right) = 8.72\ \text{m}$$

$$D = 2T - L = 2 \times 46.57\ \text{m} - 88.84\ \text{m} = 4.30\ \text{m}$$

曲线主点的桩号按式(10-6)计算如下:

JD	1+385.50
$-T$	46.57
ZY	1+338.93
$+L/2$	44.42
QZ	1+383.35
$+L/2$	44.42
YZ	1+427.77
$-T$	46.57
$+D$	4.30
JD	1+385.50

经检核,计算无误。

3)圆曲线主点的测设

如图 10-14 所示,圆曲线主点的测设方法如下。

(1)测设曲线起点 ZY:在交点 JD_1 安置经纬仪,瞄准后一方向的相邻交点 JD_0,自测站起沿此方向量切线长 T,得曲线起点 ZY 打一木桩。

(2)测设曲线终点 YZ:经纬仪瞄准前一方向相邻交点 JD_2,自测站起沿该方

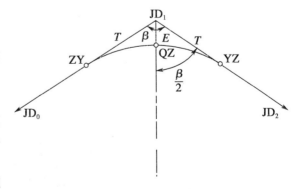

图 10-14 圆曲线主点的测设

向丈量切线长 T，得曲线终点 YZ 打一木桩。

（3）测设曲线中点 QZ：安置水平度盘为 $0°00'00''$，经纬仪仍瞄准前一方向相邻交点 JD_2，松开照准部，顺时针转动望远镜，使度盘读数对准 β 的平分角值 $\beta/2$，视线即指向圆心方向。自测站点起沿此方向量出 E 值，定出曲线中点 QZ 打一木桩。

10.3.2 圆曲线的详细测设

一般情况下，当曲线长度小于 40 m 时，测设曲线的三个主点已能满足道路施工要求。如果曲线较长或地形变化较大，这时应根据地形变化和设计、施工要求，在曲线上每隔一定距离 l 测设曲线细部点和计算里程，以满足线路和工程施工需要。这项工作称为圆曲线的详细测设。一般规定：

$$R>100 \text{ m 时} \qquad l=20 \text{ m}$$
$$50 \text{ m}\leqslant R\leqslant100 \text{ m 时} \qquad l=10 \text{ m}$$
$$R<50 \text{ m 时} \qquad l=5 \text{ m}$$

圆曲线详细测设的方法很多，下面介绍两种常用的测设方法。

1）偏角法

偏角法是一种极坐标定点的方法，它是用偏角和弦长来测设圆曲线的。

（1）计算测设数据

如图 10-15 所示，圆曲线的偏角就是弦线和切线之间的夹角，以 δ 表示。为了计算和施工方便，把各细部点里程凑整，曲线可分为首尾两段零头弧长 l_1，l_2 和中间几段相等的整弧长 l 之和，即

$$L=l_1+nl+l_2 \tag{10-8}$$

弧长 l_1，l_2 及 l 所对的相应圆心角为 φ_1，φ_2 及 φ，可按下列公式计算：

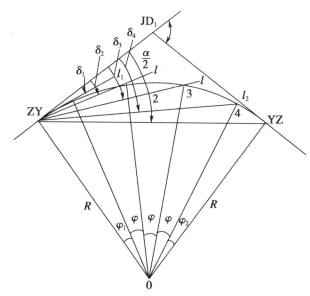

图 10-15 偏角法测设圆曲线

$$\left.\begin{array}{l}\varphi_1=\dfrac{180°}{\pi}\cdot\dfrac{l_1}{R}\\[3mm]\varphi_2=\dfrac{180°}{\pi}\cdot\dfrac{l_2}{R}\\[3mm]\varphi=\dfrac{180°}{\pi}\cdot\dfrac{l}{R}\end{array}\right\}\qquad(10-9)$$

相应于弧长 l_1,l_2,l 的弦长 d_1,d_2,d 计算公式如下：

$$\left.\begin{array}{l}d_1=2R\sin\dfrac{\varphi_1}{2}\\[3mm]d_2=2R\sin\dfrac{\varphi_2}{2}\\[3mm]d=2R\sin\dfrac{\varphi}{2}\end{array}\right\}\qquad(10-10)$$

曲线上各点的偏角等于相应弧长所对圆心角的一半,即

$$\left.\begin{array}{l}\text{第 1 点的偏角为 }\delta_1=\dfrac{\varphi_1}{2}\\[3mm]\text{第 2 点的偏角为 }\delta_2=\dfrac{\varphi_1}{2}+\dfrac{\varphi}{2}\\[3mm]\text{第 3 点的偏角为 }\delta_3=\dfrac{\varphi_1}{2}+\dfrac{\varphi}{2}+\dfrac{\varphi}{2}=\dfrac{\varphi_1}{2}+\varphi\\[2mm]\vdots\\[2mm]\text{终点 YZ 的偏角为 }\delta_r=\dfrac{\varphi_1}{2}+\dfrac{\varphi}{2}+\cdots+\dfrac{\varphi_2}{2}=\dfrac{\alpha}{2}\end{array}\right\}\quad(10-11)$$

【**例 10-2**】 参考图 10-15,设 $\alpha=45°16'$,圆曲线半径 $R=100$ m。已知交点 $\mathrm{JD_1}$ 的里程为 2+687.89 m,按式(10-5)和式(10-6)计算得起点 ZY 的里程为 2+646.20 m,终点 YZ 的里程为 2+725.20 m。试计算首尾两段分弧长 l_1,l_2 和中间 20 m 整弧长 l 所对的圆心角及其相应的弦长 d_1,d_2 和 d,以及曲线上各里程桩的偏角 δ。

【**解**】 因为 ZY 的里程为 2+646.20 m,在曲线上,它前面最近的整里程为 2+660 m,即图中 1 点,所以起始弧长为

$$l_1=(2+660\text{ m})-(2+646.20\text{ m})=13.8\text{ m}$$

又因 YZ 的里程为 2+725.20 m,在曲线上,它后面最近的整里程为 2+720 m,所以终了弧长为

$$l_2=(2+725.20\text{ m})-(2+720\text{ m})=5.20\text{ m}$$

应用式(10-9)可求得各弧长所对的圆心角为

$$\varphi_1=\dfrac{180°}{\pi}\times\dfrac{l_1}{R}=\dfrac{180°}{\pi}\times\dfrac{13.8}{100}=7°54'25''$$

$$\varphi_2=\dfrac{180°}{\pi}\times\dfrac{l_2}{R}=\dfrac{180°}{\pi}\times\dfrac{5.20}{100}=2°58'46''$$

$$\varphi=\frac{180^{\circ}}{\pi}\times\frac{l}{R}=\frac{180^{\circ}}{\pi}\times\frac{20}{100}=11^{\circ}27'33''$$

应用式(10-10)可求得相应于弧长 l_1,l_2,l 的弦长为

$$d_1=2R\sin\frac{\varphi_1}{2}=2\times100 \text{ m}\times\sin\frac{7^{\circ}54'25''}{2}=13.79 \text{ m}$$

$$d_2=2R\sin\frac{\varphi_2}{2}=2\times100 \text{ m}\times\sin\frac{2^{\circ}58'46''}{2}=5.20 \text{ m}$$

$$d=2R\sin\frac{\varphi}{2}=2\times100 \text{ m}\times\sin\frac{11^{\circ}27'33''}{2}=19.97 \text{ m}$$

根据式(10-11)计算求得曲线上各里程桩的偏角列表 10-1 中,供测设曲线用,表中偏角累计值是设仪器安置于 ZY 时所求得的。

表 10-1　测设圆曲线偏角表

里程桩	点名	偏角(° ′ ″)		弧长 (m)	弦长 (m)	备 注
		单 值	累计值			
2+646.20	ZY	3　57　12	3　57　12	13.80	13.79	JD 的里程桩为
+660	1					2+687.89
		5　43　47	9　40　59	20	19.97	
+680	2					$\alpha=45^{\circ}16'$
		5　43　47	15　24　46	20	19.97	
+700	3					$R=100$ m
		5　43　47	21　08　33	20	19.97	
+720	4					$T=41.69$ m
2+725.20	YZ	1　29　23	22　37　56	5.20	5.20	$L=79.00$ m

(2)测设方法

用偏角法进行细部测设的方法如下:

① 将经纬仪安置于曲线起点 ZY 上,以 0°00′ 后视交点 JD₁。

② 松开照准部,置水平度盘读数为 1 点之偏角值 δ_1,在此方向上用钢尺量取弦长 d_1,桩钉 1 点。

③ 将角拨到 1 点的偏角值 δ_2,将钢尺零刻画对准 1 点,以弦长 d 为半径,摆动钢尺到经纬仪方向线上,定出 2 点。

④ 再拨 3 点的偏角值 δ_3,将钢尺零刻画对准 2 点,以弦长 d 为半径,摆动钢尺到经纬仪方向线上,定出 3 点。其余类推。

⑤ 最后拨角 $\alpha/2$,视线应通过曲线终点 YZ。最后一个细部点到曲线终点的距离为 d_2,以此来检查测设的质量。

用偏角法测设曲线细部点时,常因遇障碍物挡住视线或因距离太长而不能直接测设。如图 10-16 所示,经纬仪在曲线起点 ZY 测设出细部点 1,2,3 后,视线被建筑物挡住。这时,可把经纬仪移到 3 点,使水平度盘读数对在 0°00′,用盘右位置后视 ZY 点,然后纵转望远镜,并使水平度盘读数对在 4 点的偏角值 δ_4 上,此时视线即在 3—4 点方向上,并量取弦长 d,即可桩钉出 4 点。其余各点类推。

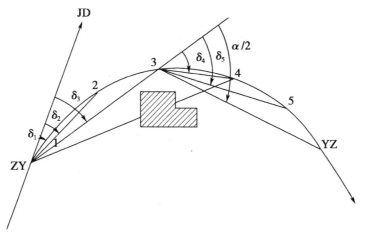

（图 10 - 16 视线受阻）

2）切线支距法

切线支距法又称直角坐标法。它是以曲线起点或终点为坐标原点，以该点切线为 x 轴，过原点的半径为 y 轴建立的坐标系（如图 10 - 17 所示），根据曲线上各细部点的坐标 (x,y)，按直角坐标法测设点的位置。

（1）计算测设数据

从图 10 - 17 中可以看出，圆曲线上任一点的坐标为

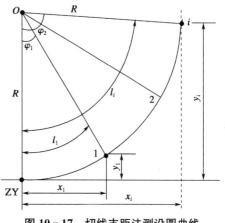

图 10 - 17 切线支距法测设圆曲线

$$\left.\begin{aligned}
\varphi_i &= \frac{180°}{\pi} \cdot \frac{l_i}{R} \\
x_i &= R\sin\varphi_i \\
y_i &= R(1-\cos\varphi_i)
\end{aligned}\right\} \qquad (10-12)$$

式中：i——细部点的点号，$i=1,2,3,\cdots$。

上述数据可用计算器算出，也可以 R,l 为引数查《曲线测设用表》获得。

（2）测设方法

用切线支距法进行细部测设的方法如下：

① 在 ZY 点安置经纬仪，定出切线方向，以 ZY 为零点，沿切线方向分别量出 x_1，x_2，x_3 等桩钉各点。

② 在桩钉出的各点上安置经纬仪拨直角方向，分别量取支距 y_1，y_2，y_3 等，由此得到曲线上 1,2,3 等各点的位置。

③ 曲线另半部分以 YZ 为原点，同上法进行测设。

④ 量曲线上相邻点间的距离（弦长），应相等，作为测设工作的校核。

支距法测设曲线的优点是计算、操作简单灵活且可自行闭合、自行检核，而且具有测点误差不累计的优点，适用于平坦开阔地区使用。

（侧栏）10 路桥工程测量

10.4 线路纵、横断面的测量

10.4.1 纵断面的测量

线路的平面位置在实地测设之后应测出各里程桩的高程,以便绘制表示沿线起伏情况的断面图和进行线路纵向坡度、桥涵位置、隧道洞口位置的设计及土石方量计算。纵断面图的测量是用水准测量的方法测出道路中线各里程桩的地面高程,然后根据里程桩号和测得相应的地面高程,按一定比例绘制成纵断面图。

铁路、道路、管道等线形工程在勘测设计阶段进行的水准测量,称为线路水准测量。线路水准测量一般分两部分进行:一是在线路附近每隔一定距离设置一水准点,并按四等水准测量方法测定其高程,称为基平测量;二是根据水准点高程按图根水准测量要求测量线路中线各里程桩的高程,称中平测量。

1) 基平测量

(1) 水准点设置

水准点是线路水准测量的控制点,在勘测设计和施工阶段甚至工程运营阶段都要使用。因此,应选择在沿线路,离中线 30~50 m,不受施工影响,使用方便和易于保存的地方。要埋设足够的水准点,一般每隔 1~2 km 和在大桥两岸、隧道两端等处均埋设一个永久性水准点,每隔 300~500 m 和在桥涵、停车场等构筑物附近埋设一个临时水准点,作为纵断面测量分段闭合和施工时引测高程的依据。

(2) 基平测量

水准点高程测量时首先应与国家高等级水准点联测,以获得绝对高程,然后按四等水准测量的方法测定各水准点的高程。在沿线水准测量中也应尽量与附近的国家水准点进行联测,作为校核。

2) 中平测量

中平测量又称中桩水准测量。中桩水准测量应起闭于水准点上,按图根水准测量精度要求沿中桩逐桩测量。在施测过程中,应同时检查中桩、加桩是否恰当,里程桩号是否正确,若发现错误和遗漏需进行补测。相邻水准点的高差与中桩水准测量检测的较差不应超过 2 cm。实测中,由于中桩较多,且各桩间距一般均较小,因此可相隔几个桩设一测站,在每一测站上除测出转点的后视、前视读数外,还需测出两转点之间所有中桩地面的前视读数,读到厘米。这些只有前视读数而无后视读数的中桩点,称为中间点。设计所依据的重要高程点位,如铁路轨顶、桥面、路中、下水道井底等应按转点施测,读数到毫米。

中桩水准测量记录是展绘线路纵断面图的依据。若设站点所测中间点较多,为防止仪器下沉,影响高程闭合,可先测转点高程。在与下一个水准点闭合后,应以原测水准点高程起算,继续施测,以免误差积累。图 10-18 为一段中桩水准测量示意图。

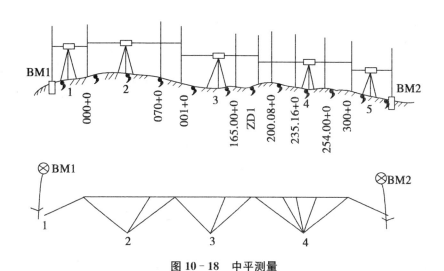

图 10 - 18　中平测量

每一测站的各项高程按下列公式计算：

$$视线高程＝后视点高程＋后视读数$$

$$转点高程＝视线高程－前视读数$$

$$中桩高程＝视线高程－中视读数$$

3）纵断面图的绘制

纵断面图是沿中线方向绘制的反映地面起伏和纵坡设计的线状图，它表示出各路段纵坡的大小和中线位置的填挖尺寸，是线路设计和施工中的重要文件资料。

纵断面图是以中桩的里程为横坐标，以中桩的地面高程为纵坐标绘制的。展图比例尺中其里程比例尺应与线路带状地形图比例尺一致，高程比例尺通常比里程大 10 倍，如果里程比例尺为 1∶1 000，则高程比例尺为 1∶100。

图 10 - 19 为道路纵断面图，在图的上部，从左至右绘有两条贯穿全图的线，一条细的折线是表示中线方向的地面线，它是根据中线水准测量的地面高程绘制的；一条粗的表示带有竖曲线在内的纵坡设计线，它是按设计要求绘制的。此外，在上部还注有水准点、涵洞、断链等位置、数据和说明。图的下部几栏表格，注有测量数据及纵坡设计、竖曲线等资料。

纵断面图的绘制方法如下：

（1）按照选定的里程比例尺和高程比例尺画格制表，填写里程桩号、地面高程、直线与曲线等资料。

（2）绘出地面线。首先选定纵坐标的起始高程，使绘出的地面线位于图中适当位置。然后根据中桩的里程和高程，在图上按纵、横比例尺依次点出各中桩的地面位置，再用直线将相邻点一个个连接起来，就得到地面线。在高差变化较大的地区，如果纵向受到图幅限制时，可在适当地段变更图上高程起算位置（如图 10 - 20 所示）。

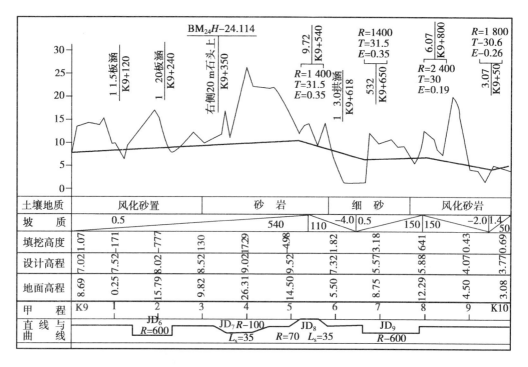

图 10-19 道路纵断面图

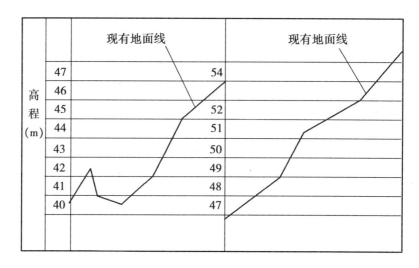

图 10-20 高程起算位置的变换

（3）根据设计纵坡计算设计高程和绘制设计线。

（4）计算各桩的填挖高度。同一桩号的设计高程与地面高程之差即为该桩号的填挖高度，正号为填高，负号为挖深。

（5）在图上注记有关资料，如水准点、桥涵、竖曲线等。

10.4.2 横断面的测量

在铁路、公路设计中，只有线路的纵断面图还不能满足路基、隧道、桥涵、站场等专业设计以及土石方量计算等方面的要求。因此,必须测绘出表示线路两侧地形起伏情况的横断面图。在线路上,一般应在曲线控制点、公里桩和线路纵、横向地形明显变化处测绘横断面。

横断面图的测量是施测中桩处垂直于中线两侧的地面坡度变化点与中桩间的距离与高差,然后按一定比例尺展绘成横断面。

1) 横断面方向的测定

横断面的方向,在直线部分应与中线垂直,在曲线部分应在法线方向上。

(1) 直线部分

直线部分横断面的方向可用十字方向架来测定,如图 10 – 21 所示。测定时,可将方向架置于欲测点上,用其中一个方向 AA' 瞄准前方或后方某一中桩,则方向架的另一方向 BB' 即为欲测桩点的横断面方向。

(2) 曲线部分

曲线部分可用求心方向架来测定。求心方向架是在十字方向架上安装一根可旋转的活动定向杆 CC''(见图 10 – 21),中间加有固定螺旋(见图 10 – 21)。其使用方法如图 10 – 22(a)所示,首先将求心方向架置于曲线起点 ZY,使 AA' 方向瞄准交点或直线上某一中桩,则 BB' 方向即通过圆心,这时转动活动定向杆 CC',使其对准曲

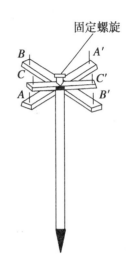

图 10 – 21 十字方向架

线上细部点①,拧紧固定螺旋,然后将求心方向架移置于①点,将 BB' 方向瞄准曲线起点 ZY,则活动定向杆 CC' 所指方向即为①点通过圆心的横断面方向。

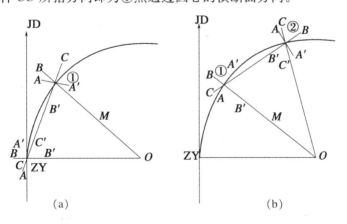

图 10 – 22 曲线上定横断面方向

如图 10 – 22(b)所示,欲求曲线细部点②横断面的方向,可在①点横断面方向上设临时标志 M,再以 BB' 方向瞄准 M 点,松开固定螺旋,转动活动定向杆瞄准②点,拧紧固定螺旋,然后将求心方向架移置②点,使方向架上 BB' 方向瞄准①点木桩,这时 CC' 方向即为细部点②的横断面方向。

2) 横断面的测量方法

横断面施测的宽度应满足工程需要,一般要求在中线两侧各测 15～30 m。当用十字定

向架定出横断面方向后,即可用下述方法测出。

表 10-2　横断面测量记录手簿

$\dfrac{\text{前视读数}}{\text{至中桩距离}}$(左)(m)				$\dfrac{\text{后视读数}}{\text{桩号}}$	(右)$\dfrac{\text{前视读数}}{\text{至中桩距离}}$(m)				
...				...	...				
$\dfrac{1.40}{21.2}$	$\dfrac{1.72}{18.3}$	$\dfrac{2.06}{14.4}$	$\dfrac{1.63}{12.1}$	$\dfrac{1.48}{0+500}$	$\dfrac{1.30}{4.7}$	$\dfrac{1.12}{5.9}$	$\dfrac{0.81}{10.8}$	$\dfrac{1.26}{13.5}$	$\dfrac{1.45}{20.3}$
				...	...				
$\dfrac{1.77}{21.3}$	$\dfrac{2.08}{14.5}$	$\dfrac{2.44}{10.7}$		$\dfrac{1.62}{0+350}$	$\dfrac{1.02}{3.2}$	$\dfrac{1.64}{4.4}$	$\dfrac{1.79}{12.6}$	$\dfrac{2.23}{20.6}$	

（1）水准仪法

此法适用于施测断面较窄的平坦地区。水准仪安置后,以中桩地面高程为后视,以中线两侧横断面方向地面特征点为前视,读数到厘米,并用皮尺量出各特征点到中桩的水平距离,量到分米。观测时安置一次仪器一般可测几个断面。记录格式如表 10-2 所示,分子表示高程,分母表示距离,表中按线路前进方向分左、右两侧。沿线路前进方向施测时,应自下而上记录。

（2）经纬仪法

采用经纬仪测量横断面是将经纬仪安置于中线桩上,读取中线桩两侧各地形变化点视距和垂直角,计算各观测点相对中桩的水平距离与高差。此法适用于地形起伏变化大的山区。

（3）测杆皮尺法

如图 10-23 所示,测量时将一根测杆立于横断面方向的某特征点上,另一根杆立在中桩上。用皮尺截于测杆的红白格数(每格 20 cm),即为两点的高差。同法连续地测出每两点间的水平距离与高差直至需要的宽度为止。数字直接记入草图中。此法简便、迅速,但精度较低,适用于等级较低的公路。

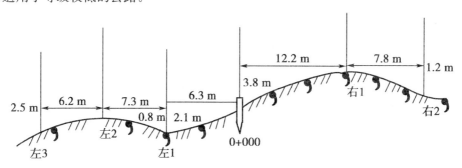

图 10-23　测杆皮尺法测横断面

3）横断面图的绘制

（1）建立坐标系

绘制横断面图时均以中桩地面坐标为原点,以平距为横坐标,高差为纵坐标,将各地面特征点绘在毫米方格纸上。

（2）确定比例尺

为了计算横断面面积和确定路基的填、挖边界,横断面的水平距离和高差的比例尺应是相同的。通常用 1∶100 或 1∶200。

（3）绘制方法

先在毫米方格上由下而上以一定间隔定出各断面的中心位置，并注上相应的桩号和高程，然后根据记录的水平距离和高差按规定的比例尺绘出地面上各特征点的位置，再用直线连接相邻点即绘出断面图的地面线，最后标注有关的地物和数据等（如图 10 - 24 所示）。横断面图绘制简单，但工作量大，发现问题应即时纠正。

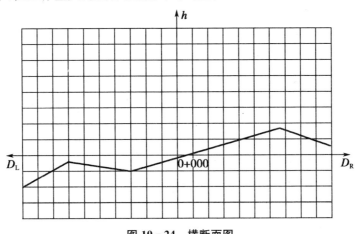

图 10 - 24　横断面图

10.5　道路施工测量

道路施工测量主要是恢复中线、测设施工控制桩及路基边桩和测设竖曲线。

由于从线路勘测到开始进行施工要经过很长一段时间，线路在勘测设计阶段所测设的中线桩到开始施工时一般均有被碰动或丢失现象。因此，在施工前应根据原定线条件复核，并将丢失和碰动的交点桩、中线桩恢复和校正好。在恢复中线时，一般将附属物（如涵洞、检查井、挡土墙等）的位置一并定出。

10.5.1　施工控制桩的测设

在施工中中桩都要被挖掉，为了在施工中控制中线位置，应在不受施工干扰、便于引用、易于保存桩位的地方测设施工控制桩。方法如下。

1）平行线法

平行线法是在路基以外，在中线两侧等距离测设两排平行于中线的施工控制桩，如图 10 - 25 所示。此法多用于地势平坦、直线段较长的地段。为了施工方便，控制桩的间距多为 10～20 m。

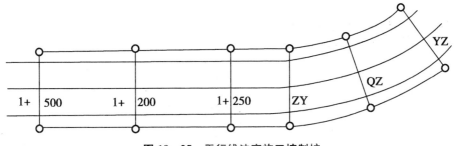

图 10 - 25　平行线法定施工控制桩

2）延长线法

延长线法是在道路转折处的中线延长线上和曲线中点 QZ 至交点 JD 的延长线上测设施工控制桩，如图 10‑26 所示。延长线法多用于地势起伏较大、直线段较短的线路段，主要是控制交点 JD 的位置，故应量出控制桩到交点的距离。

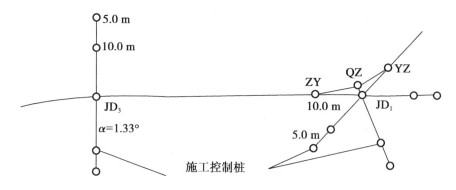

图 10‑26　延长线法定施工控制桩

10.5.2　路基边桩测设

路基边桩测设就是在地面上将每一个横断面的路基边坡线与地面的交点用木桩标定出来。边桩的位置由两侧边桩至中桩的距离来确定。常用的边桩测设方法如下。

1）图解法

直接在横断面图上量取中桩至边桩的水平距离，然后在实地相应的断面上用钢尺测定其位置。在填挖方量不大时，采用此法比较简便。

2）解析法

通过计算来确定路基中桩到边桩的距离，分平坦地面和倾斜地面两种情况。

（1）平坦地段的边桩测设

图 10‑27(a)为填土路堤，坡脚桩至中桩的距离 D 应为

$$D=\frac{b}{2}+mh$$

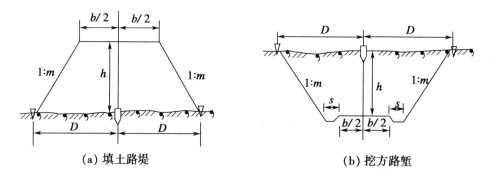

（a）填土路堤　　　　　　　　（b）挖方路堑

图 10‑27　填土路堤与路堑

图 10-27(b)为挖方路堑,坡顶桩至中桩的距离为

$$D=\frac{b}{2}+mh+s$$

式中:D——道路中桩到左、右边桩的距离(m);

　　　b—— 路基的宽度(m);

　　　m—— 路基边坡坡度;

　　　h—— 填土高度或挖土深度(m);

　　　s—— 路堑边沟顶宽(m)。

沿横断面方向放出求得的坡脚(或坡顶)至中桩的距离,定出路基边桩。

（2）倾斜地段的边桩测设

在倾斜地段,边桩至中桩的平距随着地面坡度的变化而变化。如图 10-28(a)所示,路基坡脚桩至中桩的平距 D_r,D_l 分别为

$$D_\mathrm{r}=\frac{b}{2}+m(h-h_\mathrm{r})$$

$$D_\mathrm{l}=\frac{b}{2}+m(h+h_\mathrm{l})$$

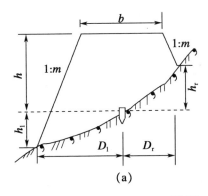 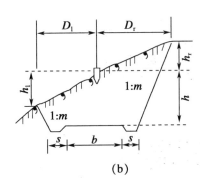

(a)　　　　　　　　　　　　　(b)

图 10-28　斜坡上路堤与路堑

如图 10-28(b)所示,路堑坡顶桩至中桩的平距 D_r,D_l 为

$$D_\mathrm{r}=\frac{b}{2}+s+m(h+h_\mathrm{r})$$

$$D_\mathrm{l}=\frac{b}{2}+s+m(h-h_\mathrm{l})$$

式中:h_r,h_l——上、下侧坡脚(或坡顶)至中桩的高差(m)。

b,m,h 及 s 均已知,故 D_r,D_l 随 h_r,h_l 而变,而 h_l 和 h_r 各为左右边桩与中桩的地面高差,由于边桩位置是待定的,故二者不得而知。因此在实际工作中,是沿着横断面方向采用逐点接近的方法测设边桩。

现以测设路堑左边桩为例,说明其测设步骤。

（1）如图 10-28(b)所示,在路基横断面上估计路堑左边桩至中桩的平距 D_l',并在实地横断面方向上按 D_l' 定出左边桩的估计位置。

（2）用水准仪测出左边桩估计位置与中桩的高差 h_l,按 $D_\mathrm{l}=\frac{b}{2}+s+m(h-h_\mathrm{l})$ 算得 D_l。

若 D_1 与 D_1' 相差很大,则需调整边桩位置,重新测定。

(3) 如果 $D_1 > D_1'$,则需把原定左边桩向外移,否则反之,定出重估后的左边桩位置。

(4) 重测高差,重新计算,最后使得 D_1 与 D_1' 相符合接近,即得左边桩的位置。

采用逐点接近法测设边桩的位置看起来比较复杂,但经过一定实践之后,一般 2～3 次便能达到目的。

10.5.3 路基边坡的测设

边桩测完后为保证填、挖边坡达到设计要求,往往把设计边坡在实地标定出来,以便指导施工。

1) 用竹竿、细线测设边坡

图 10 - 29(a)所示,为填土不高时的挂线放坡测设法,A,B 为边桩,O 为中心桩,根据设计边坡和填土高度 h 在地面上找出 C,D 两点,然后在 C,D 两点竖立的竹竿上找出 C',D' 两点,用细线拉出的 AC',BD' 即为设计边坡线。当填土较高时可将填土高度 h 分为三层,然后分层挂线测设(如图 10 - 29(b)所示)。

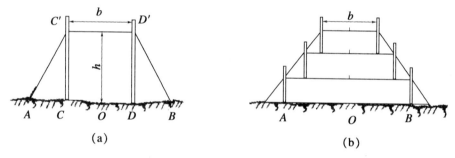

图 10 - 29　用竹竿、细线测设边坡

2) 用边坡样板测设边坡

施工前按照设计边坡制作好边坡样板,施工时按照边坡样板进行测设。

(1) 用活动边坡尺测设

如图 10 - 30(a)所示,当水准气泡居中时,边坡尺斜边所指示的坡度正好为设计的边坡坡度 1：m。

(2) 用固定边坡样板测设

如图 10 - 30(b)所示,在开挖路堑前于坡顶桩外侧按设计边坡设立固定样板,在施工中起检核、指导作用。

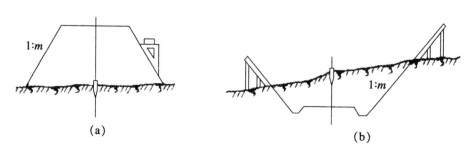

图 10 - 30　用边坡样板测设边坡

10.5.4 竖曲线的测设

公路纵断面是由许多不同坡度的坡段连接而成的,当相邻不同坡度的坡段相交时就出现了变坡点。为了保证车辆行驶的安全和平稳,就必须用竖曲线将两坡段连接起来,使坡度平缓变化。当变坡点在曲线的上方时,称为凸形竖曲线,反之称为凹形竖曲线(如图10-31所示)。

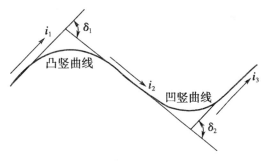

图 10-31 竖曲线

竖曲线可用圆曲线或二次抛物线。目前,在我国公路建设中一般采用圆曲线型的竖曲线,因为圆曲线的计算和测设简单方便。

1)竖曲线元素的计算

测设竖曲线时,根据路线纵断面设计中所设计的竖曲线半径 R 和相邻坡道的坡度 i_1,i_2(单位:角度)计算测设数据。

(1)变坡角 δ 的计算

如图10-32所示,相邻的两纵坡分别为 i_1, i_2,由于公路纵坡的允许值不大,故可认为变坡角 δ 为

$$\delta = \Delta i = i_1 - i_2$$

坡度 i 为上坡时取正,下坡时取负;δ 为 i_1,i_2 的代数差,$\delta > 0$ 时为凸形,$\delta < 0$ 时则为凹形。

(2)竖曲线半径 R

竖曲线半径 R 与路线等级有关。各等级公路竖曲线半径 R 和最小半径长度如表10-3所示。

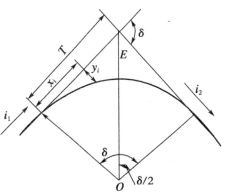

图 10-32 竖曲线测设元素

表 10-3 各等级公路竖曲线半径和最小长度

公路等级		一		二		三		四	
地 形		平原微丘	山岭重丘	平原微丘	山岭重丘	平原微丘	山岭重丘	平原微丘	山岭重丘
凹形竖曲线半径 (m)	一般最小值	10 000	2 000	4 500	700	2 000	1 000	700	200
	极限最小值	6 500	1 400	3 000	450	1 400	250	450	100
凸形竖曲线半径 (m)	一般最小值	4 500	1 500	3 000	700	1 500	400	700	200
	极限最小值	3 000	1 000	2 000	450	1 000	250	450	100
竖曲线最小长度(m)		85	50	70	35	50	25	35	20

(3)竖曲线切线长度 T

由图10-32所示,切线长度 T 为

$$T = R\tan\frac{\delta}{2}$$

由于 δ 很小，故

$$\tan\frac{\delta}{2} \approx \frac{\delta}{2\rho} = \frac{(i_1 - i_2)}{2\rho}$$

则

$$T = \frac{R(i_1 - i_2)}{2\rho} \qquad\qquad (10-13)$$

（4）竖曲线曲线长 L

因变坡角 δ 很小，所以

$$L \approx 2T \qquad\qquad (10-14)$$

（5）外矢距 E

由于 δ 很小，故认为 y 坐标与半径方向一致，它是切线上与曲线上的高程差，从而得

$$(R+y)^2 = R^2 + x^2$$

展开得

$$2Ry = x^2 - y^2$$

又因 y^2 与 x^2 相比较，y^2 的值很小，可略去，则

$$2Ry = x^2$$

即

$$y = \frac{x^2}{2R} \qquad\qquad (10-15)$$

竖曲线中间各点的纵距，即标高改正值 y_i 为

$$y_i = \frac{x_i}{2R} \qquad\qquad (10-16)$$

当 $x = T$ 时 y 值最大，约等于外矢距 E，所以

$$E = \frac{T^2}{2R} \qquad\qquad (10-17)$$

2）竖曲线的测设

竖曲线的测设就是根据纵、断面图上标注的里程及高程，以已放样的某整桩为依据，向前或向后测设各点的水平距离 x 值，并设置竖曲线桩；然后，测设各个竖曲线桩的高程。具体测设步骤如下。

（1）计算竖曲线元素 T,L 和 E

按式(10-13)，式(10-14)和式(10-17)计算 T,L 和 E。

（2）推算竖曲线上各点的桩号

根据变坡点桩号推算竖曲线上各点的桩号：

$$曲线起点桩号＝变坡点桩号－竖曲线的切线长$$
$$曲线终点桩号＝曲线起点桩号＋竖曲线曲线长$$

（3）计算竖曲线上细部点的高程 H_i

根据设计坡度线 i 的高程和标高改正值 y_i 计算竖曲线上细部点的高程 H_i：

$$H_i = H_i' \pm y_i \qquad (10-18)$$

式中：H_i——竖曲线细部点 i 的高程；

      H_i'——设计坡度线 i 的高程。

当竖曲线为凹形时取"＋"号，当竖曲线为凸形时取"－"号。

（4）测设竖曲线的起点和终点

从变坡点沿路线方向向前或向后丈量切线长 T，分别得竖曲线的起点和终点。

（5）测设细部点

由竖曲线起点（或终点）起，沿切线方向每隔 5 m 在地面标定一木桩。

（6）测设各个细部的高程

在细部点的木桩上注明地面高程与竖曲线设计高程之差，以此确定填挖高度。

10.6　桥梁施工测量

桥梁控制网布设和桥轴线控制桩测设完毕后就可进行桥梁施工。在施工过程中，随着工程进展和施工方法的不同，施工放样的测量方法也不同。但所有的放样工作都遵循一个共同的原则，即先放样轴线，再根据轴线放样细部。下面以小型桥梁为例对桥梁的施工测量工作作简要介绍。

10.6.1　基础施工测量

1）基坑的放样

根据桥墩和桥台纵轴轴线的控制桩，按挖深、坡度、土质情况等条件计算基坑上口尺寸，放样基坑开挖边界线。

2）测设水平桩

当基坑开挖到一定深度后，应根据水准点高程在坑壁上测设距基底设计面为一定高差（如 1 m）的水平桩，作为控制挖深及基础施工中掌握高程的依据。

3）投测桥墩台中心线

基础完工后，应根据桥台控制桩（墩台横轴线）及墩台纵轴线控制桩，用经纬仪在基础面上测设出桥墩、台中心线和道路中心线并弹墨线作为砌筑桥墩、台的依据。

10.6.2　墩、台身施工测量

在墩、台砌筑出基础面后，为了保证墩、台身的垂直度以及轴线的正确传递，将基础面上的纵、横轴线用吊锤法或经纬仪投测到墩、台身上。

当砌筑高度不大或测量时无风的情况下,用吊锤法完全可满足投测精度要求,否则应用经纬仪来投测。

1) 吊锤法

用一重锤球悬吊在砌筑到一定高度的墩、台身各侧,当锤球尖对准基础面上的轴线标志时,锤球线在墩、台身上的位置即为轴线位置,做好标志。经检查各部位尺寸合格后,方可继续施工。

2) 经纬仪投测法

将经纬仪安置在纵、横轴线控制桩上,严格整平后瞄准基础面上做的轴线标志,用盘左、盘右分中法将轴线投测到墩、台身,并做好标志。

10.6.3　墩、台顶部施工测差

1) 墩帽、台帽位置的测设

桥墩、台砌筑至一定高度时,应根据水准点在墩、台身的每侧测设一条距顶部为一定高差(如 1 m)的水平线,以控制砌筑高度。墩帽、台帽施工时,应根据水准点用水准仪控制其高程(偏差在 ±10 mm 范围内),根据中线桩用经纬仪控制两个方向的平面位置(偏差在 ±10 mm 范围内),墩台间距或跨度用钢尺或测距仪检查,精度应小于 1∶5 000。

2) T 型梁钢垫板中心位置的测设

根据测出并校核后的墩、台中心线,在墩台上定出 T 型梁支座钢垫板的位置(如图 10-33 所示)。测设时,先根据桥墩中线 ②₁②₄ 定出两排钢垫板中心线 B′B″,C′C″,再根据道路中心线 F₂F₃ 和 B′B″,C′C″ 定出道路中心线上的两块钢垫板的中心位置 B₁ 和 C₁,然后根据设计图上的相应尺寸用钢尺分别自 B₁ 和 C₁ 沿 B′B″ 和 C′C″ 方向量出 T 型梁间距,即可得到 B₂,B₃,B₄,B₅ 和 C₂,C₃,C₄,C₅ 等垫板中心位置。桥台的钢垫板位置可依此法定出。最后用钢尺校对钢垫板的间距,其偏差应在 ±2 mm 以内。

钢垫板的高程用水准仪校测,其偏差应在 ±5 mm 以内。

上述校测完成后,即可浇筑墩台顶面的混凝土。

10.6.4　上部结构安装测量

上部结构安装前应对墩、台上支座钢垫板的位置重新检测一次,同时在 T 形梁两端弹出中心线,对梁的全长和支座间距也应进行检查,并记录数据,作为竣工测量资料。

T 形梁安装时,其支座中心线应对准钢垫板中心线,初步就位后用水准仪检查梁两端的高程,偏差应在 ±5 mm 以内。

对于中、大型桥梁施工,由于基础、墩台身的大部分都处于水中,其施工测量一般采用前方交会的方法进行。

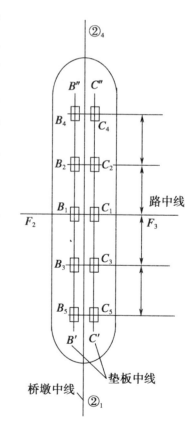

图 10-33　T 形梁钢垫板中心位置的测设

思考与练习

1. 道路施工测量包括哪些内容?

2. 道路中线测量包括哪些内容? 如何进行?

3. 设有一圆曲线,已知交点的桩号为 0+201.60 m,$\alpha_{右}=40°12'$,$R=80$ m,试计算该曲线的元素及主点的桩号。

4. 试根据第 3 题的数据计算用偏角法测设圆曲线细部点的偏角值。

5. 设圆曲线半径 $R=600$ m,$\alpha_{左}=48°56'$,交点 JD 的桩号为 K2+745.68,试计算曲线元素及主点的桩号。

6. 在第 5 题中,若要求圆曲线上每 20 m 钉桩,试简述用偏角法测设曲线的过程。

7. 简述纵、横断面测量的意义。

8. 简述横断面的测量方法有哪几种。

9. 某变坡点的桩号为 K2+680 m,该点的高程为 24.88 m,其相邻直线的坡度分别为 $i_1=+1.041\%$,$i_2=-0.658\%$,$R=5\,000$ m,要求每 10 m 钉一里程桩,试计算该竖曲线的测设数据。

10. 简述中平测量的施测方法。

11. 桥梁施工测量的主要工作有哪些?

12. 如何进行桥梁墩、台中心的定位测量?

附录 A 测量放线工职业技能标准

1. 职业序号：13 - 015。

2. 专业名称：土木建筑。

3. 职业名称：测量放线工。

4. 职业定义：利用测量仪器和工具,测量建筑物的平面位置和标高,并按施工图放实样、平面尺寸。

5. 使用范围：工程施工。

6. 技能等级：初、中、高三级。

7. 学徒期：两年,其中培训期一年,见习期一年。

初级测量放线工职业技能标准

一、知识要求(应知)

(1) 识图的基本知识,看懂分部分项施工图,并能校核小型、简单建筑物平、立、剖面图的关系及尺寸。

(2) 房屋构造的基本知识,一般建筑工程施工程序及对测量放线的基本要求,本职业与有关职业之间的关系。

(3) 建筑施工测量的基本内容、程序及作用。

(4) 点的平面坐标(直角坐标、极坐标)、标高、长度、坡度、角度、面积和体积的计算方法,一般计算器的使用知识。

(5) 普通水准仪(S3)、普通经纬仪(J6,J2)的基本性能、用途及保养知识。

(6) 水准测量的原理(视线高法和高差法),基本测法、记录和闭合差的计算及调整。

(7) 测量误差的基本知识,测量记录、计算工作的基本要求。

(8) 本职业安全技术操作规程、施工验收规范和质量评定标准。

二、操作要求(应会)

(1) 测钎、标杆、水准尺、尺垫、各种卷尺及弹簧秤的使用及保养。

(2) 常用的测量手势、信号和旗语配合测量默契。

(3) 用钢尺测量、测设水平距离及测设 90°平面角。

(4) 安置普通水准仪(定平水准盒)、一次精密定平、抄水平线、设水平桩和皮数杆,简单方法平整场地的施测和短距离水准点的引测,扶水准尺的要点和转点的选择。

(5) 安置普通经纬仪(对中、定平)、标测直线、延长直线和竖向投测。

(6) 妥善保管、安全搬运测量仪器及测具。

(7) 打桩定点,埋设施工用半永久性测量标志,做桩位的点之记,设置龙门板、线坠吊线、撒灰线和弹墨线。

(8) 进行小型、简单建筑物的定位和放线。

中级测量放线工职业技能标准

一、知识要求(应知)

(1) 制图的基本知识,看懂并审核较复杂的施工总平面图和有关测量放线的施工图的关系及尺寸,大比例尺工程用地形图的判读及应用。

(2) 测量内业计算的数学知识和函数型计算器的使用知识,对平面为多边形、圆弧形的复杂建(构)筑物四廓尺寸交圈进行核算,对平、立、剖面有关尺寸进行核对。

(3) 熟悉一般建筑结构、装修施工的程序、特点及对测量、放线工作的要求。

(4) 场地建筑坐标系与测量坐标系的换算,导线闭合差的计算及调整,直角坐标及极坐标的换算,角度交会法、距离交会法定位的计算。

(5) 钢尺测量、测设水平距离中的尺长、温度、拉力、垂曲和倾斜的改正计算,视距测法和计算。

(6) 普通水准仪的基本构造、轴线关系、检校原理和步骤。

(7) 水平角与竖直角的测量原理,普通经纬仪的基本构造、轴线关系、检校原理和步骤,测角、设角和记录。

(8) 光电测距和激光仪器在建筑施工测量中的一般应用。

(9) 测量误差的来源、分类及性质,施工测量的各种限差,施测中对量距、水准、测角的精度要求,以及产生误差的主要原因和消除方法。

(10) 根据整体工程施工方案,布设场地平面控制网和标高控制网。

(11) 沉降观测的基本知识和竣工平面图的测绘。

(12) 班组管理知识。

二、操作要求(应会)

(1) 熟练掌握普通水准仪和经纬仪的操作、检校。

(2) 根据施工需要进行水准点的引测、抄平和皮数杆的绘制,平整场地的施测、土方计算。

(3) 经纬仪在两点投测方向点,直角坐标法、极坐标法和交会法测量或测设点位,以及圆曲线的计算与测设。

(4) 根据场地地形图或控制点进行场地布置和地下拆迁物的测定。

(5) 核算红线桩坐标与其边长、夹角是否对应,并实地进行校测。

(6) 根据红线桩或测量控制点,测设场地控制网或建筑主轴线。

(7) 根据红线桩、场地平面控制网、建筑主轴线或地物关系,进行建筑物定位、放线,以及从基础至各施工层上的弹线。

(8) 民用建筑与工业建筑预制构件的吊装测量,多层建筑、高层建(构)筑物的竖向控制及标高传递。

(9) 场地内部道路与各种地下、架空管的定线、纵断面测量和施工中的标高、坡度测设。

(10) 根据场地控制网或重新布设图根导线,实测竣工平面图。

(11) 用普通水准仪进行沉降观测。

(12) 制定一般工程施工测量放线方案,并组织实施。

高级测量放线工职业技能标准

一、知识要求(应知)

(1)看懂并审核复杂、大型或特殊工程(如超高层、钢结构、玻璃幕墙等)的施工总平面图和有关测量放线施工图的关系及尺寸。

(2)工程测量的基本理论知识和施工管理知识。

(3)测量误差的基本理论知识。

(4)精密水准仪、经纬仪的基本性能、构造和用法。

(5)地形图测绘的方法和步骤。

(6)在工程技术人员的指导下,进行场地方格网和小区控制网的布置、计算。

(7)建筑物变形观测的知识。

(8)工程测量的先进技术与发展趋势。

(9)预防和处理施工测量放线中质量和安全事故的方法。

二、操作要求(应会)

(1)普通水准仪、经纬仪的一般维修。

(2)熟练运用各种工程定位方法和校测方法。

(3)场地方格网和小区控制网的测设,四等水准观测及记录。

(4)用精密水准仪、经纬仪进行沉降、位移等变形观测。

(5)推广和应用施工测量的新技术、新设备。

(6)参与编制较复杂工程的测量放线方案,并组织实施。

(7)对初、中级工示范操作,传授技能,解决本职业操作技术上的疑难问题。

附录 B 建筑工程测量试验与实习

一、测量实训规定

（1）在测量实训之前应复习教材中的有关内容，认真仔细地预习实训指导书，明确目的与要求，熟悉实训步骤，注意有关事项，并准备好所需文具用品，以保证按时完成实训任务。

（2）实训分小组进行，组长负责组织协调工作，办理所用仪器工具的借领和归还手续。

（3）实训应在规定的时间进行，不得无故缺席或迟到早退；应在指定的场地进行，不得擅自改变地点或离开现场。

（4）必须严格遵守本书列出的"测量仪器工具的借领与使用规则"和"测量记录与计算规则"。

（5）服从教师的指导，每人都必须认真、仔细地操作，培养独立工作能力和严谨的科学态度，同时要发扬互相协作精神。每项实训都应取得合格的成果并提交书写工整规范的实训报告，经指导教师审阅签字后方可交还测量仪器和工具，结束实训。

（6）实训过程中应遵守纪律，爱护现场的花草、树木和农作物，爱护周围的各种公共设施，任意砍折、踩踏或损坏者应予赔偿。

二、测量仪器工具的借领与使用规则

（1）测量仪器工具的借领

① 在教师指定的地点办理借领手续，以小组为单位领取仪器工具。

② 借领时应该当场清点检查。应检查实物与清单是否相符，仪器工具及附件是否齐全，背带及提手是否牢固，脚架是否完好等。如有缺损，可以补领或更换。

③ 离开借领地点之前必须锁好仪器箱并捆扎好各种工具；搬运仪器工具时必须轻取轻放，避免剧烈震动。

④ 借出仪器工具之后，不得与其他小组擅自调换或转借。

⑤ 实训结束应及时收装仪器工具，送还借领处检查验收，消除借领手续。如有遗失或损坏，应写出书面报告说明情况，并按有关规定给予赔偿。

（2）测量仪器使用注意事项

① 携带仪器时，应注意检查仪器箱盖是否关紧锁好，拉手、背带是否牢固。

② 打开仪器箱之后，要看清并记住仪器在箱中的安放位置，避免以后装箱困难。

③ 提取仪器之前，应注意先松开制动螺旋，再用双手握住支架或基座轻轻取出仪器，放在三脚架上，保持一手握住仪器，一手去拧连接螺旋，最后旋紧连接螺旋使仪器与脚架连接牢固。

④ 装好仪器之后注意随即关闭仪器箱盖，防止灰尘和湿气进入箱内。仪器箱上严禁坐人。

⑤ 人不离仪器，必须有人看护，切勿将仪器靠在墙边或树上，以防跌损。

⑥ 在野外使用仪器时应该撑伞，严防日晒雨淋。

⑦ 若发现透镜表面有灰尘或其他污物，应先用软毛刷轻轻拂去，再用镜头纸擦拭，严禁用手帕、粗布或其他纸张擦拭，以免损坏镜头。观测结束后应及时套好物镜盖。

⑧ 各制动螺旋勿扭过紧，微动螺旋和脚螺旋不要旋到顶端。使用各种螺旋都应均匀用力，以免损伤螺纹。

⑨ 转动仪器时,应先松开制动螺旋,再平衡转动。使用微动螺旋时,应先旋紧制动螺旋。动作要准确、轻捷,用力要均匀。

⑩ 使用仪器时,对仪器性能尚不了解的部件,未经指导教师许可不得擅自操作。

⑪ 仪器装箱时,要放松各制动螺旋,装入箱后先试关一次,在确认安放稳妥后再拧紧各制动螺旋,以免仪器在箱内晃动而受损,最后关箱上锁。

⑫ 测距仪、电子经纬仪、电子水准仪、全站仪、GPS 等电子测量仪器在野外更换电池时,应先关闭仪器的电源;装箱之前,也必须先关闭电源,才能装箱。

⑬ 仪器搬站时,对于长距离或难行地段,应将仪器装箱后再行搬站;在短距离和平坦地段,先检查连接螺旋,再收拢脚架,一手握基座或支架,一手握脚架,竖直地搬移,严禁横杠仪器进行搬移;装有自动归零补偿器的经纬仪搬站时,应先旋转补偿器关闭螺旋,将补偿器托起才能搬站,观测时应记住及时打开。

(3) 测量工具使用注意事项

① 水准尺、标杆禁止横向受力,以防弯曲变形。作业时,水准尺、标杆应由专人认真扶直,不准贴靠树上、墙上或电线杆上,不能磨损尺面分划和漆皮。对塔尺的使用,还应注意接口处的正确连接,用后及时收尺。

② 对钢卷尺的使用,应防止扭曲、打结和折断,防止行人踩踏或车辆碾压,尽量避免尺身着水。携尺前进时应将尺身提起,不得沿地面拖行,以防损坏分划。用完钢尺,应擦净、涂油,以防生锈。

③ 对小件工具如锤球、测钎、尺垫等的使用,应用完即收,防止遗失。

④ 测距仪或全站仪使用的反光镜,若发现反光镜表面有灰尘或其他污物,应先用软毛刷轻轻拂去,再用镜头纸擦拭,严禁用手帕、粗布或其他纸张擦拭,以免损坏镜面。

三、测量记录与计算规则

(1) 所有观测成果均要使用硬性(2H 或 3H)铅笔记录,同时熟悉表上各项内容的填写和计算方法。

(2) 记录观测数据之前,应将表头的仪器型号、日期、天气、测站、观测者及记录者姓名等无一遗漏地填写齐全。

(3) 观测者读数后,记录者应随即在测量手簿上的相应栏内填写并复诵回报,以防听错、记错。不得另纸记录,事后转抄。

(4) 记录时要求字体端正清晰,字体的大小一般占格宽的一半左右,字脚靠近底线,留出空隙作改正错误用。

(5) 数据要全,不能省略零位。如水准尺读数 1.300 和度盘读数 $30°00'00''$ 中的"0"均应填写。

(6) 水平角观测,秒值读记错误应重新观测,度、分读记错误可在现场更正,但同一方向盘左、盘右不得同时更改相关数字;垂直角观测中分的读数,在各测回中不得连环更改。

(7) 距离测量和水准测量中,厘米及以下数值不得更改,米和分米的读记错误在同一距离、同一高差的往、返测或两次测量的相关数字不得连环更改。

(8) 更正错误,均应将错误数字和文字整齐地划去,在上方另记正确数字和文字。划改的数字和超限划去的成果,均应注明原因和重测结果的所在页数。

(9) 按四舍五入、五前单进双舍(或称奇进偶不进)的取数规则进行计算,如数据 1.123 5 和 1.124 5 进位均为 1.124。

实训一　水准仪的安置与读数

一、实训目的
（1）了解水准仪的原理、构造。

（2）掌握水准仪的使用方法。

二、仪器设备
每组 S3 水准仪 1 台，水准尺 1 对，记录板 1 个。

三、实训任务
每组每位同学完成整平水准仪 4 次、读水准尺读数 4 次。

四、实训要点及流程
（1）要点：水准仪安置时，要掌握水准仪圆水准气泡的移动方向始终与操作者左手旋转脚螺旋的方向一致的规律；读数时，从小往大读，估读至毫米位，辨别清楚水准尺的分划值。

（2）流程：架上水准仪—整平仪器—读取水准尺上读数—记录。

五、实训记录
（1）水准仪由_____、_____、_____组成。

（2）水准仪粗略整平的步骤是_____

_____。

（3）水准仪照准水准尺的步骤是_____

_____。

（4）水准尺读数步骤是_____

_____。

（5）A 点处的水准尺读数是_____，B 点处的水准尺读数是_____，C 点处的水准尺读数是_____，D 点处的水准尺读数是_____。

（6）消除视差的方法是_____

_____。

实训二　等外闭合水准路线测量

一、实训目的

(1) 学会在实地如何选择测站和转点,完成一个闭合水准路线的布设。

(2) 掌握等外水准测量的外业观测方法和内业计算方法。

二、仪器设备

每组自动安平水准仪 1 台,水准尺 1 对,记录板 1 个,自带铅笔。

三、实训任务

每组完成一条闭合水准路线的观测任务。

四、人员分工

一人观测,一人记录,两人立尺,每一测站岗位轮换。

五、实训要点及流程

(1) 要点:水准仪要安置在离前、后视点距离大致相等处,用中丝读取水准尺上的读数至毫米。

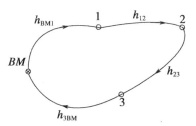

(2) 流程:如右图已知 $H_{BM}=50.000$ m,要求按等外水准精度要求施测,求点 1、点 2、点 3 三点高程。

六、实训记录

普通水准测量手簿

日期:＿＿＿年＿＿月＿＿日　　天气:＿＿＿＿　　仪器编号:＿＿＿＿　　组号:＿＿＿＿

观测者:＿＿＿＿＿　　记录者:＿＿＿＿＿　　立尺者:＿＿＿＿＿

测站	测点	水准尺读数(m)		高差(m)		高程(m)	备注
		后视读数	前视读数	＋	－		
1	2	3	4	5	6	7	8
计算校核	$\sum$						
	$\sum a-\sum b=$			$\sum h=$		$H_{测}-H_{已}=$	

七、成果计算

水准测量成果计算

测段	点名	距离 L (km)	测站数	实测高差 (m)	改正数 (m)	改正后高差 (m)	高程 (m)	备注
1	2	3	4	5	6	7	8	9
Σ								
辅助计算	$f_h =$			$f_{h容} = \pm 12\sqrt{n} =$				

实训三 水准仪的检验与校正

一、实习目的

（1）了解水准仪的构造和原理。

（2）掌握水准仪的主要轴线以及它们之间应满足的条件。

（3）掌握水准仪的检验和校正方法。

二、仪器设备

每组自动安平水准仪1台，水准尺1对，钢卷尺1把，记录板1个。

三、实习任务

每组完成水准仪的圆水准器、十字丝横丝、水准管平行于视准轴（i角）三项基本检验。

四、实习要点及流程

（1）要点：进行i角检验时要仔细测量，保证精度，才能把仪器误差与观测误差区分开来。

（2）流程：圆水准器检校—十字丝横丝检校—水准管平行于视准轴（i角）检校。

五、实习记录

（1）圆水准器的检验

圆水准器气泡居中后将望远镜旋转180°，气泡＿＿＿＿＿＿＿（填"居中"或"不居中"）。

（2）十字丝横丝检验

在墙上找一点使其恰好位于水准仪望远镜十字丝左端的横丝上，旋转水平微动螺旋，用望远镜右端对准该点，观察该点＿＿＿＿＿＿（填"是"或"否"）仍位于十字丝右端的横丝上。

（3）水准管平行于视准轴（i角）的检验

	立尺点		水准尺读数	高差	平均高差	是否要校正
仪器在AB两点中间位置	A					
	B					
	变更仪器高后	A				
		B			(h_{AB})	
仪器在B点附近	A					
	B					
	变更仪器高后	A				
		B			(h'_{AB})	
i角计算	$i'' = \dfrac{h'_{AB} - h_{AB}}{S_{AB}} \times 206\,265'' =$					

注：对于DS3水准仪，当$i > 20''$时则需要校正。

实训四　经纬仪的安置与读数

一、实习目的

（1）了解经纬仪的构造和原理。

（2）掌握经纬仪对中、整平、读数的方法。

二、仪器设备

每组 J6 光学经纬仪 1 台，记录板 1 个，铅笔自备。

三、实习任务

每组每位同学完成经纬仪的整平、对中、瞄准、读数工作各一次。对中精度要求：偏差小于 2 mm；整平精度要求：水准管气泡偏离小于 1 格。

四、实习要点及流程

（1）要点

① 气泡的移动方向与操作者左手旋转脚螺旋的方向一致。

② 经纬仪安置操作时，要注意首先要大致对中，脚架要大致水平，这样整平对中反复的次数会明显减少。

（2）流程：整平对中经纬仪—瞄准目标—读水平度盘。

五、实习记录

（1）经纬仪由_____、_____、_____组成。

（2）经纬仪对中整平的操作步骤是_____

_____

_____。

（3）经纬仪照准目标的步骤是_____

_____

_____。

（4）经纬仪瞄准 A 点时的水平度盘读数是_____，竖直度盘读数是_____；经纬仪瞄准 B 点时的水平度盘读数是_____，竖直度盘读数是_____。

实训五　经纬仪角度测量

一、实习目的

（1）掌握水平角和竖直角观测原理。

（2）掌握方向观测法测水平角的方法。

二、仪器设备

每组 J6 光学经纬仪 1 台，记录板 1 个，铅笔自备。

三、实习任务

每组用方向观测法完成有 4 个观测方向的 1 测站 2 测回水平角观测和 1 个方向竖直角 1 测回观测任务。

四、实习要点及流程

（1）要点：方向观测法测角时要随时注意各项限差是否超限，才能保证最后成果可靠。J6 经纬仪半测回归零限差 18″，同一方向测回互差限差 24″。

（2）流程：O 点对中整平经纬仪—顺时针测 $ABCDA$—逆时针测 $ADCBA$。

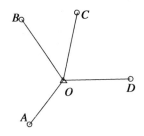

五、实习记录

经纬仪竖直角观测手簿

测点	目标	竖盘位置	竖盘读数 （°　′　″）	半测回竖直角 $\alpha_L = 90° - L$ $\alpha_R = R - 270°$ （°　′　″）	指标差 $x = 1/2 \cdot$ $(R + L - 360°)$ （″）	一测回竖直角 $\alpha = 1/2 \cdot$ $(\alpha_L + \alpha_R)$ （°　′　″）
		左				
		右				
		左				
		右				
		左				
		右				
		左				
		右				

经纬仪水平角观测手簿(测回法)

测站	测回	竖盘位置	目标	水平角读数 (° ′ ″)	半测回角值 (° ′ ″)	一测回角值 (° ′ ″)	各测回平均值 (° ′ ″)
		左					
		右					
		左					
		右					
		左					
		右					
		左					
		右					
		左					
		右					
		左					
		右					
		左					
		右					

经纬仪水平角观测手簿（方向法）

日期：　　　　　天气：　　　　　仪器编号：　　　　　观测：　　　　　记录：

测站	测回数	目标	水平度盘读数		$2c=$ 左－右±180° (")	平均读数＝ 1/2[左＋ (右±180°)] (° ′ ")	归零方向值 (° ′ ")	各测回平均 方向值 (° ′ ")	备注
			盘左 (° ′ ")	盘右 (° ′ ")					

实训六　经纬仪的检验与校正

一、实习目的

（1）了解经纬仪的构造和原理。

（2）掌握经纬仪的检验和校正方法。

二、仪器设备

每组 J6 光学经纬仪 1 台，钢卷尺 1 把，记录板 1 个。

三、实习任务

每组完成经纬仪的检验任务（照准部水准管轴、十字丝竖丝、视准轴、横轴、光学对中器、竖盘指标差）。

四、实习要点及流程

（1）要点：经纬仪检验时要以高精度要求观测；竖直角观测时注意经纬仪竖盘读数与竖直角的区别。

（2）流程：照准部水准管轴—十字丝竖丝—视准轴—横轴—光学对中器—竖盘指标差。

五、实习记录

（1）照准部水准管的检验

用脚螺旋使照准部水准管气泡居中后，将经纬仪的照准部旋转 180°，照准部水准管气泡偏离＿＿＿＿＿＿格。

（2）十字丝竖丝是否垂直于横轴

在墙上找一点，使其恰好位于经纬仪望远镜十字丝上端的竖丝上，旋转望远镜上下微动螺旋，用望远镜下端对准该点，观察该点＿＿＿＿＿＿（填"是"或"否"）仍位于十字丝下端的竖丝上。

（3）视准轴的检验

方法：在平坦的地面上选择一条直线 AB，约 40～50 m，在 AB 中点 O 架设仪器，并在 B 点处横置一小尺。盘左瞄准 A，倒镜在 B 点小尺上读取 B_1；再用盘右瞄准 A，倒镜在 B 点小尺上读取 B_2。经计算，若 J6 经纬仪 $2c > 60''$，则需校正。

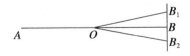

尺量得 $S_{OB} = $ ＿＿＿＿＿＿＿。

B_1 处读数为＿＿＿＿＿＿＿，B_2 处读数为＿＿＿＿＿＿＿，$S_{B_1B_2} = $ ＿＿＿＿＿＿＿。

经计算得：$c'' = \dfrac{S_{B_1B_2}}{4S_{OB}} \rho'' = $ ＿＿＿＿＿＿＿。

（4）横轴的检验

方法：在 20～30 m 处的墙上选一仰角大于 30° 的目标点 P，先用盘左瞄准 P 点，放平望远镜，在墙上定出 P_1 点；再用盘右瞄准 P 点，放平望远镜，在墙上定出 P_2 点。经计算，若 J6 经纬仪 $i > 20''$ 时，则需校正。

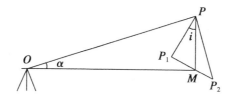

用尺量得 $S_{OM}=$ _____。

用经纬仪测得竖直角：

测点	目标	竖盘位置	竖盘读数 (° ′ ″)	半测回竖直角 $\alpha_L=90°-L$ $\alpha_R=R-270°$ (° ′ ″)	指标差 $x=1/2 \cdot$ $(R+L-360°)$ (″)	1测回竖直角 $\alpha=1/2 \cdot$ $(\alpha_L+\alpha_R)$ (° ′ ″)
		左				
		右				

用钢尺量得 $S_{P_1P_2}=$ _____。

经计算得 $i''=\dfrac{S_{P_1P_2}}{2S_{OM}\tan\alpha}\rho''=$ _____。

（5）指标差的检验

方法：瞄准一目标测定盘左、盘右竖直角,计算正确的竖直角,再转动竖盘指标水准管微动螺旋,使竖盘指标对准正确读数。此时,竖盘指标水准管气泡不居中,用校正针调节校正螺钉使气泡居中。如此反复三次,直至符合要求为止(指标差绝对值控制在 $1'$ 以内)。

次数	目标	竖盘位置	竖盘读数 (° ′ ″)	半测回竖直角 $\alpha_L=90°-L$ $\alpha_R=R-270°$ (° ′ ″)	指标差 $x=1/2 \cdot$ $(R+L-360°)$ (″)	1测回竖直角 $\alpha=1/2 \cdot$ $(\alpha_L+\alpha_R)$ (° ′ ″)
1		左				
		右				
2		左				
		右				
3		左				
		右				

（6）光学对中器的检验

要求：安置经纬仪后,使光学对中器十字丝中心精确对准地面上一点,再将经纬仪的照准部旋转180°,眼睛观察光学对中器,其十字丝_____(填"是"或"否")精确对准地面上的点。

实训七 钢尺一般量距

一、实习目的

掌握钢尺一般量距的操作方法。

二、仪器设备

每组 J6 光学经纬仪 1 台,钢尺 1 把,记录板 1 个,铅笔自备。

三、实习任务

每组在平坦的地面上完成一段长 80~90 m 的直线的往返丈量任务,并用经纬仪进行直线定线,岗位轮换操作。

四、实习要点及流程

(1) 要点

① 用经纬仪进行直线定线时,有的仪器是成倒像的,有的仪器是成正像的。

② 丈量时,前尺手与后尺手要动作一致,可用口令来协调。

(2) 流程:在 A 点架仪—瞄准 B 点—在 AB 之间用铅笔尖定点 1,2—丈量各段距离。

五、实习记录

往测时,用钢尺量得 $A1 = $ _____ , $12 = $ _____ , $2B = $ _____ ,故有 $AB = $ _____ ;返测时,用钢尺量得 $B2 = $ _____ , $21 = $ _____ , $1A = $ _____ ,故有 $BA = $ _____ 。

此次丈量的相对精度(往返较差率)$K = $ _____ 。

实训八　闭合导线外业测量

一、实习目的

(1) 掌握闭合导线的布设方法。

(2) 掌握闭合导线的外业观测方法。

二、仪器设备

每组 J6 光学经纬仪 1 台,钢卷尺 1 把,记录板 1 个,铅笔自备。

三、实习任务

每组完成一条闭合导线的水平角观测、导线边长丈量的任务。

四、实习要点及流程

(1) 要点

① 闭合导线的折角,观测闭合图形的内角。

② 瞄准目标时,应尽量瞄准目标的底部。

③ 量边要量水平距离。

(2) 流程:测 A 角—测 B 角—测 C 角—测 D 角—量边 AB—量边 BC—量边 CD—量边 DA。

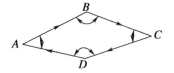

五、实习记录

导线测量观测手簿

日期：　　　　天气：　　　　仪器编号：　　　　导线编号：　　　　观测：　　　　记录：

测站	测回数	目标	水平度盘读数		$2c=$ 左−右±180° (″)	平均读数 = $\frac{1}{2}$[左+ (右±180°)] (°′″)	归零方向值 (°′″)	各测回平均方向值 (°′″)	边长 (m)	备注
			盘左 (°′″)	盘右 (°′″)						

校核：内角和闭合差 $f_\beta =$ 　　　　$f_{\beta容} = \pm 60'' \sqrt{n} =$

实训九　四等水准测量

一、实习目的
(1) 熟悉水准仪的使用。
(2) 掌握四等水准测量的外业观测方法。

二、仪器设备
每组自动安平水准仪1台,双面水准尺1对,记录板1个,铅笔自备。

三、实习任务
按四等水准测量要求,每组完成一个闭合水准环的观测任务。

四、实习要点及流程
(1) 要点

① 四等水准测量按"后前前后"(黑黑红红)顺序观测。

② 记录要规范,各项限差要随时检查,无误后方可搬站。

(2) 流程:由 BM 点—点1—点2—BM 点。

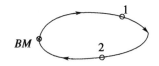

五、实习记录

四等水准测量限差指标

水准仪型号	视线长度 (m)	前后视距差 (m)	前后视距累积差 (m)	基辅分划读数差 (m)	基辅分划高差之差 (m)
DS3	100	5	10	3	5

根据测量记录计算:$f_h =$ 　　　　　　$f_{h容} = \pm 6\sqrt{n} =$

等级水准测量记录手簿

日期：　　　　天气：　　　　仪器编号：　　　　观测：　　　　记录：　　　　司尺：

测点编号	后尺 下丝/上丝	前尺 下丝/上丝	方向及尺号	水准尺读数 (m)		$K+$ 黑减红	平均高差 (m)	备注
	后视距	前视距		黑面	红面			
	视距差(m)	$\sum$ (m)						
	(1)	(4)	后	(3)	(8)	(14)		已知水准点的高程为___m。尺1♯的 K 为
	(2)	(5)	前	(6)	(7)	(13)		_____。
	(9)	(10)	后一前	(15)	(16)	(17)	(18)	尺2♯的 K 为
	(11)	(12)						_____。
			后					
			前					
			后一前					
			后					
			前					
			后一前					
			后					
			前					
			后一前					
			后					
			前					
			后一前					
			后					
			前					
			后一前					
			后					
			前					
			后一前					

实训十　直角坐标法、极坐标法测设点位

一、实习目的

(1) 熟悉经纬仪的操作。

(2) 掌握直角坐标法放样点平面位置的方法。

(3) 掌握极坐标法放样点平面位置的方法。

二、仪器设备

每组 J6 经纬仪 1 台,卷尺 1 把,记录板 1 个。

三、实习任务

每组用直角坐标法放样 4 点,用极坐标法放样 2 点。

四、实习要点及流程

(1) 要点:注意角度的正拨和反拨。

(2) 流程

① 计算放样数据,拟定放样方案。

② 直角坐标放样:在 O 点架设经纬仪,在 OA 方向内插 $3'$,$4'$ 两点,分别在 $4'$,$3'$ 两点架设经纬仪,以 OA 线定向拨角 $90°$,测设 4,1,3,2 四点,量边长 12,23,13 校核测设精度。

③ 极坐标法:在 A 点架设经纬仪,以 B 点定向,顺时针拨角、量边,测设 1,2 点,量取边长 12,校核测设精度。

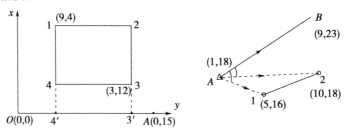

五、实习记录

(1) 直角坐标法放样平面点位

角桩点 4 的坐标 $X=$＿＿＿＿＿m,$Y=$＿＿＿＿＿m;待测设建筑物的 $S_{14}=$＿＿＿＿＿m。角桩点 2 的坐标 $X=$＿＿＿＿＿m,$Y=$＿＿＿＿＿m;待测设建筑物的 $S_{12}=$＿＿＿＿＿m。角桩点对角线长度 $S_{13}=$＿＿＿＿＿m,$S_{24}=$＿＿＿＿＿m。

(2) 极坐标法放样平面点位

放样数据计算表

测站	方向	方位角 (° ′ ″)	与起始方向夹角 (° ′ ″)	边长 (m)
	B		0　00　00	
A	1			
	2			

测设点 12,地面实量边长 $S'_{12}=$＿＿＿＿＿m,坐标反算边长 $S_{12}=$＿＿＿＿＿m,放样精度

$$K=\frac{S'_{12}-S_{12}}{S_{12}}=\underline{\qquad}。$$

综合实训

班级：_____   组号：_____   姓名：_____

一、实习目的与要求

测量综合实训为期一周,其目的是使学生对所学的测量理论知识和基本技能进行系统、全面的复习,以得到进一步的巩固,并为专业课的学习打下良好的基础。通过本次实习,要求大家能独立掌握:

(1) J6 经纬仪、DS3 自动安平水准仪的使用。

(2) 运用闭合导线的布设方案建立小区域平面控制。

(3) 运用四等水准的方法建立小区域高程控制。

(4) 运用极坐标法和直角坐标法测设点位。

二、实训任务内容

(1) 在校内运动场附近选点布设一条闭合导线(如下图),选点要求:① 相连点之间通视;② 便于钢卷尺量距;③ 突出地面,便于立水准尺;④ 点位稳固;⑤ 不影响交通。点位选好之后,用油漆(或涂改液、Mark 笔)标明点名以识别,点位中心用铅笔⊕字标示。

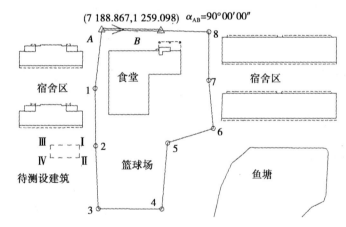

(2) 起算点 A 点的坐标为 $(7\,188.867, 1\,259.098)$,$\alpha_{AB}=90°00'00''$,按照图根导线主要技术要求(DJ6 一测回,角度闭合限差 $60\sqrt{n''}$,相对闭合差 $1/2\,000$)完成闭合导线的角度和边长测量之后,进行闭合导线的平差计算。

(3) 起算点 A 的高程为 6.352,按照四等水准测量技术要求(高差闭合限差 ±6 mm)或者普通水准测量技术要求(高差闭合限差 ±12 mm),完成闭合水准路线的测量和平差计算。

(4) 在导线测量成果符合要求的基础上测设建筑物外包点,待测设建筑物的点位坐标如下表所示:

点号	X 坐标	Y 坐标
Ⅰ	7 111.908	1 243.982
Ⅱ	7 103.337	1 243.982
Ⅲ	7 111.908	1 223.979
Ⅳ	7 103.337	1 223.979

其中，Ⅰ,Ⅱ两点用极坐标法测设，Ⅲ,Ⅳ两点用直角坐标法测设，最后校核测设精度。

三、日程安排

日期	任务
第一天	实训动员、仪器工具借用(组长带证件)、控制点选点
第二天	分组轮换使用经纬仪和水准仪，完成闭合水准测量、图根闭合导线测量、极坐标法和直角坐标法点位测设
第三天	
第四天	
第五天	归还仪器工具，提交实训报告

四、实习纪律与注意事项

(1) 从思想上、态度上认真对待，复习课本所学知识，做好实习前准备。

(2) 服从实习安排，听从老师及组长的指挥。

(3) 爱护仪器和工具，严格遵守操作规程，做到不损坏、不丢失仪器工具；要求仪器旁不离人，以防止仪器摔坏。如有损坏和丢失，不仅要追究责任，赔偿损失，而且要视情节轻重给予一定的处分。

(4) 同学间要搞好团结，互谅互让，互帮互学，不准吵架、打架。

(5) 实习中出现的问题应相互协商解决，疑难问题可请教其他同学或老师。

(6) 实习期间应积极努力完成工作，不得嬉戏打闹、擅离职守，因病或有事需离开时，必须请假并经同意后方可离开，否则以旷课论处。

(7) 注意安全，防止发生意外事故，尤其是在道路边和学生下课回宿舍期间，更应注意仪器与人员的安全。

(8) 认真阅读本实训指导书，完成各项工作。

五、实训完应递交的成果

(1) 实训成果(野外观测记录、控制点计算成果)，每个人都必须提交。

(2) 实训心得，每人一份，不少于300字。

六、各项工作一般技术要求

(1) 角度测量

① 对中：使用光学对中器对中，限差≤2 mm；整平：气泡偏离小于1格。

② 一般导线点测一测回，统一测量左角或右角(全部测左角或全部测右角)。

(2) 测高差

① 按四等水准要求，观测顺序按"后前前后"(黑黑红红)进行。

② 每站前、后视线长不超过100 m，前后视距差不超过5 m，前后视距累计差不超过10 m。

③ 红黑面读数差不大于3 mm，红黑面高差之差不大于5 mm。

(3) 点位测设

① 测设的点位用铅笔在地面标示，边长误差限差±15 mm，边长相对误差限差1/2 000。

② 直角坐标法测设点位，必须盘左盘右位置分别测设，然后取中，直角误差控制在±12″。

(4) 边长测量

对向观测，同一边长读数误差限差±10 mm。

七、观测记录手簿

测回法导线观测手簿

日期：_____年____月____日　　天气：_____　　仪器型号：_____　组号：_____

观测者：_____　　　记录者：_____　　　立测杆者：_____

测站	盘位	目标	边长（m）	水平度盘读数（° ′ ″）	水平角		
					半测回值（° ′ ″）	一测回值（° ′ ″）	各测回平均值（° ′ ″）

测回法导线观测手簿

日期：_____ 年 ___ 月 ___ 日　　　天气：_____　　　　　仪器型号：_____ 组号：_____

观测者：_____　　　记录者：_____　　　　立测杆者：_____

测站	盘位	目标	边长 （m）	水平度盘 读数 （° ′ ″）	水平角		
					半测回值 （° ′ ″）	一测回值 （° ′ ″）	各测回平均值 （° ′ ″）

测回法导线观测手簿

日期：_____年___月___日　天气：_____　仪器型号：_____　组号：_____
观测者：_____　记录者：_____　立测杆者：_____

测站	盘位	目标	边长（m）	水平度盘读数（° ′ ″）	水平角		
					半测回值（° ′ ″）	一测回值（° ′ ″）	各测回平均值（° ′ ″）

测回法导线观测手簿

日期：_____年___月___日　　天气：_____　　　仪器型号：_____　组号：_____

观测者：_____　　　记录者：_____　　　立测杆者：_____

测站	盘位	目标	边长（m）	水平度盘读数（° ′ ″）	水平角		
					半测回值（° ′ ″）	一测回值（° ′ ″）	各测回平均值（° ′ ″）

测回法导线观测手簿

日期：_____年___月___日　　天气：_____　　仪器型号：_____　组号：_____
观测者：_____　　记录者：_____　　立测杆者：_____

测站	盘位	目标	边长（m）	水平度盘读数（° ′ ″）	水平角		
					半测回值（° ′ ″）	一测回值（° ′ ″）	各测回平均值（° ′ ″）

导线测量观测手簿

日期：　　　　　　　　天气：　　　　　　　　仪器编号：　　　　　　　　导线编号：　　　　　　　　观测：　　　　　　　　记录：

测站	测回数	目标	水平度盘读数		2c= 左−右±180° (″)	平均读数= 1/2[左+ (右±180°)] (° ′ ″)	归零方向值 (° ′ ″)	各测回平均 方向值 (° ′ ″)	边长 (m)	备注
			盘左 (° ′ ″)	盘右 (° ′ ″)						

导线测量观测手簿

日期：　　　　　　天气：　　　　　　仪器编号：　　　　　　导线编号：　　　　　　观测：　　　　　　记录：

测站	测回数	目标	水平度盘读数		2c=左－右±180°（″）	平均读数=1/2[左＋（右±180°）]（°′″）	归零方向值（°′″）	各测回平均方向值（°′″）	边长（m）	备注
			盘左（°′″）	盘右（°′″）						

导线平差计算略图：

导线平差计算表格

点号	观测角(左)(° ′ ″)	改正数(″)	坐标方位角(° ′ ″)	距离(m)	增量计算值		改正后增量		坐标值	
					Δx(mm)	Δy(mm)	Δx(mm)	Δy(mm)	x(m)	y(m)
总和										
辅助计算	$f_\beta = \sum \beta_测 - (n-2) \cdot 180° =$ $f_容 = \pm 60''\sqrt{n} = \pm$ $f_D = \sqrt{f_x^2 + f_y^2} =$		$K =$		$f_x = \sum \Delta x_测 =$ $f_y = \sum \Delta y_测 =$ $K_容 = \dfrac{1}{2\,000}$					

等级水准测量记录手簿

日期：　　　天气：　　　仪器编号：　　　观测：　　　记录：　　　司尺：

测点编号	后尺 下丝 上丝	前尺 下丝 上丝	方向及尺号	水准尺读数（m）		K+黑减红	平均高差（m）	备注
	后视距	前视距		黑面	红面			
	视距差(m)	∑(m)						
	(1)	(4)	后	(3)	(8)	(14)		已知水准点的高程为___m。尺1♯的K为_____。尺2♯的K为_____。
	(2)	(5)	前	(6)	(7)	(13)		
	(9)	(10)	后－前	(15)	(16)	(17)	(18)	
	(11)	(12)						
			后					
			前					
			后－前					
			后					
			前					
			后－前					
			后					
			前					
			后－前					
			后					
			前					
			后－前					
			后					
			前					
			后－前					
			后					
			前					
			后－前					

等级水准测量记录手簿

日期： 天气： 仪器编号： 观测： 记录： 司尺：

测点编号	后尺 下丝 上丝	前尺 下丝 上丝	方向及尺号	水准尺读数（m） 黑面	红面	$K+$ 黑减红	平均高差（m）	备注
	后视距	前视距						
	视距差(m)	$\sum$ (m)						
	(1)	(4)	后	(3)	(8)	(14)		已知水准点的高程为___m。
	(2)	(5)	前	(6)	(7)	(13)		尺1#的 K 为
	(9)	(10)	后－前	(15)	(16)	(17)	(18)	___。
	(11)	(12)						尺2#的 K 为
			后					___。
			前					
			后－前					
			后					
			前					
			后－前					
			后					
			前					
			后－前					
			后					
			前					
			后－前					
			后					
			前					
			后－前					
			后					
			前					
			后－前					

普通水准测量手簿

日期：_____年___月___日　　天气：_____　　仪器编号：_____　　组号：_____

观测者：_____　　记录者：_____　　立尺者：_____

测站	点号	后视读数 a (m)	前视读数 b (m)	高差 h (m)	高程 (m)	备注
计算	$\sum$					
校核	$\sum a - \sum b =$					

水准测量高程平差计算

（1）线路图：

（2）高程平差计算：

测段	点名	距离 L（km）	测站数	实测高差（m）	改正数（mm）	改正后高差(m)	高程（m）	备注
$\sum$								
辅助计算	$f_{h} =$ $f_{h容} = \pm 12\sqrt{n} =$				$n =$ $v_{i} = -\dfrac{f_{h}}{n} =$			

综合实训测量成果汇总表

点名	坐标		高程	备注
	X(m)	Y(m)	H(m)	

放样数据计算表

测站	方向	方位角 (° ′ ″)	与起始方向夹角 (° ′ ″)	边长 (m)
			0 00 00	

放样计算略图：

测设点Ⅰ，Ⅱ，地面实量边长 $S'_{\mathrm{I\,II}}$ =________m，坐标反算边长 $S_{\mathrm{I\,II}}$ =________m，放样精度 K=____________；测设点Ⅲ，Ⅳ，地面实量边长 $S'_{\mathrm{III\,IV}}$ =________m，坐标反算边长 $S_{\mathrm{III\,IV}}$ =________m，放样精度 K=____________。

综合实训心得

（写你参与了哪些工作、遇到了哪些问题、有哪些收获、哪些方面需要加强，不少于300字）

参 考 文 献

1 李生平. 建筑工程测量(第三版). 武汉：武汉理工大学出版社,2006.

2 薛新强,李洪军. 建筑工程测量. 北京：中国水利水电出版社,2008.

3 刘玉珠. 土木工程测量(第二版). 广州：华南理工大学出版社,2007.

4 覃辉,伍鑫. 土木工程测量(第三版). 上海：同济大学出版社,2008.

5 汪荣林,罗琳. 建筑工程测量. 北京：北京理工大学出版社,2009.

6 建筑施工手册编写组编. 建筑施工手册(第四版). 北京：中国建筑工业出版社,2003.

7 工程测量规范(GB 50026—2007). 中华人民共和国国家标准. 北京：中国计划出版社,2007.